高等数学（下册）

赵裕亮 主 编
崔桂芳 韩红 宋丽艳 副主编

清华大学出版社
北 京

内容简介

《高等数学》分为上、下两册，本书为下册，共五章，包括微分方程、向量代数与空间解析几何、多元函数微分学、重积分和无穷级数。为了提高学生的学习兴趣，本书增加了知识结构图、扩展阅读等内容。本书中带＊号部分为选学内容。本书内容选取适当，结构严谨，深入浅出，条理清晰，易教易学，可读性强。

本书可供高等院校经济类、管理类专业学生使用，也可供理工类少学时专业的学生使用。

图书在版编目（CIP）数据

高等数学. 下册/赵裕亮主编. —北京：清华大学出版社，2024.3
ISBN 978-7-302-65488-9

Ⅰ. ①高…　Ⅱ. ①赵…　Ⅲ. ①高等数学—高等学校—教材　Ⅳ. ①O13

中国国家版本馆 CIP 数据核字(2024)第 036432 号

责任编辑：吴梦佳
封面设计：傅瑞学
责任校对：刘　静
责任印制：丛怀宇

出版发行：清华大学出版社
网　　址：https://www.tup.com.cn，https://www.wqxuetang.com
地　　址：北京清华大学学研大厦 A 座　**邮　　编**：100084
社 总 机：010-83470000　**邮　　购**：010-62786544
投稿与读者服务：010-62776969，c-service@tup.tsinghua.edu.cn
质量反馈：010-62772015，zhiliang@tup.tsinghua.edu.cn
课件下载：https://www.tup.com.cn，010-83470410
印 装 者：三河市君旺印务有限公司
经　　销：全国新华书店
开　　本：185mm×260mm　**印　张**：13.25　**字　　数**：317 千字
版　　次：2024 年 3 月第 1 版　**印　　次**：2024 年 3 月第 1 次印刷
定　　价：49.00 元

产品编号：100859-01

前　言

党的二十大报告指出,要加强基础学科建设。高等数学作为专业基础思政课的重要组成部分,要传授的不仅仅是数学的专业知识,更重要的是培养学生的思维能力和创新意识。高等数学中的许多知识都需要进行分析和推理,从而培养学生的系统思维。高等数学不仅可为众多后续课程的学习奠定必要的数学基础,也可培养学生的抽象思维,提高学生的逻辑推理、空间想象、科学计算以及运用数学知识解决实际问题的能力。

本书是编者在多年的教学经验和实践积累的基础上编写的。编者注意吸收国内外教材中好的方面,对基本概念、性质和定理从叙述、证明到推广均秉承科学性与严谨性。同时,为了培养学生的创新意识及学生掌握运用数学工具解决实际问题的能力,本书力求基础知识清晰明了,文字简洁,例题与习题难易程度适中,内容由浅入深,便于阅读学习。

本书主要具有以下特点。

(1) 简化理论,强化应用,简化计算方法。对于重要的概念、理论和方法,尽量多方面地给出解释及应用。对于相对次要的枝节部分,或略或删,以便引入专业性、应用性更强的新知识,以提高学生解决实际问题的能力。

(2) 每章均附有知识结构图、本章小结与学习指导,这在一定程度上可以更好地促进学生对本章内容的学习与理解;每章后均附有扩展阅读,以增强学生的学习兴趣,提高学生的数学素养;每章后均附有总复习题,以巩固练习本章知识点;每章后均附有考研真题,可以使学生提前对考研数学题型有一个基本的了解。

(3) 本书还附有数学实验,借助 Matlab 软件,使学生熟悉并掌握高等数学的基本概念和运算,培养学生运用数学工具解决实际问题的能力。因篇幅限制,这部分内容以二维码形式列示,读者可扫描之后二维码查阅。

(4) 由于各专业对高等数学教学的要求有所不同,因此书中还有部分内容带有 * 号,可供有需要的专业进行选讲。

本书是佳木斯大学组织编写的大学数学系列教材之一,第六章、第七章、数学实验和习题答案由赵裕亮编写;第八章和第九章由崔桂芳编写;第十章由韩红编写;扩展阅读由宋丽艳编写;全书由赵鹏起主审。

本书的顺利出版离不开清华大学出版社的大力支持,同时还得到了诸多学者、专家的指导,也借鉴了许多相关著作与文献,在此一并表示衷心的感谢。

由于编者的水平有限,书中疏漏和不妥之处在所难免,敬请使用本书的师生和读者批评、指正。

编　者

2023 年 9 月

数学实验

目　录

第六章 微分方程

在生产实践和科学技术应用中经常要研究函数，高等数学中所研究的函数反映了客观现实和运动过程中的量与量之间的关系。但在大量的实际问题中，遇到稍微复杂的运动过程时，反映运动规律的量与量之间的关系(即函数)往往不能直接写出，但有时可建立含有要找的函数及其导数的关系式，这就是所谓的微分方程。微分方程是描述客观事物数量关系的一种重要的数学模型，本章主要介绍有关微分方程的基本概念、基本理论和几种常用微分方程的解法。

第一节 微分方程概述

下面通过几何学、物理学中的具体例子介绍微分方程的基本概念。

一、微分方程的例子

【例 6-1】 已知一条曲线上任意一点处的切线的斜率等于该点的横坐标的 3 倍，且该曲线通过(2,1)点，求该曲线方程。

解 设曲线方程为 $y=y(x)$，且曲线上任意一点的坐标为(x,y)。根据题意及导数的几何意义可得

$$\frac{\mathrm{d}y}{\mathrm{d}x}=3x \tag{6-1}$$

此外，$y(x)$还满足下列条件：

$$当\ x=2\ 时，\quad y=1 \tag{6-2}$$

式(6-1)两端对 x 积分，得

$$y=\int 3x\,\mathrm{d}x=\frac{3}{2}x^2+C \tag{6-3}$$

把条件(6-2)代入式(6-3)，得

$$1=6+C,\quad C=-5$$

把 $C=-5$ 代入式(6-3)，得曲线方程

$$y=\frac{3}{2}x^2-5 \tag{6-4}$$

【例 6-2】 以初速度 v_0 将质点垂直上抛，不计阻力，求质点的运动规律。

解 如图 6-1 所示，取坐标系。设运动开始时$(t=0)$质点位于 x_0，在时刻 t 时质点位于

x。变量 x 与 t 之间的函数关系 $x=x(t)$ 就是要找的运动规律。

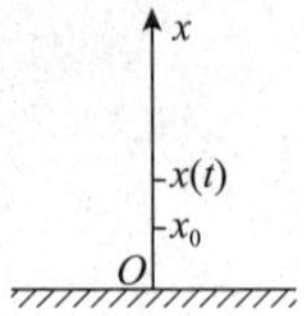

根据导数的物理意义,按题意,未知函数 $x(t)$ 应满足关系式

$$\frac{\mathrm{d}^2 x}{\mathrm{d}t^2}=-g \tag{6-5}$$

式中,g 为重力加速度。此外,$x(t)$ 还满足下列条件:

$$\text{当 } t=0 \text{ 时,}\quad x=x_0,\quad \frac{\mathrm{d}x}{\mathrm{d}t}=v_0 \tag{6-6}$$

图 6-1

式(6-5)两端对 t 积分一次,得

$$\frac{\mathrm{d}x}{\mathrm{d}t}=-gt+C_1 \tag{6-7}$$

式(6-5)两端再对 t 积分一次,得

$$x=-\frac{1}{2}gt^2+C_1 t+C_2 \tag{6-8}$$

把条件(6-6)代入式(6-7)和式(6-8),得 $C_1=v_0$,$C_2=x_0$,于是有

$$x=-\frac{1}{2}gt^2+v_0 t+x_0 \tag{6-9}$$

以上以几何学、物理学的实际问题引出关于未知函数的导数、未知函数和自变量之间的关系式,这类问题在其他学科也会遇到,因此有必要探讨解决这类问题的方法。

二、微分方程的基本概念

在以上两个例子中,式(6-1)和式(6-5)都含有未知函数的导数。一般地,表示未知函数、未知函数的导数及自变量之间关系的方程称为微分方程。若未知函数是一元函数,则微分方程叫作常微分方程;若未知函数是多元函数,则微分方程叫作偏微分方程。这里必须指出,在微分方程中,自变量及未知函数可以不出现,但未知函数的导数必须出现。本章只讨论常微分方程。

微分方程中所出现的未知函数导数的最高阶数称为微分方程的阶。例如,方程(6-1)是一阶微分方程;方程(6-5)是二阶微分方程。又如,方程

$$xy'''+x^3y''-5y'=\sin x$$

是三阶微分方程;而方程

$$y^{(4)}-xy=x^2$$

是四阶微分方程。

求函数 $f(x)$ 的原函数的问题,就是求解一阶微分方程 $y'=f(x)$。这是最简单的一阶微分方程,方程(6-1)就是这种方程。一般地,一阶微分方程的形式为

$$y'=f(x,y) \quad \text{或} \quad F(x,y,y')=0$$

而二阶微分方程的一般形式为

$$y''=f(x,y,y') \quad \text{或} \quad F(x,y,y',y'')=0$$

由前面的例子可以看到,在研究某些实际问题时,首先要建立微分方程,然后解微分方程,即求出满足微分方程的函数。如果把某函数及它的导数代入微分方程能使该方程成为恒等式,这样的函数称为该微分方程的解。就二阶微分方程 $F(x,y,y',y'')=0$ 而言,如果

有在某个区间 I 上的二阶可微函数 $\varphi(x)$，使当 $x\in I$ 时，有

$$F[x,\varphi(x),\varphi'(x),\varphi''(x)]\equiv 0$$

那么 $y=\varphi(x)$ 就称为微分方程 $F(x,y,y',y'')=0$ 在区间 I 上的解。

例如，式(6-3)和式(6-4)都是微分方程(6-1)的解；式(6-8)和式(6-9)都是微分方程(6-5)的解。

如果微分方程的解中含有彼此独立的任意常数，且这些任意常数的个数与微分方程的阶数相同，这样的解称为微分方程的通解。例如，函数(6-3)是方程(6-1)的解，它含有一个任意常数，而方程(6-1)是一阶的，所以式(6-3)是方程(6-1)的通解；又如函数(6-8)是方程(6-5)的解，它含有两个任意常数，而方程(6-5)是二阶的，所以式(6-8)是方程(6-5)的通解。

由于通解中含有任意常数，所以它还不能完全确定地反映某一客观事物的规律性。要完全确定地反映事物的规律性，必须确定这些常数的值。为此，提出问题的同时，还要根据问题的实际情况提出确定这些常数的条件。例如，例 6-1 中的条件(6-2)、例 6-2 中的条件(6-6)便是这样的条件。

设微分方程中未知函数为 $y=y(x)$，如果微分方程是一阶的，那么通常用来确定任意常数的条件是

$$\text{当 } x=x_0 \text{ 时，}\quad y=y_0$$

或写成

$$y\big|_{x=x_0}=y_0$$

式中，x_0,y_0 都是给定的值；如果微分方程是二阶的，那么通常用来确定任意常数的条件是

$$\text{当 } x=x_0 \text{ 时，}\quad y=y_0,\quad y'=y_1$$

或写成

$$y\big|_{x=x_0}=y_0,\quad y'\big|_{x=x_0}=y_1$$

式中，x_0,y_0,y_1 都是给定的值。上述这种条件称为初始条件。

确定通解中的任意常数后，就得到微分方程的特解。例如，式(6-4)是微分方程(6-1)满足初始条件(6-2)的特解；式(6-9)是微分方程(6-5)满足初始条件(6-6)的特解。

求一阶微分方程 $F(x,y,y')=0$ 满足初始条件 $y\big|_{x=x_0}=y_0$ 的特解问题，称为一阶微分方程的初值问题，记作

$$\begin{cases}F(x,y,y')=0\\ y\big|_{x=x_0}=y_0\end{cases}\tag{6-10}$$

微分方程的特解的图形是一条曲线，称为微分方程的积分曲线。初值问题(6-10)的几何意义，就是求微分方程通过点 (x_0,y_0) 的积分曲线。二阶微分方程满足初始条件 $y\big|_{x=x_0}=y_0,y'\big|_{x=x_0}=y_1$ 的特解的几何意义，就是通过点 (x_0,y_0) 且在该点处的切线斜率为 y_1 的积分曲线。而微分方程的通解中含有任意常数，其解的图形构成一族积分曲线。

【例 6-3】 函数 $y=Cx\ln x$（C 为任意常数）是否为微分方程

$$x^2y''-xy'+y=0$$

的解？是否满足条件 $y\Big|_{x=1}=0,y'\Big|_{x=\frac{1}{e}}=0$？是通解还是特解？

解 由于 $y'=C\ln x+C,y''=\dfrac{C}{x}$，因此

$$x^2y''-xy'+y=x^2\frac{C}{x}-x(C\ln x+C)+Cx\ln x$$
$$=Cx-Cx\ln x-Cx+Cx\ln x=0$$

故 $y=Cx\ln x$ 是所给微分方程的解。

由于 $y|_{x=1}=C\times1\times\ln 1=0, y'\Big|_{x=\frac{1}{e}}=C\ln\frac{1}{e}+C=0$，故 $y=Cx\ln x$ 是满足条件 $y|_{x=1}=0, y'\Big|_{x=\frac{1}{e}}=0$ 的解，但非特解(因含有任意常数)。

因为所给方程是二阶微分方程，而函数 $y=Cx\ln x$ 中只含有一个任意常数，所以它不是通解。

习题 6-1

1. 指出下列方程中哪些是微分方程，并指出微分方程的阶数。

(1) $y'''-3y'+2y=x$　　(2) $y^2+4y-2=0$

(3) $y'-xy'=a(y^2+y')$　　(4) $\frac{d^2y}{dx^2}=\sin x$

2. 检验下列函数(C 是任意常数)是否是方程 $xy'=y\left(1+\ln\frac{y}{x}\right)$ 的解，并指出哪一个是通解。

(1) $y=x$　　(2) $y=Cx$　　(3) $y=xe^{Cx}$　　(4) $y=Cxe^x$

3. 已知一曲线通过点(1,0)，且该曲线上任一点 $M(x,y)$ 处的切线的斜率为 x^2，求该曲线方程。

4. 一质点由原点($t=0$)开始沿直线运动，已知在时刻 t 的加速度为 t^2-1，而在 $t=1$ 时的速度为$\frac{1}{3}$，求位移 x 与时间 t 的函数关系。

第二节　一阶微分方程

微分方程形式多样，解法各不相同，本节介绍几种常见的一阶微分方程及其解法。

一、可分离变量的微分方程

在例 6-1 中，我们讲到一阶微分方程

$$\frac{dy}{dx}=3x$$

或写成

$$dy=3x\,dx$$

对上式两端积分，就得到这个方程的通解，即

$$y=\frac{3}{2}x^2+C$$

但并不是所有的一阶微分方程都能这样求解。例如，对于一阶微分方程

$$\frac{\mathrm{d}y}{\mathrm{d}x}=2xy^2 \tag{6-11}$$

就不能对方程两端直接积分求出通解。这是因为微分方程(6-11)右端含有未知函数 y，积分 $\int 2xy^2\mathrm{d}x$ 求不出来。当 $y\neq 0$ 时，可以在微分方程(6-11)的两端同时乘以 $\frac{1}{y^2}\mathrm{d}x$，使方程(6-11)变为

$$\frac{1}{y^2}\mathrm{d}y=2x\mathrm{d}x$$

这样，变量 x 与 y 分离在等式的两端。然后对两端积分，得

$$-\frac{1}{y}=x^2+C$$

或

$$y=-\frac{1}{x^2+C} \tag{6-12}$$

式中，C 是任意常数。

可以验证式(6-12)确实是一阶微分方程(6-11)的解。又因式(6-12)含有一个任意常数，所以它是一阶微分方程(6-11)的通解。

通过这个例子可以看到，在一个一阶微分方程中，若两个变量同时出现在方程的某一端，就不能直接用积分的方法求解。但如果能把两个变量分离开，使方程的一端只含变量 y 及 $\mathrm{d}y$，另一端只含变量 x 及 $\mathrm{d}x$，那么就可以通过两端积分的方法求出它的通解。

另外，$y=0$ 也是方程的解，但无论 C 怎样取值，$y=0$ 也不能由通解(6-12)表示，即直线 $y=0$ 虽然是原方程的一条积分曲线，但是它并不属于该方程通解所确定的积分曲线族 $y=-\frac{1}{x^2+C}$，因此称这样的解为方程的奇解。也就是说，微分方程的通解未必包含其全部的解。

一般地，如果一个一阶微分方程能化成

$$g(y)\mathrm{d}y=f(x)\mathrm{d}x \tag{6-13}$$

的形式，那么原方程就称为可分离变量的微分方程。

把一个可分离变量微分方程化为形如式(6-13)的方程，这一步骤称为分离变量。然后可对式(6-13)的两端积分，有

$$\int g(y)\mathrm{d}y=\int f(x)\mathrm{d}x$$

设 $g(y)$ 及 $f(x)$ 的原函数依次为 $G(y)$ 及 $F(x)$，得

$$G(y)=F(x)+C \tag{6-14}$$

可以证明，由二元方程(6-14)所确定的隐函数 $y=y(x)$ 是微分方程(6-13)的解。二元方程(6-14)就称为微分方程(6-13)的隐式解。又因二元方程(6-14)含有一个任意常数，所以二元方程(6-14)是微分方程(6-13)的隐式通解。

【例 6-4】 求微分方程

$$x(y^2-1)dx+y(x^2-1)dy=0$$

的通解。

解 分离变量得

$$\frac{x dx}{x^2-1}=-\frac{y dy}{y^2-1}$$

对两端积分得

$$\frac{1}{2}\ln|x^2-1|+\frac{1}{2}\ln|y^2-1|=\ln|C|\text{（}C\text{ 为不等于 0 的任意常数）}$$

即

$$(x^2-1)(y^2-1)=C$$

【例 6-5】 求微分方程 $e^x\cos y dx+(1+e^x)\sin y dy=0$ 满足初始条件 $y|_{x=0}=\frac{\pi}{4}$ 的特解。

解 分离变量得

$$-\frac{\sin y}{\cos y}dy=\frac{e^x dx}{1+e^x}$$

对两端积分得

$$\ln|\cos y|=\ln|1+e^x|+\ln|C|$$

所求通解为

$$\cos y=C(1+e^x)$$

将初始条件 $y|_{x=0}=\frac{\pi}{4}$ 代入得 $C=\frac{\sqrt{2}}{4}$，则所求特解为

$$\cos y=\frac{\sqrt{2}}{4}(1+e^x)$$

*二、齐次方程

形如

$$\frac{dy}{dx}=\varphi\left(\frac{y}{x}\right) \tag{6-15}$$

的一阶微分方程称为齐次微分方程，简称齐次方程。例如，

$$xy'=y\ln\frac{y}{x}$$

是齐次方程，因它可化为

$$y'=\frac{y}{x}\ln\frac{y}{x}$$

齐次方程(6-15)中的变量 x 与 y 一般是不能分离的。如果引进新的未知函数

$$u=\frac{y}{x} \tag{6-16}$$

就可把方程(6-15)化为可分离变量的方程。因为由式(6-16)有

$$y=xu,\quad \frac{\mathrm{d}y}{\mathrm{d}x}=u+x\frac{\mathrm{d}u}{\mathrm{d}x}$$

代入方程(6-15),便得

$$u+x\frac{\mathrm{d}u}{\mathrm{d}x}=\varphi(u)$$

即

$$x\frac{\mathrm{d}u}{\mathrm{d}x}=\varphi(u)-u$$

这是可分离变量的微分方程。分离变量得

$$\frac{\mathrm{d}u}{\varphi(u)-u}=\frac{\mathrm{d}x}{x}$$

对两端积分得

$$\int\frac{\mathrm{d}u}{\varphi(u)-u}=\int\frac{\mathrm{d}x}{x}$$

求出积分后再用$\frac{y}{x}$代替u,便得所给齐次方程的通解。

【例 6-6】 求微分方程$(2x^2-y^2)+3xy\frac{\mathrm{d}y}{\mathrm{d}x}=0$的通解。

解 原方程两边同时除以x^2得

$$\left[2-\left(\frac{y}{x}\right)^2\right]+3\frac{y}{x}\frac{\mathrm{d}y}{\mathrm{d}x}=0$$

这是齐次方程,令$\frac{y}{x}=u$,则

$$y=xu,\quad \frac{\mathrm{d}y}{\mathrm{d}x}=u+x\frac{\mathrm{d}u}{\mathrm{d}x}$$

代入方程得

$$2(1+u^2)+3ux\frac{\mathrm{d}u}{\mathrm{d}x}=0$$

分离变量得

$$2\frac{\mathrm{d}x}{x}=-\frac{3u\,\mathrm{d}u}{1+u^2}$$

对两端积分得

$$4\ln|x|=-3\ln|1+u^2|+\ln|C|$$

以$\frac{y}{x}=u$代入得

$$x^4\left[1+\left(\frac{y}{x}\right)^2\right]^3=C$$

故所求通解为

$$(x^2+y^2)^3=Cx^2$$

对于齐次方程,可通过变量代换$\frac{y}{x}=u$把它化为可分离变量的方程,从而求其解。事

实上,很多不能直接分离变量的方程,通过适当的变量代换后也可以化为可分离变量的方程,这是求微分方程非常常用的方法。解这种方程的困难在于选择一个适当的变换。要根据方程的特点做适当的变形,试探性地设出变换,以达到分离变量的目的。下面列举一个例子。

【例 6-7】 求解微分方程

$$y'=\sin^2(x-y+1)$$

解 令 $u=x-y+1$,则$\frac{\mathrm{d}u}{\mathrm{d}x}=1-\frac{\mathrm{d}y}{\mathrm{d}x}$,代入原方程得

$$1-\frac{\mathrm{d}u}{\mathrm{d}x}=\sin^2 u$$

分离变量得

$$\sec^2 u\,\mathrm{d}u=\mathrm{d}x$$

对两端积分得

$$\tan u=x+C$$

故所求通解为

$$\tan(x-y+1)=x+C$$

三、一阶线性微分方程

线性微分方程是指方程关于未知函数及其导数是一次的。例如,$\frac{\mathrm{d}y}{\mathrm{d}x}+y\cot x=5\mathrm{e}^{\cos x}$ 是线性微分方程,$\frac{\mathrm{d}y}{\mathrm{d}x}+x^2\sin y=2x$ 不是线性微分方程。

方程

$$\frac{\mathrm{d}y}{\mathrm{d}x}+P(x)y=Q(x) \tag{6-17}$$

叫作一阶线性微分方程,其中,$P(x)$,$Q(x)$为已知函数。

如果 $Q(x)\equiv 0$,则方程(6-17)称为齐次的;如果 $Q(x)$不恒等于零,则方程(6-17)称为非齐次的。

设式(6-17)为非齐次线性微分方程,把 $Q(x)$换成零而写出

$$\frac{\mathrm{d}y}{\mathrm{d}x}+P(x)y=0 \tag{6-18}$$

方程(6-18)称为对应于方程(6-17)的齐次线性微分方程。方程(6-17)与方程(6-18)的解有着密切的关系。下面我们先解方程(6-18)。

方程(6-18)是可分离变量的,分离变量得

$$\frac{\mathrm{d}y}{y}=-P(x)\mathrm{d}x$$

对两端积分得

$$\ln|y|=-\int P(x)\mathrm{d}x+C_1$$

或

$$y=Ce^{-\int P(x)\mathrm{d}x}\quad (C=\pm e^{C_1})$$

这就是对应于非齐次线性微分方程(6-17)的齐次线性方程(6-18)的通解。

现在我们用常数变易法来求非齐次线性微分方程(6-17)的通解。该方法是把方程(6-18)的通解中的任意常数 C 换成 x 的待定函数 $u(x)$，也就是作变换

$$y=ue^{-\int P(x)\mathrm{d}x}\quad 或\quad u=ye^{\int P(x)\mathrm{d}x}$$

则

$$\frac{\mathrm{d}y}{\mathrm{d}x}=u'e^{-\int P(x)\mathrm{d}x}-uP(x)e^{-\int P(x)\mathrm{d}x}$$

代入方程(6-17)得

$$u'e^{-\int P(x)\mathrm{d}x}-uP(x)e^{-\int P(x)\mathrm{d}x}+P(x)ue^{-\int P(x)\mathrm{d}x}=Q(x)$$

即

$$u'e^{-\int P(x)\mathrm{d}x}=Q(x)\Rightarrow u'=Q(x)e^{\int P(x)\mathrm{d}x}$$

对两端积分得

$$u=\int Q(x)e^{\int P(x)\mathrm{d}x}\mathrm{d}x+C$$

从而有

$$y=e^{-\int P(x)\mathrm{d}x}\left[\int Q(x)e^{\int P(x)\mathrm{d}x}\mathrm{d}x+C\right]\tag{6-19}$$

式(6-19)是一阶非齐次线性微分方程(6-17)的通解。把式(6-19)写成两项之和

$$y=Ce^{-\int P(x)\mathrm{d}x}+e^{-\int P(x)\mathrm{d}x}\int Q(x)e^{\int P(x)\mathrm{d}x}\mathrm{d}x$$

上式右端第一项是对应的齐次线性方程(6-18)的通解，第二项是非齐次线性方程(6-17)的一个特解[在通解(6-19)中取 $C=0$ 便得出这个特解]。由此可知，一阶非齐次线性方程的通解等于对应的齐次线性方程的通解与非齐次线性方程的一个特解之和。

【例 6-8】 求微分方程 $y'\cos x+y\sin x=1$ 的通解。

解　方法一:原方程可化为

$$y'+y\tan x=\sec x$$

这是一阶非齐次线性方程。先求对应的齐次方程的通解，对应的齐次方程为

$$y'+y\tan x=0$$

分离变量得

$$\frac{\mathrm{d}y}{y}=-\tan x\mathrm{d}x$$

对两端积分得

$$\ln y=\ln\cos x+\ln c_1$$

故

$$y=c_1\cos x$$

下面用常数变易法变换常数 c_1。令 $y=c(x)\cos x$ 是原方程的解，则

$$y'=c'(x)\cos x-c(x)\sin x$$

把 y,y' 代入原方程得

$$[c'(x)\cos x-c(x)\sin x]+c(x)\cos x\tan x=\sec x$$

整理得

$$c'(x)=\sec^2 x$$

于是

$$c(x)=\tan x+C$$

把 $c(x)=\tan x+C$ 代入 $y=c(x)\cos x$ 中,得到该非齐次方程的通解

$$y=(\tan x+C)\cos x$$

方法二:利用通解公式求解。将方程化成标准形式:

$$y'+y\tan x=\sec x$$

则 $P(x)=\tan x,Q(x)=\sec x$,故

$$\begin{aligned}y&=\mathrm{e}^{-\int P(x)\mathrm{d}x}\left[\int Q(x)\mathrm{e}^{\int P(x)\mathrm{d}x}\mathrm{d}x+C\right]=\mathrm{e}^{-\int \tan x\mathrm{d}x}\left(\int \sec x\,\mathrm{e}^{\int \tan x\mathrm{d}x}\mathrm{d}x+C\right)\\&=\mathrm{e}^{\ln\cos x}\left(\int \sec x\,\mathrm{e}^{-\ln\cos x}\mathrm{d}x+C\right)=\cos x\left(\int \sec^2 x\,\mathrm{d}x+C\right)\\&=(\tan x+C)\cos x\end{aligned}$$

【例 6-9】 求微分方程$\dfrac{\mathrm{d}y}{\mathrm{d}x}=\dfrac{y}{y^3+x}$的通解。

解 观察这个方程,可知它不是未知函数 y 的线性微分方程,但如果将 x 看作未知量,y 看作其自变量,而把方程改写成

$$\frac{\mathrm{d}x}{\mathrm{d}y}-\frac{1}{y}x=y^2$$

用公式法,$P(y)=-\dfrac{1}{y},Q(y)=y^2$,故

$$\begin{aligned}x&=\mathrm{e}^{-\int P(y)\mathrm{d}y}\left[\int Q(y)\mathrm{e}^{\int P(y)\mathrm{d}y}\mathrm{d}y+C\right]=\mathrm{e}^{-\int -\frac{1}{y}\mathrm{d}y}\left(\int y^2\mathrm{e}^{\int -\frac{1}{y}\mathrm{d}y}\mathrm{d}y+C\right)\\&=\mathrm{e}^{\ln y}\left(\int y^2\mathrm{e}^{\ln\frac{1}{y}}\mathrm{d}y+C\right)=y\left(\int y\,\mathrm{d}y+C\right)\\&=y\left(\frac{1}{2}y^2+C\right)\end{aligned}$$

即所求通解为

$$x=\frac{1}{2}y^3+Cy$$

常数变易法是解非齐次线性微分方程的基本方法,读者应了解它的求解思路。在解线性方程时,也可直接用一阶线性方程的通解公式(6-19),使运算更简便。但此时应注意一定要先将线性方程化为标准形式

$$\frac{\mathrm{d}y}{\mathrm{d}x}+P(x)y=Q(x)$$

即一定要将一阶导数项的系数化为 1,确定出 $P(x),Q(x)$后,再用式(6-19)求解。

习题 6-2

1. 用分离变量法求解下列各题。

(1) $1+y^2-xyy'=0$　　(2) $y\mathrm{d}x+\sqrt{x^2+1}\,\mathrm{d}y=0$

(3) $(x^2-x^2y)\dfrac{\mathrm{d}y}{\mathrm{d}x}+x\ln x=0$

2. 求解下列齐次方程。

(1) $y'=\dfrac{y}{x}(1+\ln y-\ln x)$　　(2) $xy'+y=2\sqrt{xy}\,(x>0)$

3. 求解下列一阶线性微分方程。

(1) $(y^2-6x)y'+2y=0$　　(2) $xy'\ln x+y=x(\ln x+1)$

(3) $\dfrac{\mathrm{d}y}{\mathrm{d}x}+y\cot x=5\mathrm{e}^{\cos x}$

4. 求下列各微分方程满足初始条件的特解。

(1) $y\mathrm{d}x+(x^2-4x)\mathrm{d}y=0, y|_{x=1}=1$

(2) $2xy\mathrm{d}x+(y^2-3x^2)\mathrm{d}y=0, y|_{x=1}=2$

(3) $y'+y\tan x=\cos x, y|_{x=0}=\dfrac{\pi}{4}$

第三节　可降阶的高阶微分方程

上一节讨论了几种常见的一阶微分方程的解法，本节将讨论高阶微分方程。高阶微分方程是指二阶及二阶以上的微分方程。对于某些高阶微分方程，可以通过变量代换来降低它的阶数，进而求出方程的解，这种方程称为可降阶的高阶微分方程。下面介绍三种容易降阶的高阶微分方程的解法。

一、$y^{(n)}=f(x)$型的微分方程

微分方程

$$y^{(n)}=f(x) \tag{6-20}$$

的右端仅含有自变量 x，不含有未知函数及低于 n 阶的导数。事实上，只需把 $y^{(n-1)}$ 作为新的未知函数，那么 $y^{(n)}=f(x)$ 可以看作$[y^{(n-1)}]'=f(x)$，而成为新未知函数的一阶微分方程，对两端积分就得到一个 $n-1$ 阶的微分方程，即

$$y^{(n-1)}=\int f(x)\mathrm{d}x+C_1$$

同理可得

$$y^{(n-2)}=\int\left[\int f(x)\mathrm{d}x+C_1\right]\mathrm{d}x+C_2$$

依此法积分 n 次,便得方程(6-20)的含有 n 个任意常数的通解。

【例 6-10】 求微分方程

$$y'''=e^{2x}-\cos x$$

的通解。

解 对所给方程接连积分三次,得

$$y''=\frac{1}{2}e^{2x}-\sin x+C$$

$$y'=\frac{1}{4}e^{2x}+\cos x+Cx+C_2$$

$$y=\frac{1}{8}e^{2x}+\sin x+C_1x^2+C_2x+C_3 \quad \left(C_1=\frac{C}{2}\right)$$

这就是所求的通解。

【例 6-11】 求方程 $\frac{d^4y}{dx^4}-\frac{1}{x}\frac{d^3y}{dx^3}=0$ 的通解。

解 该方程是四阶方程,但它仍是不显含未知函数的方程,可用例 6-10 中类似的方法求解。

令 $p=\frac{d^3y}{dx^3}$,则原方程化为一阶方程

$$p'-\frac{1}{x}p=0$$

从而

$$p=Cx$$

即

$$y'''=Cx$$

逐次积分,得通解

$$y=C_1x^4+C_2x^2+C_3x+C_4$$

二、$y''=f(x,y')$型的微分方程

方程

$$y''=f(x,y') \tag{6-21}$$

的右端不显含未知函数 y。如果设 $y'=p$,那么

$$y''=\frac{dp}{dx}=p'$$

从而方程(6-21)就化为

$$p'=f(x,p)$$

这是一个关于变量 x,p 的一阶微分方程。设其通解为

$$p=\varphi(x,C_1)$$

由 $p=\frac{dy}{dx}$ 又可得到一个一阶微分方程

$$\frac{dy}{dx}=\varphi(x,C_1)$$

对上式两端积分，便得方程(6-21)的通解

$$y=\int\varphi(x,C_1)dx+C_2$$

【例 6-12】 求微分方程

$$y''=y'+x$$

的通解。

解 所给方程是 $y''=f(x,y')$ 型的，设 $y'=p$，代入方程并分离变量后，有

$$\frac{dp}{dx}-p=x$$

这是个一阶线性微分方程，解之得

$$p=C_1e^x-x-1$$

即

$$y'=C_1e^x-x-1$$

对两端积分得原微分方程的通解为

$$y=C_1e^x-\frac{1}{2}x^2-x+C_2$$

【例 6-13】 求 $x^2y''-(y')^2=0$ 的过点(1,0)，且在该点与直线 $y=x+1$ 相切的积分曲线。

解 根据题意，首先求方程的通解，它的几何意义就是平面上的积分曲线族。再求满足初始条件的特解(即定曲线)。

$x^2y''-(y')^2=0$ 是不显含 y 的，故令 $y'=p$，将 $y''=p'$ 代入原方程得

$$x^2p'-p^2=0$$

解得

$$p^{-1}=x^{-1}+C_1$$

又因为它和直线 $y=x+1$ 相切，所以在该点处的导数 $y'|_{x=1}=p|_{x=1}=1$，可得出 $C_1=0$，所以

$$y'=p=x$$

可解出

$$y=\frac{1}{2}x^2+C$$

又因为该曲线经过点(1,0)，所以可以解得

$$C=-\frac{1}{2}$$

即所求的曲线方程是

$$y=\frac{1}{2}x^2-\frac{1}{2}$$

三、$y''=f(y,y')$型的微分方程

方程

$$y''=f(y,y') \tag{6-22}$$

的右端不显含自变量 x。为了求出它的解,仍设 $y'=p$,并把 y 看作自变量,利用复合函数的求导法则把 y''化为对 y 的导数,即

$$y''=\frac{\mathrm{d}p}{\mathrm{d}x}=\frac{\mathrm{d}p}{\mathrm{d}y}\cdot\frac{\mathrm{d}y}{\mathrm{d}x}=p\frac{\mathrm{d}p}{\mathrm{d}y}$$

这样,方程(6-22)就化为

$$p\frac{\mathrm{d}p}{\mathrm{d}y}=f(y,p)$$

这是一个关于变量 y,p 的一阶微分方程。不妨设它的通解为

$$y'=p=\varphi(y,C_1)$$

分离变量并积分,便得方程(6-22)的通解为

$$\int\frac{\mathrm{d}y}{\varphi(y,C_1)}=x+C_2$$

【例 6-14】 求微分方程

$$yy''+y'^2=y'$$

的通解。

解 令 $y'=p$,则 $y''=p\frac{\mathrm{d}p}{\mathrm{d}y}$,代入方程并分离变量,得

$$yp\frac{\mathrm{d}p}{\mathrm{d}y}+p^2=p$$

即 $p=0$ 或$\frac{\mathrm{d}p}{\mathrm{d}y}+\frac{1}{y}p=\frac{1}{y}$。

解 $y'=0$ 得 $y=C$;解$\frac{\mathrm{d}p}{\mathrm{d}y}+\frac{1}{y}p=\frac{1}{y}$得 $p=\frac{C_1}{y}+1$,即$\frac{\mathrm{d}y}{\mathrm{d}x}=\frac{C_1+y}{y}$,积分得

$$y-C_1\ln|C_1+y|=x+C_2$$

习题 6-3

1. 求下列各微分方程的通解。

(1) $y''=\sin(-x)$　　(2) $y'''=\mathrm{e}^{2x}$

(3) $xy''+y'=0$　　(4) $y''+\sqrt{1-y'^2}=0$

2. 求下列各微分方程满足初始条件的特解。

(1) $y'''=\frac{\ln x}{x^2}, y|_{x=1}=0, y'|_{x=1}=1, y''|_{x=1}=2$

(2) $(1-x^2)y''-xy'=0, y|_{x=0}=0, y'|_{x=0}=1$

第四节 二阶常系数齐次线性微分方程

形如

$$y''+py'+qy=0 \tag{6-23}$$

称为二阶常系数齐次线性微分方程，其中 p,q 为常数。

在讨论这类微分方程的解法之前，先来研究它的一些性质。

定理 6-1 设 $y=y_1(x)$ 及 $y=y_2(x)$ 是方程(6-23)的两个解，那么，对于任意常数 C_1，C_2，$y=C_1y_1(x)+C_2y_2(x)$ 仍然是方程(6-23)的解。

证 因 $y_1(x)$，$y_2(x)$ 是方程(6-23)的解，故有

$$y''_1+py'_1+qy_1\equiv 0$$

$$y''_2+py'_2+qy_2\equiv 0$$

从而

$$\begin{aligned}&(C_1y_1+C_2y_2)''+p(C_1y_1+C_2y_2)'+q(C_1y_1+C_2y_2)\\=&C_1(y''_1+py'_1+qy_1)+C_2(y''_2+py'_2+qy_2)\equiv 0\end{aligned}$$

即 $y=C_1y_1+C_2y_2$ 是方程(6-23)的解。

由此定理可知，如果我们能找到方程(6-23)的两个解 $y_1(x)$ 及 $y_2(x)$，且 $\dfrac{y_1(x)}{y_2(x)}\neq$ 常数，那么

$$y=C_1y_1(x)+C_2y_2(x)$$

就是含有两个独立任意常数的解，因而就是方程(6-23)的通解。

下面讨论用代数的方法找出方程(6-23)的两个特解。

由于方程(6-23)的系数都是常数，从中可以发现，若某函数 $y(x)$ 与其一阶导数 y'、二阶导数 y'' 之间仅相差一个常数因子时，经过调整其常数，$y(x)$ 可能成为方程(6-23)的解。而指数函数 $y=\mathrm{e}^{rx}$（r 为常数）具有这样的性质。因此，用函数 $y=\mathrm{e}^{rx}$ 来尝试，看能否选取适当的常数 r，使 $y=\mathrm{e}^{rx}$ 满足方程(6-23)。

对 $y=\mathrm{e}^{rx}$ 求导得

$$y'=r\mathrm{e}^{rx},\quad y''=r^2\mathrm{e}^{rx}$$

把 y,y' 及 y'' 代入方程(6-23)，得

$$(r^2+pr+q)\mathrm{e}^{rx}=0$$

由于 $\mathrm{e}^{rx}\neq 0$，所以

$$r^2+pr+q=0 \tag{6-24}$$

由此可见，只要常数 r 满足方程(6-24)，函数 $y=\mathrm{e}^{rx}$ 就是方程(6-23)的解。因此，把代数方程(6-24)称为微分方程(6-23)的特征方程。

特征方程(6-24)的根称为特征根，可以用公式

$$r_{1,2}=\frac{1}{2}(-p\pm\sqrt{p^2-4q})$$

求出。它们有以下三种不同的情形。

(1) 当 $p^2-4q>0$ 时,r_1,r_2 是两个不相等的实根。

$$r_1=\frac{1}{2}(-p+\sqrt{p^2-4q}),\quad r_2=\frac{1}{2}(-p-\sqrt{p^2-4q})$$

(2) 当 $p^2-4q=0$ 时,r_1,r_2 是两个相等的实根。

$$r_1=r_2=-\frac{p}{2}$$

(3) $p^2-4q<0$ 时,r_1,r_2 是一对共轭复根。

$$r_1=\alpha+\mathrm{i}\beta,\quad r_2=\alpha-\mathrm{i}\beta$$

式中,$\alpha=-\frac{p}{2}$,$\beta=\frac{1}{2}\sqrt{4q-p^2}$。

相应地,微分方程(6-23)的通解也就有三种不同的情形,现在分别讨论如下。

(1) 特征方程有两个不相等的实根:$r_1\neq r_2$。

由上面的讨论知,$y_1=\mathrm{e}^{r_1x}$,$y_2=\mathrm{e}^{r_2x}$ 是微分方程(6-23)的两个解,且$\frac{y_1}{y_2}=\frac{\mathrm{e}^{r_1x}}{\mathrm{e}^{r_2x}}=\mathrm{e}^{(r_1-r_2)x}$不是常数,因此方程(6-23)的通解为

$$y=C_1\mathrm{e}^{r_1x}+C_2\mathrm{e}^{r_2x}$$

(2) 特征方程有两个相等的实根:$r_1=r_2$。

这时,只能得到微分方程(6-23)的一个特解 $y_1=\mathrm{e}^{r_1x}$,还需要求出另一个特解 y_2,而且要求$\frac{y_2}{y_1}$不是常数。

为此,设$\frac{y_2}{y_1}=u(x)\neq C$,即 $y_2=\mathrm{e}^{r_1x}u(x)$。下面来求 $u(x)$,使 $y_2=\mathrm{e}^{r_1x}u(x)$满足方程(6-23)。

对 y_2 求导得

$$y_2'=\mathrm{e}^{r_1x}(u'+r_1u)$$

$$y''_2=\mathrm{e}^{r_1x}(u''+2r_1u'+r_1^{\,2}u)$$

代入方程(6-23)得

$$\mathrm{e}^{r_1x}[(u''+2r_1u'+r_1^{\,2}u)+p(u'+r_1u)+qu]=0$$

约去 e^{r_1x},并按 u'',u'及 u 合并同类项,得

$$u''+(2r_1+p)u'+(r_1^2+pr_1+q)u=0$$

由于 r_1 是特征方程(6-24)的重根,故

$$r_1^2+pr_1+q=0,\quad 2r_1+p=0$$

于是有

$$u''=0$$

解得

$$u=C_1+C_2x$$

由于只需得到一个不为常数的解,因此不妨选取 $u=x$,由此得微分方程的另一个解

$$y_2=x\mathrm{e}^{r_1x}$$

从而微分方程(6-23)的通解为

$$y=C_1e^{r_1x}+C_2xe^{r_1x}=(C_1+C_2x)e^{r_1x}$$

(3) 特征方程有一对共轭复根:$r_1=\alpha+i\beta,r_2=\alpha-i\beta(\beta\neq 0)$。

这时,得到微分方程的两个复数形式的解

$$y_1=e^{(\alpha+i\beta)x} \quad 及 \quad y_2=e^{(\alpha-i\beta)x}$$

如果得到方程的两个实函数形式的解则更便于应用。因此,利用欧拉公式$e^{i\varphi}=\cos\varphi+i\sin\varphi$(此公式的推导从略),有

$$y_1=e^{(\alpha+i\beta)x}=e^{\alpha x}\cdot e^{i\beta x}=e^{\alpha x}(\cos\beta x+i\sin\beta x)$$

$$y_2=e^{(\alpha-i\beta)x}=e^{\alpha x}\cdot e^{-i\beta x}=e^{\alpha x}(\cos\beta x-i\sin\beta x)$$

取

$$\bar{y}_1=\frac{1}{2}(y_1+y_2)=e^{\alpha x}\cos\beta x$$

$$\bar{y}_2=\frac{1}{2i}(y_1-y_2)=e^{\alpha x}\sin\beta x$$

$\bar{y}_1,\bar{y}_2$ 是两个实函数。根据定理 6-1 知 $\bar{y}_1,\bar{y}_2$ 仍是方程(6-23)的解,且

$$\frac{\bar{y}_1}{\bar{y}_2}=\frac{e^{\alpha x}\cos\beta x}{e^{\alpha x}\sin\beta x}=\cot\beta x\neq C$$

故方程(6-23)的通解为

$$y=e^{\alpha x}(C_1\cos\beta x+C_2\sin\beta x)$$

综上所述,二阶常系数齐次线性微分方程可以利用代数方法求得通解,其求解步骤如下。

第一步:写出齐次线性方程对应的特征方程,求出特征根。

第二步:根据两个特征根的三种不同情况,按照表 6-1,对应写出微分方程的通解。

表 6-1

特征方程 $r^2+pr+q=0$ 的两个根 r_1,r_2	微分方程 $y''+py'+qy=0$ 的通解
两个不相等的实根 $r_1\neq r_2$	$y=C_1e^{r_1x}+C_2e^{r_2x}$
两个相等的实根 $r_1=r_2=r$	$y=(C_1+C_2x)e^{rx}$
一对共轭复根 $r_{1,2}=\alpha\pm i\beta$	$y=e^{\alpha x}(C_1\cos\beta x+C_2\sin\beta x)$

【例 6-15】 求 $4y''+4y'+y=0$ 的通解。

解 其特征方程为 $4r^2+4r+1=0$,即$(2r+1)^2=0$,得特征根 $r_1=r_2=-\frac{1}{2}$。于是微分方程的通解为

$$y=(C_1+C_2x)e^{-\frac{1}{2}x}$$

【例 6-16】 求微分方程 $y''-3y'-4y=0$ 满足初始条件 $y|_{x=0}=0,y'|_{x=0}=-5$ 的特解。

解 其特征方程为

$$r^2-3r-4=0$$

得特征根 $r_1=-1,r_2=4$,故方程的通解为

$$y=C_1e^{-x}+C_2e^{4x}$$

代入初始条件 $y|_{x=0}=0, y'|_{x=0}=-5$ 得

$$C_1=1,\quad C_2=-1$$

所以原方程满足初始条件的特解为 $y=\mathrm{e}^{-x}-\mathrm{e}^{4x}$。

【例 6-17】 求微分方程 $y''+25y=0$ 的通解。

解 其特征方程为 $r^2+25=0$,解得特征根 $r_{1,2}=\pm 5\mathrm{i}$。

所以原方程的通解为

$$y=C_1\cos 5x+C_2\sin 5x$$

习题 6-4

1. 求下列各微分方程的通解。

(1) $3y''-2y'-8y=0$

(2) $y''+y'-2y=0$

(3) $y''+2y'+y=0$

(4) $y''+6y'+13y=0$

(5) $4y''-8y'+5y=0$

2. 求下列各微分方程满足初始条件的特解。

(1) $y''+2y'+10y=0, y|_{x=0}=1, y'|_{x=0}=2$

(2) $y''-7y'+6y=0, y|_{x=0}=1, y'|_{x=0}=6$

(3) $y''+8y'+16y=0, y|_{x=0}=1, y'|_{x=0}=3$

*第五节　二阶常系数非齐次线性微分方程

微分方程

$$y''+py'+qy=f(x) \tag{6-25}$$

称为二阶常系数非齐次线性微分方程,其中 p,q 为常数。而方程

$$y''+py'+qy=0 \tag{6-26}$$

称为二阶常系数非齐次线性微分方程(6-25)所对应的齐次方程。

为得到方程(6-25)的解,仍然先讨论它的性质。

定理 6-2 设 $y=y^*(x)$是方程(6-25)的解,$y=\bar{y}(x)$是方程(6-26)的解,那么

$$y=\bar{y}(x)+y^*(x)$$

仍是方程(6-25)的解。

证 因 $y^*(x)$是方程(6-25)的解,故有

$$y^{*\prime\prime}+py^{*\prime}+qy^*\equiv f(x)$$

因 $\bar{y}(x)$是方程(6-26)的解,故有

$$\bar{y}''+p\bar{y}'+q\bar{y}\equiv 0$$

从而 $(\bar{y}+y^*)''+p(\bar{y}+y^*)'+q(\bar{y}+y^*)=(\bar{y}''+p\bar{y}'+q\bar{y})+(y^{*\prime\prime}+py^{*\prime}+qy^*)$

$$\equiv 0+f(x)\equiv f(x)$$

即 $y=\bar{y}+y^*$ 是方程(6-25)的解。

根据这一定理,如果求出方程(6-25)的一个特解 $y^*(x)$,再求出方程(6-26)的通解

$$\bar{y}(x)=C_1y_1(x)+C_2y_2(x)$$

那么

$$y=\bar{y}(x)+y^*(x)=C_1y_1(x)+C_2y_2(x)+y^*(x)$$

就是方程(6-25)的通解。

求方程(6-26)的通解在上一节已经解决,现在的关键是求得方程(6-25)的一个特解。本节只介绍当非齐次项 $f(x)$取两种常见形式时,求方程(6-25)的一个特解 $y^*(x)$的方法,即待定系数法。所谓待定系数法,是指通过对微分方程的分析,断定特解 y^* 应具有某种特定形式,然后代入原微分方程中,确定解中的待定常数。这里介绍的 $f(x)$的两种形式如下。

(1) $f(x)=P_m(x)e^{\lambda x}$,其中 λ 是常数,$P_m(x)$是 x 的一个 m 次多项式:

$$P_m(x)=a_0x^m+a_1x^{m-1}+\cdots+a_{m-1}x+a_m$$

(2) $f(x)=e^{\alpha x}[P_l(x)\cos\beta x+P_n(x)\sin\beta x]$,其中 $P_l(x)$,$P_n(x)$分别为 l 次和 n 次多项式;α,β 为常数。

一、$f(x)=P_m(x)e^{\lambda x}$ 型

方程(6-25)的特解是使方程恒成立的函数。因为 $f(x)$是多项式 $P_m(x)$与指数函数 $e^{\lambda x}$ 的乘积,而多项式与指数函数的乘积的导数仍然是多项式与指数函数的乘积。因此我们推断方程(6-25)特解的形式为 $y^*=Q(x)e^{\lambda x}$(其中 $Q(x)$是某个待定的多项式)。把 y^*,$y^{*\prime}$ 及 $y^{*\prime\prime}$代入方程(6-25),然后考虑能否适当选取多项式 $Q(x)$,使 $y^*=Q(x)e^{\lambda x}$ 满足方程(6-25)。为此,将

$$y^*=Q(x)e^{\lambda x}$$
$$y^{*\prime}=e^{\lambda x}[\lambda Q(x)+Q'(x)]$$
$$y^{*\prime\prime}=e^{\lambda x}[\lambda^2Q(x)+2\lambda Q'(x)+Q''(x)]$$

代入方程(6-25),并消去 $e^{\lambda x}$,得

$$Q''+(2\lambda+p)Q'(x)+(\lambda^2+p\lambda+q)Q(x)=P_m(x) \tag{6-27}$$

(1) 如果 λ 不是特征方程 $r^2+pr+q=0$ 的根,即 $\lambda^2+p\lambda+q\neq0$,那么式(6-27)左端的多项式次数与 $Q(x)$的次数相同,要它恒等于右端的 m 次多项式,$Q(x)$应为另一个 m 次多项式 $Q_m(x)$。因此可设

$$Q(x)=Q_m(x)=b_0x^m+b_1x^{m-1}+\cdots+b_{m-1}x+b_m \tag{6-28}$$

式中,$b_0,b_1,\cdots,b_m$ 为 $m+1$ 个待定系数。把式(6-28)代入式(6-27),比较等式两端同次幂的系数,就得到以 $b_0,b_1,\cdots,b_m$ 为未知数的 $m+1$ 个线性方程组,从而求出 $b_i(i=0,1,\cdots,m)$,并得到一个特解 $y^*=Q_m(x)e^{\lambda x}$。

(2) 如果 λ 是特征方程的单根,即 $\lambda^2+p\lambda+q=0$ 而 $2\lambda+p\neq0$,那么式(6-27)左端的次数与 $Q'(x)$的次数相同,要使式(6-27)两端恒等,$Q'(x)$应是一个 m 次多项式。因此可令

$$Q(x)=xQ_m(x)$$

并用同样的方法确定 $Q_m(x)$的系数 $b_i(i=0,1,\cdots,m)$。

(3) 如果 λ 是特征方程的重根,即 $\lambda^2+p\lambda+q=0$ 且 $2\lambda+p=0$,那么式(6-27)左端的次数与 $Q''(x)$的次数相同,要使式(6-27)两端恒等,$Q''(x)$应是一个 m 次多项式。为此令

$$Q(x)=x^2Q_m(x)$$

并可用同样的方法确定 $Q_m(x)$ 的系数。

综上，若 $f(x)=P_m(x)e^{\lambda x}$，则可令二阶常系数非齐次线性微分方程(6-25)的特解为

$$y^*=x^k e^{\lambda x}Q_m(x) \tag{6-29}$$

式中，$Q_m(x)$ 是与 $P_m(x)$ 同次(m 次)的多项式，且 k 按 λ 不是特征方程的根、是特征方程的单根、是特征方程的重根依次取 0、1 或 2。将 y^*，$y^{*\prime}$，$y^{*\prime\prime}$ 代入方程(6-25)，用待定系数法即可定出 $Q_m(x)$ 的系数。

【例 6-18】 求微分方程 $2y''+5y'=5x^2-2x+1$ 的一个特解。

解 非齐次项 $5x^2-2x+1=(5x^2-2x+1)e^{0x}$ 属于 $P_m(x)e^{\lambda x}$ 型($m=2,\lambda=0$)。其特征方程为 $2r^2+5r=0$，得特征根 $r_1=0,r_2=-\dfrac{5}{2}$。由于 $\lambda=0$ 是特征方程的单根，所以应设其特解为

$$y^*=x(b_0x^2+b_1x+b_2)$$
$$y^{*\prime}=3b_0x^2+2b_1x+b_2$$
$$y^{*\prime\prime}=6b_0x+2b_1$$

代入原方程整理得

$$15b_0x^2+(12b_0+10b_1)x+(4b_1+5b_2)=5x^2-2x+1$$

比较两端同次幂的系数，得

$$\begin{cases}15b_0=5\\12b_0+10b_1=-2\\4b_1+5b_2=1\end{cases}$$

解得$\begin{cases}b_0=\dfrac{1}{3}\\b_1=-\dfrac{3}{5}\\b_2=\dfrac{17}{25}\end{cases}$。于是求得一个特解为

$$y^*=\frac{1}{3}x^3-\frac{3}{5}x^2+\frac{17}{25}x$$

【例 6-19】 求微分方程 $y''+3y'+2y=3xe^{-x}$ 的通解。

解 先求对应的齐次方程的通解 $y=\bar{y}(x)$。由特征方程 $r^2+3r+2=0$，得特征根 $r_1=-1,r_2=-2$，于是

$$\bar{y}(x)=C_1e^{-x}+C_2e^{-2x}$$

$f(x)=3xe^{-x}$ 属于 $P_m(x)e^{\lambda x}$ 型，这里 $m=1,\lambda=-1$ 为特征方程的单根，所以应设

$$y^*=x(ax+b)e^{-x}$$

求导得

$$y^{*\prime}=[-ax^2+(2a-b)x+b]e^{-x}$$
$$y^{*\prime\prime}=[ax^2+(b-4a)x+2(a-b)]e^{-x}$$

代入所给方程，并约去 e^{-x}，用待定系数法得

$$y^*=\frac{3}{2}x(x-2)\mathrm{e}^{-x}$$

故所求通解为

$$y=\bar{y}(x)+y^*=C_1\mathrm{e}^{-x}+C_2\mathrm{e}^{-2x}+\frac{3}{2}x(x-2)\mathrm{e}^{-x}$$

二、$f(x)=\mathrm{e}^{\alpha x}[P_l(x)\cos\beta x+P_n(x)\sin\beta x]$型

如果 $f(x)=\mathrm{e}^{\alpha x}[P_l(x)\cos\beta x+P_n(x)\sin\beta x]$，其中 $P_l(x)$，$P_n(x)$分别为 l 次和 n 次多项式，则可令

$$y^*=x^k\mathrm{e}^{\alpha x}[Q_m^{(1)}(x)\cos\beta x+Q_m^{(2)}(x)\sin\beta x] \tag{6-30}$$

此处 $m=\max\{l,n\}$，其中 k 按 $\alpha\pm\mathrm{i}\beta$ 不是特征方程的根或是特征方程的根分别取 0 或 1。将 y^*，$y^{*\prime}$，$y^{*\prime\prime}$代入方程(6-25)，用待定系数法即可求出 $Q_m^{(1)}(x)$，$Q_m^{(2)}(x)$的系数。

【例 6-20】 求 $y''+4y'+4y=\cos2x$ 的一个特解。

解　这里 $f(x)=\cos2x$ 属于 $f(x)=\mathrm{e}^{\alpha x}[P_l(x)\cos\beta x+P_n(x)\sin\beta x]$型。其中 $\alpha=0$，$\beta=2$，$P_l(x)=1$，$P_n(x)=0$，$m=\max\{l,n\}=0$。

特征方程为 $r^2+4r+4=0$，特征根为 $r_{1,2}=-2$。由于$\pm2\mathrm{i}$ 不是特征根，所以取 $k=0$，故设其特解为

$$y^*=a\cos2x+b\sin2x$$

求导得

$$y^{*\prime}=-2a\sin2x+2b\cos2x$$
$$y^{*\prime\prime}=-4a\cos2x-4b\sin2x$$

代入原方程，整理后得

$$-8a\sin2x+8b\cos2x=\cos2x$$

比较两端同类项系数得

$$\begin{cases}-8a=0\\8b=1\end{cases}$$

由此解得$\begin{cases}a=0\\b=\dfrac{1}{8}\end{cases}$。于是求得一个特解为

$$y^*=\frac{1}{8}\sin2x$$

【例 6-21】 求微分方程 $y''+3y'+2y=\mathrm{e}^{-x}+\sin x$ 的通解。

解　$f(x)=\mathrm{e}^{-x}+\sin x$，$\mathrm{e}^{-x}$ 属于 $P_m(x)\mathrm{e}^{\lambda x}$ 型，$\sin x$ 属于 $\mathrm{e}^{\alpha x}[P_l(x)\cos\beta x+P_n(x)\sin\beta x]$型。设 y_1^* 为 $y''+3y'+2y=\mathrm{e}^{-x}$ 的特解，y_2^* 为 $y''+3y'+2y=\sin x$ 的特解，则 $y_1^*+y_2^*$ 是原方程的特解 y^*。

与所给方程对应的齐次方程为

$$y''+3y'+2y=0$$

特征方程为 $r^2+3r+2=0$，特征根为 $r_1=-1$，$r_2=-2$，故齐次方程通解为 $\bar{y}(x)=C_1\mathrm{e}^{-x}+$

C_2e^{-2x}。

$$y^*=y_1^*+y_2^*=xae^{-x}+(b_1\cos x+b_2\sin x)$$
$$(y^*)'=a(1-x)e^{-x}+(-b_1\sin x+b_2\cos x)$$
$$(y^*)''=a(x-2)e^{-x}-(b_1\cos x+b_2\sin x)$$

代入原方程两端比较系数得

$$\begin{cases}a=1\\ b_2-3b_1=1\\ b_1+3b_2=0\end{cases}$$

由此解得

$$\begin{cases}a=1\\ b_1=-\dfrac{3}{10}\\ b_2=\dfrac{1}{10}\end{cases}$$

所以

$$y^*=xe^{-x}-\frac{3}{10}\cos x+\frac{1}{10}\sin x$$

故原方程的通解为

$$y=\bar{y}(x)+y^*=C_1e^{-x}+C_2e^{-2x}+xe^{-x}-\frac{3}{10}\cos x+\frac{1}{10}\sin x$$

习题 6-5

1. 求下列各微分方程的通解。

(1) $y''+4y'+3y=e^{-x}$　　(2) $y''-4y=e^{2x}$

(3) $y''-2y'+2y=e^{x}$　　(4) $y''+y=x+\cos x$

(5) $y''+4y=\cos 2x$

2. 求下列各微分方程满足初始条件的特解。

(1) $y''+9y=\cos x, y\big|_{x=\frac{\pi}{2}}=y'\big|_{x=\frac{\pi}{2}}=0$

(2) $y''-y=xe^{x}, y\big|_{x=0}=0, y'\big|_{x=0}=1$

第六节　微分方程在经济管理中的应用

在经济管理中经常要研究各经济变量之间的联系及其变化的内在规律，为此，有时需要根据经济运行的内在动因建立微分方程模型，从数量方面刻画与描述经济系统的运行机理、运行过程及变化趋势。下面通过几个简单的例子介绍微分方程在经济管理中的应用。

一、商品市场价格与需求量(供给量)的关系

【例 6-22】 某商品的需求量 Q 对价格 P 的弹性为 $-P\ln 3$，若该商品的最大需求量为 1 200(即 $P=0$ 时，$Q=1\,200$，P 的单位为元，Q 的单位为 kg)。

(1) 试求需求量 Q 与价格 P 的函数关系。

(2) 求当价格为 1 元时，市场对该商品的需求量。

(3) 当 $P\to+\infty$ 时，需求量的变化趋势如何？

解 (1) 依题意有

$$\frac{\mathrm{d}Q}{\mathrm{d}P}\frac{P}{Q}=-P\ln 3$$

即

$$\frac{\mathrm{d}Q}{\mathrm{d}P}=-\ln 3\cdot Q$$

上述方程的通解为

$$Q=C\mathrm{e}^{-\ln 3\cdot P}=C3^{-P}$$

由于 $P=0$ 时，$Q=1\,200$，代入得 $C=1\,200$，于是 $Q=1\,200\times 3^{-P}$。

(2) 当价格 $P=1$(元)时，市场对该商品的需求量为

$$Q=1\,200\cdot 3^{-1}=400(\mathrm{kg})$$

(3)

$$\lim_{P\to+\infty}Q=\lim_{P\to+\infty}(1\,200\times 3^{-P})=0$$

经济意义：可见随着价格的无限增大，需求量将趋于零。

数学意义：方程 $\frac{\mathrm{d}Q}{\mathrm{d}P}=-\ln 3\cdot Q$ 的平衡解 $Q=0$ 是稳定的。

【例 6-23】 某商品的需求函数与供给函数分别为 $Q_{\mathrm{d}}=a-bP$，$Q_{\mathrm{s}}=-c+dP$(其中 a,b,c,d 均为正常数)。假设商品价格 P 是时间 t 的函数，已知初始价格 $P(0)=P_0$，且在任一时刻 t，价格 $P(t)$ 的变化率与这一时刻的超额需求 $Q_{\mathrm{d}}-Q_{\mathrm{s}}$ 成正比(比例常数 $k>0$)。

(1) 求供需相等时的价格 P_{e}(均衡价格)。

(2) 求价格 $P(t)$ 的表达式。

(3) 求当时间 $t\to+\infty$ 时，价格 $P(t)$ 的变化趋势。

解 (1) 当 $Q_{\mathrm{d}}=Q_{\mathrm{s}}$ 时，即

$$a-bP=-c+dP$$

得

$$P=P_{\mathrm{e}}=\frac{a+c}{b+d}$$

(2) 由于

$$\frac{\mathrm{d}P}{\mathrm{d}t}=k(Q_{\mathrm{d}}-Q_{\mathrm{s}})=k[(a-bP)-(-c+dP)]$$

即

$$\frac{\mathrm{d}P}{\mathrm{d}t}+k(b+d)P=k(a+c)$$

该方程的通解为

$$P=\frac{a+c}{b+d}+C\mathrm{e}^{-k(b+d)t}=P_e+C\mathrm{e}^{-k(b+d)t}$$

已知价格 $P(0)=P_0$,代入得 $C=P_0-P_e$,于是

$$P(t)=P_e+(P_0-P_e)\mathrm{e}^{-k(b+d)t}$$

(3) $\lim\limits_{t\to+\infty}P(t)=\lim\limits_{t\to+\infty}[P_e+(P_0-P_e)\mathrm{e}^{-k(b+d)t}]=P_e$

经济意义:随着时间 t 的无限增加,商品价格将趋向均衡价格。

数学意义:方程 $\frac{\mathrm{d}P}{\mathrm{d}t}+k(b+d)P=k(a+c)$ 的平衡解 $P=P_e$ 是稳定的。

初始价格 P_0 与均衡价格 P_e 不同情况的具体讨论如下。

① 当 $P_0=P_e$ 时,$P(t)=P_e$,商品价格始终为均衡价格。

② 当 $P_0>P_e$ 时,$P(t)>P_e$,商品价格始终大于 P_e 但趋向均衡价格。

③ 当 $P_0<P_e$ 时,$P(t)<P_e$,商品价格始终小于 P_e 但趋向均衡价格。

二、成本分析

【例 6-24】 某商场的销售成本 y 和存储费用 S 均是时间 t 的函数,随着时间 t 的增长,销售成本的变化率等于存储费用的倒数与常数 5 的和,而存储费用的变化率为存储费用的 $-\frac{1}{3}$。若当 $t=0$ 时,销售成本 $y=0$,存储费用 $S=10$。试求销售成本 y 与时间 t 的函数关系及存储费用 S 与时间 t 的函数关系。

解 (1) 依题意,有

$$\frac{\mathrm{d}S}{\mathrm{d}t}=-\frac{1}{3}S$$

该方程的通解为

$$S=C_1\mathrm{e}^{-\frac{1}{3}t}$$

由于 $S(0)=10$,代入得 $C_1=10$,则

$$S(t)=10\mathrm{e}^{-\frac{1}{3}t}$$

(2) 又因

$$\frac{\mathrm{d}y}{\mathrm{d}t}=\frac{1}{S}+5=\frac{1}{10}\mathrm{e}^{\frac{1}{3}t}+5$$

所以

$$y=\frac{3}{10}\mathrm{e}^{\frac{1}{3}t}+5t+C_2$$

而 $y(0)=0$,代入得 $C_2=-\frac{3}{10}$,于是

$$y(t)=\frac{3}{10}(\mathrm{e}^{\frac{1}{3}t}-1)+5t$$

三、关于国民收入、储蓄与投资的关系问题

【例 6-25】 某银行账户以连续复利方式计息，年利率为 5%，希望连续 20 年以每年 12 000 元的速率用这一账户支付职工工资，若 t 以年为单位，账户上的余额 $B=f(t)$ 是所满足的微分方程。问当初始存入的数额 B_0 为多少时，才能使 20 年后账户上的余额精确地减至零？

解　　　银行余额的变化速率=利息盈取速率−工资支付速率

因为时间 t 以年为单位，银行余额的变化速率为 $\frac{dB}{dt}$，利息盈取速率为每年 $0.05B$ 元，工资支付的速率为每年 12 000 元，于是有

$$\frac{dB}{dt}=0.05B-12\ 000$$

利用分离变量法解此方程得

$$B=Ce^{0.05t}+240\ 000$$

由 $B|_{t=0}=B_0$ 得

$$C=B_0-240\ 000$$

故

$$B=(B_0-240\ 000)e^{0.05t}+240\ 000$$

由题意，令 $t=20$ 时，$B=0$，即

$$0=(B_0-240\ 000)e+240\ 000$$

由此得 $B_0=240\ 000-240\ 000\times e^{-1}$ 时，20 年后账户上的余额为零。

【例 6-26】 已知某地区在一个已知时期内国民收入的增长率为 $\frac{1}{10}$，国民债务的增长率为国民收入的 $\frac{1}{20}$。若 $t=0$ 时，国民收入为 5 亿元，国民债务为 0.1 亿元，试分别求出国民收入及国民债务与时间 t 的函数关系。

解　设该时期内任一时刻的国民收入为 $y=y(t)$，国民债务为 $D=D(t)$，由题意

$$\frac{dy}{dt}=\frac{1}{10} \tag{6-31}$$

$$\frac{dD}{dt}=\frac{1}{20}\cdot y \tag{6-32}$$

由式(6-31)得

$$y=\frac{1}{10}t+C_1$$

由 $t=0$ 时，$y=5$，得 $C_1=5$，故

$$y=\frac{1}{10}t+5 \tag{6-33}$$

将式(6-33)代入式(6-32)得

$$\frac{\mathrm{d}D}{\mathrm{d}t}=\frac{1}{20}\left(\frac{1}{10}t+5\right)$$

于是

$$D(t)=\frac{1}{400}t^2+\frac{1}{4}t+C_2$$

由 $t=0$ 时，$D=0.1$，得 $C_2=\frac{1}{10}$，故

$$D(t)=\frac{1}{400}t^2+\frac{1}{4}t+\frac{1}{10}$$

因此，国民收入为 $y(t)=\frac{1}{10}t+5$，国民债务为 $D(t)=\frac{1}{400}t^2+\frac{1}{4}t+\frac{1}{10}$。

四、公司净资产分析

【例 6-27】 设某公司的净资产在营运过程中像银行的存款一样以年 5%的连续复利产生利息而使总资产增长，同时，公司还必须以每年 200 百万元的数额连续地支付职工工资。

(1) 列出描述公司净资产 W(以百万元为单位)的微分方程。

(2) 假设公司的初始净资产为 W_0(百万元)，求公司的净资产 $W(t)$。

(3) 求当 W_0 分别为 3 000、4 000 和 5 000 时的净资产方程。

解 (1) 依题意，有

$$\frac{\mathrm{d}W}{\mathrm{d}t}=0.05W-200$$

(2) 显然

$$\frac{\mathrm{d}(W-4\,000)}{\mathrm{d}t}=0.05(W-4\,000)$$

该方程的通解为

$$W-4\,000=C\mathrm{e}^{0.05t}$$

即

$$W(t)=4\,000+C\mathrm{e}^{0.05t}$$

(3) 若 $W_0=3\,000$，有 $C=-1\,000$，则 $W(t)=4\,000-1\,000\mathrm{e}^{0.05t}$；

若 $W_0=4\,000$，有 $C=0$，则 $W(t)=4\,000$；

若 $W_0=5\,000$，有 $C=1\,000$，则 $W(t)=4\,000+1\,000\mathrm{e}^{0.05t}$。

习题 6-6

1. 在某池塘内养鱼，该池塘内最多能养 1 000 尾，设在 t 时刻该池塘内鱼数 y 是时间 t 的函数 $y=y(t)$，其变化率与鱼数 y 及 $1\,000-y$ 的乘积成正比，比例常数 $k>0$。已知在池塘内放养鱼 100 尾，3 个月后池塘内有鱼 250 尾，求放养 7 个月后池塘内鱼数 $y(t)$的公式？放养 6 个月后有多少尾鱼？

2. 某汽车公司在长期的运营中发现每辆汽车的总维修成本 y 对汽车大修时间间隔 x

的变化率等于$\frac{2y}{x}-\frac{81}{x^2}$，已知当大修时间间隔 $x=1$（年）时，总维修成本 $y=27.5$（百元）。试求每辆汽车的总维修成本 y 与大修的时间间隔 x 的函数关系。问每辆汽车多少年大修一次，可使每辆汽车的总维修成本最低？

知识结构图、本章小结与学习指导

知识结构图

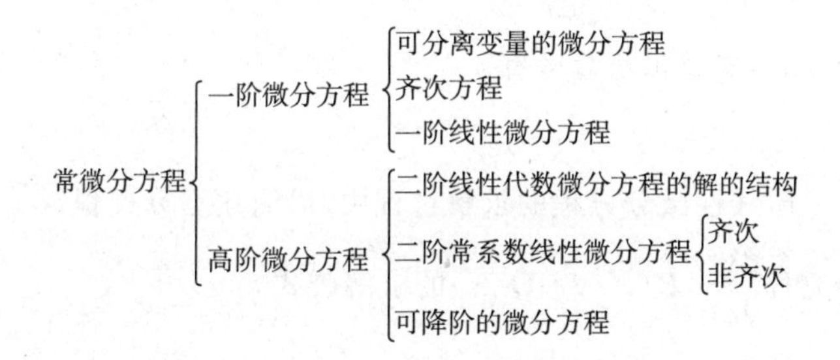

本章小结

微分方程是高等数学的重要组成部分，它在科学技术和实际工程中有着广泛的应用，已成为不可缺少的数学工具。

在本章学习过程中，读者首先要学会准确判断方程的类型，然后要熟练掌握各类方程的解法，并会用微分方程的基本理论解决一些简单的应用问题。

1. 主要概念

微分方程：联系自变量、未知函数及其导数（或微分）的关系式。

微分方程的阶：在微分方程中，未知函数导数的最高阶数，称为微分方程的阶。

微分方程的解：使微分方程成为恒等式的函数称为微分方程的解。

通解：n 阶方程的解中含有 n 个（独立的）任意常数，此解称为方程的通解。由隐式表示出的通解称为通积分。

特解：满足初始条件的解称为特解，由隐式给出的特解称为特积分。

初值问题：求微分方程满足初值条件的特解的问题。

2. 常见微分方程类型及解法

(1) 可分离变量的微分方程：形如 $g(y)\mathrm{d}y=f(x)\mathrm{d}x$ 的方程。

求解方法：

$$\int g(y)\mathrm{d}y=\int f(x)\mathrm{d}x$$

(2) 一阶线性微分方程：$\frac{\mathrm{d}y}{\mathrm{d}x}+P(x)y=Q(x)$。

求解方法：一般有如下三步。

第一步：先用分离变量法求一阶线性微分方程$\frac{\mathrm{d}y}{\mathrm{d}x}+P(x)y=Q(x)$所对应的齐次线性

微分方程$\frac{dy}{dx}+P(x)y=0$的通解$y=Ce^{-\int P(x)dx}$。

第二步:设$y=u(x)e^{-\int P(x)dx}$为一阶线性微分方程$\frac{dy}{dx}+P(x)y=Q(x)$的解,代入该方程后,求出待定函数$u(x)$。

第三步:将$u(x)$代入$y=u(x)e^{-\int P(x)dx}$中,得所求一阶线性微分方程$\frac{dy}{dx}+P(x)y=Q(x)$的通解。

注意:只要一阶线性微分方程是$\frac{dy}{dx}+P(x)y=Q(x)$的标准形式,则将$y=u(x)e^{-\int P(x)dx}$代入一阶线性微分方程,整理化简后必有

$$u'(x)e^{-\int P(x)dx}=Q(x)$$

该结论可用在一阶线性微分方程的求解过程中,以简化运算过程。

一阶线性微分方程$\frac{dy}{dx}+P(x)y=Q(x)$的求解公式

$$y=e^{-\int P(x)dx}\left[\int Q(x)e^{\int P(x)dx}dx+C\right]\quad(\text{其中 }C\text{ 为任意常数})$$

(3) 二阶常系数线性微分方程。

① 二阶常系数齐次线性微分方程:形如$y''+py'+qy=0$的微分方程(其中p,q均为已知常数)。

求解方法:一般有如下三步。

第一步:写出微分方程$y''+py'+qy=0$的特征方程$r^2+pr+q=0$。

第二步:求出特征方程的两个特征根r_1,r_2。

第三步:根据表6-1给出的三种特征根的不同情形,写出$y''+py'+qy=0$的通解。

② 二阶常系数非齐次线性微分方程:形如$y''+py'+qy=f(x)$的微分方程。

求解方法:

当$f(x)=P_m(x)e^{\lambda x}$型时,其特解形式为

$$y^*=x^kQ_m(x)e^{\lambda x}$$

其中,k按λ不是特征方程的根、是特征方程的单根、是特征方程的重根依次取0、1、2。

当$f(x)=e^{\alpha x}[P_l(x)\cos\beta x+P_n(x)\sin\beta x]$型时,其特解形式为

$$y^*=x^ke^{\alpha x}[Q_m^{(1)}(x)\cos\beta x+Q_m^{(2)}(x)\sin\beta x]$$

此处$m=\max\{l,n\}$,k按$\alpha\pm i\beta$不是特征方程的根或是特征方程的根取0或1。

将$y^*,y^{*\prime},y^{*\prime\prime}$代入方程,用待定系数法即可定出$Q_m^{(1)}(x),Q_m^{(2)}(x)$的系数。

(4) 高阶微分方程的降阶法,根据表6-2给出解方程的方法。

表 6-2

方程的形式	引入y'的形式	降阶后的方程
$y''=f(x,y')$	设$y'=p(x)$,则$y''=p'(x)$	$p'=f(x,p)$

续表

方程的形式	引入 y' 的形式	降阶后的方程
$y''=f(y,y')$	设 $y'=p(y)$，则 $y''=\frac{\mathrm{d}p}{\mathrm{d}x}=\frac{\mathrm{d}p}{\mathrm{d}y}\cdot\frac{\mathrm{d}y}{\mathrm{d}x}=p\frac{\mathrm{d}p}{\mathrm{d}y}$	$p\frac{\mathrm{d}p}{\mathrm{d}y}=f(y,p)$
$y^{(n)}=f(x)$	对方程 $y^{(n)}=f(x)$ 两边逐次积分 n 次，即可得到该方程的通解	

3. 主要定理

定理 6-1　设 $y=y_1(x)$ 及 $y=y_2(x)$ 是微分方程 $y''+py'+qy=0$ 的两个解，那么，对任意常数 C_1,C_2，$y=C_1y_1(x)+C_2y_2(x)$ 仍然是 $y''+py'+qy=0$ 的解。

定理 6-2　设 $y=y^*(x)$ 是方程 $y''+py'+qy=f(x)$ 的解，$y=\bar{y}(x)$ 是方程 $y''+py'+qy=0$ 的解，那么 $y=\bar{y}(x)+y^*(x)$ 仍是方程 $y''+py'+qy=f(x)$ 的解。

学习指导

1. 本章要求

(1) 理解微分方程的一般概念。

(2) 熟练掌握所学微分方程的解法。

(3) 深刻理解线性微分方程解的性质及解的结构。

(4) 掌握微分方程解决一些简单的应用问题。

2. 学习重点

(1) 微分方程的一般概念。

(2) 一阶线性微分方程的解法。

(3) 二阶常系数齐次线性微分方程的解法。

3. 学习难点

(1) 识别一阶方程的类型。

(2) 二阶常系数线性方程的特解的求法。

4. 学习建议

(1) 本章重点为微分方程的通解与特解等概念，一阶微分方程的分离变量法，一阶线性微分方程的常数变易法，二阶线性微分方程的解的结构，二阶常系数非齐次线性微分方程的待定系数法。

(2) 本章中所讲的一些微分方程，它们的求解方法和步骤都已规范化，要掌握这些求解的方法，读者首先要正确地识别方程的类型，因此必须熟悉本章中讲了哪些标准型，每种标准型有什么特征，以便"对号入座"，还应熟记每一标准型的解法，即"对症下药"。同时，建议读者做大量的习题加以巩固。

(3) 有些方程需要做适当的变量替换，才能化为已知的类型。对于这类方程的求解，只要会求一些简单方程，了解变换的思路即可，不必花费太多精力。

(4) 利用微分方程解决实际问题，不仅需要数学技巧，还需要一定的专业知识，常用的有切线、法线的斜率，图形的面积，曲线的弧长，牛顿第二定律，牛顿冷却定律等。读者应对这方面的知识有一定的了解。

扩展阅读

解析几何的产生

解析几何学是把代数学和几何学结合起来,把数和形统一起来的一种新方法。这种结合的最简单的形式就是坐标。用坐标表示点的位置的方法始于古代。英国生物化学和科学史学家李约瑟(J. Needham,1900—1995 年)认为,埃及人的象形文字中用一个方格表示区域,中国古代用井字表示井周围的田地,都是应用坐标的一种思想。古希腊的天文学家伊巴谷(喜帕恰斯)是最早用经纬度标出天球上点的位置的人之一。在他之前,地理学家埃拉托色尼会在地理学中规定子午圈和纬度圈,用经纬度表示某地的地理位置。到 14 世纪,法国人奥雷斯姆提出了用坐标表示点的位置的坐标几何,完成了从天文坐标向地理坐标的转变。

到了 17 世纪,数学中需要处理的许多问题都与变量有关,如求任一曲线的切线,求曲线下的面积,求极大、极小值,等等。这些问题单纯用几何学的方法求解往往是十分困难或者十分烦琐的,而用代数学方法加以解决就可化繁为简。费尔玛(P. Fermat,1601—1665 年)是最早采用这一方法的人,他在 1629 年写的《空心与实心概论》一书中就用代数方程来表示曲线的性质。他写道:“每当我们在最后的方程中求出两个未知数时,我们就有一条轨迹,其中之一的顶端描出一直线或曲线。”此外,他还给出了一些轨迹的方程,如过原点的直线方程、任意直线方程、圆的方程、椭圆方程、双曲线方程和抛物线方程。费尔玛的著作是半个世纪以后才发表的,所以人们往往忽略他在创立解析几何学上的贡献。

笛卡儿(R. Descartes,1596—1650 年)在《几何学》一书中提出了解析几何的一个主要原则,“每个几何问题都可以归结为这样几句话:为了构成这个问题,所要知道的无非是关于若干直线的长度知识,并且在确定这些长度时只需要四五步运算。正如一个算术运算可以包括加减乘除和开方(开方也可以看作除法的一种变形式)一样,几何学也是如此;如果我们想要确定若干直线的长度,那只要加上或减去别的直线,而在两条直线相乘的情况,只要求出单位线与两条已知线的第四比例项,以此类推”。用这样的方法,笛卡儿摆脱了三次以上的幂所带来的麻烦,因为他把这些幂看作一些连续相乘的项,这是一个重大突破。笛卡儿把几何学问题转化为代数学的问题来解决,如把三等分角与立方体倍积等古典问题化为求解方程的问题,这样一来,人们只要进行一些不太复杂的代数运算就可以使那些用传统的几何学方法难以解决甚至无法解决的问题变得容易解决。这是因为几何学的问题基本上是运用形式逻辑推理的,而代数学的方法则是根据一定的规则进行演算。经过代数变换之后往往可以使人看出一些确定无疑的几何关系,而这些关系是那些擅长几何学的推理的希腊人施展了他们的全部技巧都没有发展的。在引进上述方法的同时,笛卡儿把变量和函数也带进了数学,他把几何图形(如直线或曲线)看作依照一定的函数关系运动的点的轨迹,这些点的一个坐标值是随着另一个坐标值的变化而变化的。笛卡儿的变量是数学中的转折点,笛卡儿的方法对微积分的发明有着不可估量的作用。

解析几何的出现,改变了自古希腊以来代数和几何分离的趋向,把相互对立着的“数”与“形”统一起来,使几何曲线与代数方程相结合。笛卡儿的这一天才创见,更为微积分的创立奠定了基础,从而开拓了变量数学的广阔领域。

正如恩格斯所说："数学中的转折点是笛卡儿的变数。有了变数，运动进入了数学；有了变数，辩证法进入了数学；有了变数，微分和积分也就立刻成为必要。"

总复习题六

1. 判断题。

(1) 任意微分方程都有通解。　(　　)

(2) 微分方程的通解中包含它的所有解。　(　　)

(3) 函数 $y=x^2\cdot e^x$ 是微分方程 $y''-2y'+y=0$ 的解。　(　　)

(4) $y'=\sin y$ 是一阶线性微分方程。　(　　)

(5) $\dfrac{dy}{dx}=1+x+y^2+xy^2$ 是可分离变量的微分方程。　(　　)

(6) $y''-2y'+5y=0$ 的特征方程为 $r^2-2r+5=0$。　(　　)

(7) 若 $y_1(x)$，$y_2(x)$都是 $y'+P(x)y=Q(x)$的特解，且 $y_1(x)$与 $y_2(x)$线性无关，则微分方程的通解可表示为 $y(x)=y_1(x)+C[y_1(x)-y_2(x)]$。　(　　)

(8) 曲线在点(x,y)处的切线斜率等于该点横坐标的平方，则该曲线所满足的微分方程是 $y'=x^2+C$(C 是任意常数)。　(　　)

(9) 只要给出 n 阶线性微分方程的 n 个特解，就能写出其通解。　(　　)

(10) 函数 $y=e^{\lambda_1 x}+e^{\lambda_2 x}$ 是微分方程 $y''-(\lambda_1+\lambda_2)y'+\lambda_1\lambda_2 y=0$ 的解。　(　　)

2. 填空题。

(1) 在横线上填上方程的名称。

① $(y-3)\cdot\ln x\,dx-x\,dy=0$ 是____________。

② $(xy^2+x)dx+(y-x^2y)dy=0$ 是____________。

③ $x\dfrac{dy}{dx}=y\cdot\ln\dfrac{y}{x}$是____________。

④ $xy'=y+x^2\sin x$ 是____________。

⑤ $y''+y'-2y=0$ 是____________。

(2) $y'''+\sin x y'-x=\cos x$ 的通解中应含______个独立常数。

(3) $y''=e^{-2x}$ 的通解是____________。

(4) $y''=\sin 2x-\cos x$ 的通解是____________。

(5) $xy'''+2x^2y'^2+x^3y=x^4+1$ 是______阶微分方程。

(6) 微分方程 $y\cdot y''-(y')^6=0$ 是______阶微分方程。

(7) $y=\dfrac{1}{x}$所满足的一阶微分方程是____________。

(8) $y'=\dfrac{2y}{x}$的通解为____________。

(9) $\dfrac{dx}{y}+\dfrac{dy}{x}=0$ 的通解为____________。

(10) $\dfrac{dy}{dx}-\dfrac{2y}{x+1}=(x+1)^{\frac{5}{2}}$，其对应的齐次方程的通解为____________。

(11) 方程 $xy'-(1+x^2)y=0$ 的通解为________________。

(12) 三阶微分方程 $y'''=x^3$ 的通解为________________。

3. 选择题。

(1) 微分方程 $xyy''+x(y')^3-y^4y'=0$ 的阶数是(　　)。

A. 3　　B. 4　　C. 5　　D. 2

(2) 函数 $y=\cos x$ 是(　　)的解。

A. $y'+y=0$　　B. $y'+2y=0$　　C. $y''+y=0$　　D. $y''+y=\cos x$

(3) 微分方程 $y'''-x^2y''-x^5=1$ 的通解中应含的独立常数的个数为(　　)。

A. 3　　B. 5　　C. 4　　D. 2

(4) 微分方程 $y''+y=\sin x$ 的一个特解具有形式(　　)。

A. $y^*=a\sin x$　　B. $y^*=a\cos x$

C. $y^*=x(a\sin x+b\cos x)$　　D. $y^*=a\cos x+b\sin x$

(5) 下列微分方程中(　　)是二阶常系数齐次线性微分方程。

A. $y''-2y=0$　　B. $y''-xy'+3y^2=0$

C. $5y''-4x=0$　　D. $y''-2y'+1=0$

(6) 微分方程 $y'-y=0$ 满足初始条件 $y(0)=1$ 的特解为(　　)。

A. e^x　　B. e^x-1　　C. e^x+1　　D. $2-e^x$

(7) 过点(1,3)且切线斜率为 $2x$ 的曲线方程 $y=y(x)$ 应满足的关系是(　　)。

A. $y'=2x$　　B. $y''=2x$

C. $y'=2x, y(1)=3$　　D. $y''=2x, y(1)=3$

(8) 下列微分方程中可分离变量的是(　　)。

A. $\frac{dy}{dx}+\frac{y}{x}=e$　　B. $\frac{dy}{dx}=k(x-a)(b-y)$ (k,a,b 是常数)

C. $\frac{dy}{dx}-\sin y=x$　　D. $y'+xy=y^2e^x$

(9) 方程 $y'-2y=0$ 的通解是(　　)。

A. $y=\sin x$　　B. $y=4e^{2x}$　　C. $y=Ce^{2x}$　　D. $y=e^x$

(10) 微分方程 $\cos y\,dy=\sin x\,dx$ 的通解是(　　)。

A. $\sin x+\cos y=C$　　B. $\cos y-\sin x=C$

C. $\cos x-\sin y=C$　　D. $\cos x+\sin y=C$

4. 解答题。

(1) 试求 $y''=x$ 的经过点 $M(0,1)$ 且在此点与直线 $y=\frac{x}{2}+1$ 相切的积分曲线。

(2) 求微分方程 $\begin{cases} x(y^2+1)dx+y(1-x^2)dy=0 \\ y|_{x=0}=1 \end{cases}$ 的通解和特解。

(3) 求微分方程 $\begin{cases} y'=\frac{x}{y}+\frac{y}{x} \\ y|_{x=1}=2 \end{cases}$ 的特解。

(4) 求微分方程 $\frac{dy}{dx}-y\cdot\tan x=\sec x$ 满足初始条件 $y|_{x=0}=0$ 的特解。

(5) 求微分方程$\frac{dy}{dx}-\frac{2}{x+1}y=(x+1)^3$的通解。

(6) 求微分方程$y''=\frac{2y'x}{x^2+1}$满足初始条件$y|_{x=0}=1, y'|_{x=0}=3$的特解。

(7) 求微分方程$y''=2yy'$满足初始条件$y|_{x=0}=1, y'|_{x=0}=2$的特解。

(8) 求微分方程$y''+y'-2y=0$的通解。

(9) 求微分方程$y''+4y'+4y=0$的通解。

(10) 求微分方程$y''+2y'+5y=0$的通解。

考研真题

1. 填空题。

(1) 微分方程$xy'+y=0$满足$y(1)=2$的特解为________。

(2) 设$y=e^x(C_1\sin x+C_2\cos x)$($C_1, C_2$为任意常数)为某二阶常系数线性齐次微分方程的通解,则该方程为________。

(3) 过点$\left(\frac{1}{2},0\right)$且满足关系式$y'\arcsin x+\frac{y}{\sqrt{1-x^2}}=1$的曲线方程为________。

(4) 微分方程$yy''+y'^2=0$满足初始条件$y|_{x=0}=1, y'|_{x=0}=\frac{1}{2}$的特解是________。

(5) 微分方程$(y+x^3)dx-2xdy=0$满足$y|_{x=1}=\frac{6}{5}$的特解是________。

2. 选择题。

(1) 函数$y=C_1e^x+C_2e^{-2x}+xe^x$满足一个微分方程(　　)。

A. $y''-y'-2y=3xe^x$　　B. $y''-y'-2y=3e^x$

C. $y''+y'-2y=3xe^x$　　D. $y''+y'-2y=3e^x$

(2) 微分方程$\frac{dy}{dx}=\frac{y}{x}+\tan\frac{y}{x}$的通解是(　　)。

A. $\frac{1}{\sin\frac{y}{x}}=Cx$　　B. $\sin\frac{y}{x}=C+x$

C. $\sin\frac{y}{x}=Cx$　　D. $\sin\frac{x}{y}=C+x$

3. 计算题。

(1) 求微分方程$y''(x+y'^2)=y'$满足初始条件$y|_{x=1}=1, y'|_{x=1}=1$的特解。

(2) 某种飞机在机场降落时,为了减少滑行距离,在触地的瞬间,飞机尾部张开减速伞以增大阻力,使飞机迅速减速并停下,现有一质量为9 000kg的飞机,着陆时其水平速度为700km/h,经测试,减速伞打开后,飞机所受的总阻力与飞机速度成正比(系数$k=6\times10^6$)。问从着陆点算起,飞机滑行的最长距离是多少?

第七章 向量代数与空间解析几何

空间解析几何的产生是数学史上一个划时代的成就，它通过点和坐标的对应，把数学研究的两个基本对象“数”和“形”统一起来，使人们既可以用代数方法研究几何问题，也可以用几何方法解决代数问题。在这一章中，首先建立空间直角坐标系，引入自由向量，并以坐标和向量为基础，用代数的方法讨论空间的平面和直线。在此基础上，再介绍一些常用的空间曲线与曲面，为学习多元微积分做准备。

第一节 向量及其线性运算

一、向量的概念

在研究物理学及其他应用科学时所遇到的量，一般可分为两大类：一类是只有大小没有方向的量，如质量、体积、温度、时间等，这一类量叫作数量；另一类是既有大小又有方向的量，如力、位移、速度等，这一类量叫作向量（也称矢量）。

在数学上，往往用一条有方向的线段（即有向线段）来表示向量。有向线段的长度表示向量的大小，有向线段的方向表示向量的方向。以 A 为起点、B 为终点的有向线段所表示的向量记作 $\overrightarrow{AB}$（图 7-1）。向量可用粗体字母或用上面加箭头的字母来表示，如 $\boldsymbol{a}$，$\boldsymbol{r}$，$\boldsymbol{v}$，$\boldsymbol{F}$ 或 $\vec{a}$，$\vec{r}$，$\vec{v}$，$\vec{F}$。

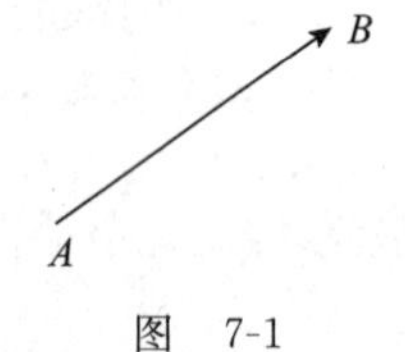

图 7-1

由于一切向量的共性是它们都有大小和方向，所以在数学上只研究与起点无关的向量，并称这种向量为自由向量（简称向量）。因此，如果向量 $\boldsymbol{a}$ 和 $\boldsymbol{b}$ 的大小相等，且方向相同，则说向量 $\boldsymbol{a}$ 和 $\boldsymbol{b}$ 是相等的，记为 $\boldsymbol{a}=\boldsymbol{b}$。相等的向量经过平移后可以完全重合。

向量的大小叫作向量的模。向量 $\boldsymbol{a}$，$\vec{a}$，$\overrightarrow{AB}$ 的模分别记为 $|\boldsymbol{a}|$，$|\vec{a}|$，$|\overrightarrow{AB}|$。

模等于 1 的向量叫作单位向量。模等于 0 的向量叫作零向量，记作 $\boldsymbol{0}$ 或 $\vec{0}$。零向量的起点与终点重合，它的方向可以看作是任意的。

设两个非零向量 $\boldsymbol{a}$，$\boldsymbol{b}$，如果它们的方向相同或相反，就称这两个向量平行（向量 $\boldsymbol{a}$ 与 $\boldsymbol{b}$ 平行，记作 $\boldsymbol{a}/\!/\boldsymbol{b}$）。零向量与任何向量都平行。

当两个平行向量的起点放在同一点时，它们的终点和公共的起点应在一条直线上。因此，两向量平行又称两向量共线。

类似地，设有 $k(k\geqslant 3)$ 个向量，当把它们的起点放在同一点时，如果 k 个终点和公共起点在一个平面上，就称这 k 个向量共面。

二、向量的线性运算

1. 向量的加法

在力学中,求作用于同一质点的两个不同方向的力的合力 F 时,采用平行四边形法则或三角形法则。

对于一般的向量,规定两个向量的加法法则如下。

法则 1(平行四边形法则)　当向量 $\boldsymbol{a}$ 与 $\boldsymbol{b}$ 不平行时,平移向量使 $\boldsymbol{a}$ 与 $\boldsymbol{b}$ 的起点重合,以 $\boldsymbol{a}$,$\boldsymbol{b}$ 为邻边作一平行四边形,从公共起点到对角的向量等于向量 $\boldsymbol{a}$ 与 $\boldsymbol{b}$ 的和,记作 $\boldsymbol{a}+\boldsymbol{b}$(图 7-2)。

法则 2(三角形法则)　设有两个向量 $\boldsymbol{a}$ 与 $\boldsymbol{b}$,以向量 $\boldsymbol{a}$ 的终点作为向量 $\boldsymbol{b}$ 的起点,则由 $\boldsymbol{a}$ 的起点到 $\boldsymbol{b}$ 的终点的向量 $\boldsymbol{c}$ 称为向量 $\boldsymbol{a}$ 与 $\boldsymbol{b}$ 的和,记作 $\boldsymbol{a}+\boldsymbol{b}$,即 $\boldsymbol{c}=\boldsymbol{a}+\boldsymbol{b}$ (图 7-3)。

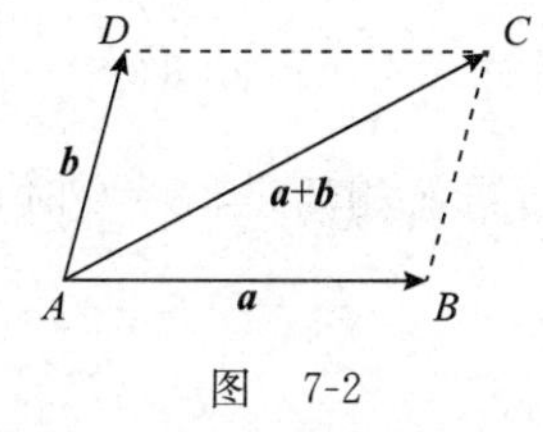

图　7-2

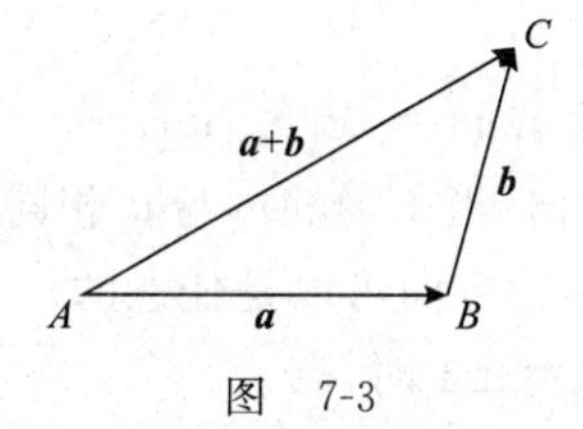

图　7-3

向量的加法符合下列运算规律。

(1) 交换律:$\boldsymbol{a}+\boldsymbol{b}=\boldsymbol{b}+\boldsymbol{a}$。

(2) 结合律:$(\boldsymbol{a}+\boldsymbol{b})+\boldsymbol{c}=\boldsymbol{a}+(\boldsymbol{b}+\boldsymbol{c})$。

由于向量的加法符合交换律与结合律,故 n 个向量 $\boldsymbol{a}_1,\boldsymbol{a}_2,\cdots,\boldsymbol{a}_n(n\geqslant 3)$ 相加可写成 $\boldsymbol{a}_1+\boldsymbol{a}_2+\cdots+\boldsymbol{a}_n$,并按向量相加的三角形法则,可得 n 个向量相加的法则如下:使前一向量的终点作为次一向量的起点,相继作向量 $\boldsymbol{a}_1,\boldsymbol{a}_2,\cdots,\boldsymbol{a}_n$,再以第一向量的起点为起点,最后一向量的终点为终点作一向量,这个向量即为所求向量的和。

如 5 个向量相加,以前一向量的终点作下一向量的起点,相继作向量 $\boldsymbol{a}_1,\boldsymbol{a}_2,\cdots,\boldsymbol{a}_5$,再以第一向量的起点为起点,最后一向量的终点为终点作一向量,这个向量即为向量 $\boldsymbol{a}_1,\boldsymbol{a}_2,\cdots,\boldsymbol{a}_5$ 的和(图 7-4),有

$$\boldsymbol{s}=\boldsymbol{a}_1+\boldsymbol{a}_2+\boldsymbol{a}_3+\boldsymbol{a}_4+\boldsymbol{a}_5$$

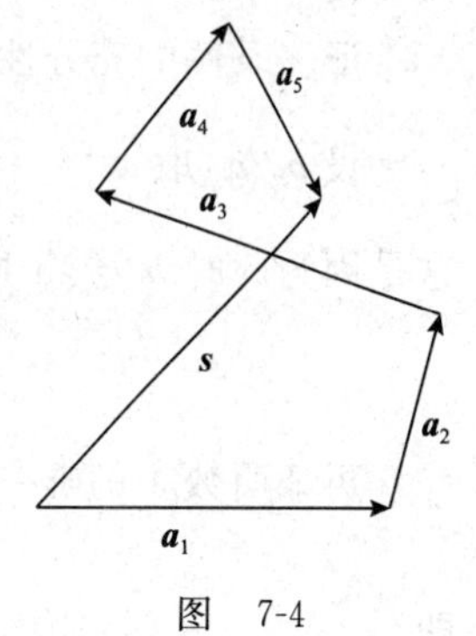

图　7-4

设 $\boldsymbol{a}$ 为一向量,与向量 $\boldsymbol{a}$ 的模相等而方向相反的向量叫作 $\boldsymbol{a}$ 的负向量,记作 $-\boldsymbol{a}$。由此规定两个向量 $\boldsymbol{b}$ 与 $\boldsymbol{a}$ 的差为

$$\boldsymbol{b}-\boldsymbol{a}=\boldsymbol{b}+(-\boldsymbol{a})$$

特别地,当 $\boldsymbol{b}=\boldsymbol{a}$ 时,有

$$\boldsymbol{a}-\boldsymbol{a}=\boldsymbol{a}+(-\boldsymbol{a})=\boldsymbol{0}$$

可以用平行四边形法则求两向量 $\boldsymbol{a}$ 与 $\boldsymbol{b}$ 的差:以向量 $\boldsymbol{a}$,$\boldsymbol{b}$ 为边作一平行四边形,把向量 $-\boldsymbol{a}$ 加到向量 $\boldsymbol{b}$ 上,便得向量 $\boldsymbol{b}$ 与 $\boldsymbol{a}$ 的差 $\boldsymbol{b}-\boldsymbol{a}$(图 7-5)。

同样,也可用三角形法则求两向量 $\boldsymbol{a}$ 与 $\boldsymbol{b}$ 的差:把向量 $\boldsymbol{a}$ 与 $\boldsymbol{b}$ 移到同一起点 O,则从 $\boldsymbol{a}$ 终点 A 向 $\boldsymbol{b}$ 终点 B 所引向量 $\overrightarrow{AB}$ 便是向量 $\boldsymbol{b}$ 与 $\boldsymbol{a}$ 的差 $\boldsymbol{b}-\boldsymbol{a}$(图 7-6)。

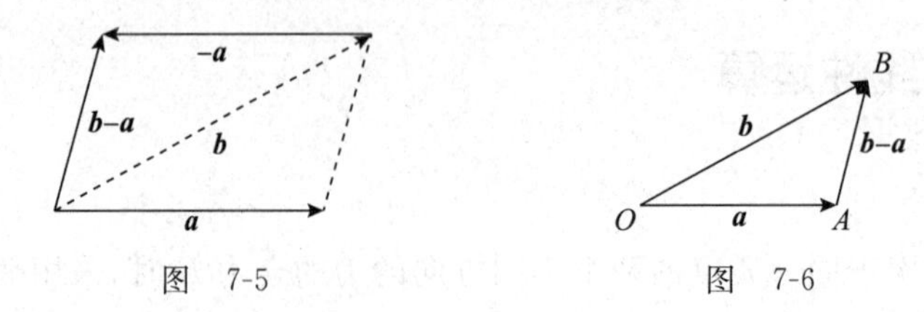

图 7-5 图 7-6

显然,任意向量 $\overrightarrow{AB}$ 及点 O,有 $\overrightarrow{AB}=\overrightarrow{AO}+\overrightarrow{OB}=\overrightarrow{OB}-\overrightarrow{OA}$。由三角形两边之和大于第三边的原理,有

$$|\boldsymbol{a}+\boldsymbol{b}|\leqslant|\boldsymbol{a}|+|\boldsymbol{b}| \quad \text{及} \quad |\boldsymbol{a}-\boldsymbol{b}|\leqslant|\boldsymbol{a}|+|\boldsymbol{b}|$$

式中,等号在 $\boldsymbol{a}$ 与 $\boldsymbol{b}$ 同向与反向时成立。

2. 向量与数的乘法

设 λ 是一个实数,$\boldsymbol{a}$ 是一个向量,λ 与 $\boldsymbol{a}$ 的乘积记作 $\lambda\boldsymbol{a}$,规定 $\lambda\boldsymbol{a}$ 是一个向量,它的大小和方向如下。

(1) $\lambda\boldsymbol{a}$ 的模:$|\lambda\boldsymbol{a}|=|\lambda|\cdot|\boldsymbol{a}|$。

(2) $\lambda\boldsymbol{a}$ 的方向:当 $\lambda>0$ 时,与 $\boldsymbol{a}$ 相同;当 $\lambda<0$ 时,与 $\boldsymbol{a}$ 相反;当 $\lambda=0$ 时,$|\lambda\boldsymbol{a}|=0$,即 $\lambda\boldsymbol{a}$ 为零向量,这时它的方向可以是任意的。

特别地,当 $\lambda=\pm1$ 时,有

$$1\times\boldsymbol{a}=\boldsymbol{a}, \quad (-1)\times\boldsymbol{a}=-\boldsymbol{a}$$

向量与实数的乘积符合下列运算规律。

(1) 结合律:$\lambda(\mu\boldsymbol{a})=\mu(\lambda\boldsymbol{a})=(\lambda\mu)\boldsymbol{a}$。

(2) 分配律:$\lambda(\boldsymbol{a}+\boldsymbol{b})=\lambda\boldsymbol{a}+\lambda\boldsymbol{b}$;$(\lambda+\mu)\boldsymbol{a}=\lambda\boldsymbol{a}+\mu\boldsymbol{a}$。

以上运算规律可以按照向量与数的乘积的规定加以证明。

向量相加及向量与数的乘积统称为向量的线性运算。

定理 7-1 设非零向量 $\boldsymbol{a}$(记 $\boldsymbol{a}\neq\boldsymbol{0}$),向量 $\boldsymbol{b}$ 平行于 $\boldsymbol{a}$ 的充分必要条件是:存在唯一的实数 λ 使 $\boldsymbol{b}=\lambda\boldsymbol{a}$。

证 条件的充分性是显然的,下面证明条件的必要性。

设 $\boldsymbol{b}/\!/\boldsymbol{a}$,取 $|\lambda|=\dfrac{|\boldsymbol{b}|}{|\boldsymbol{a}|}$,当 $\boldsymbol{b}$ 与 $\boldsymbol{a}$ 同向时 λ 取正值,当 $\boldsymbol{b}$ 与 $\boldsymbol{a}$ 反向时 λ 取负值,即 $\boldsymbol{b}=\lambda\boldsymbol{a}$。这是因为此时 $\boldsymbol{b}$ 与 $\lambda\boldsymbol{a}$ 同向,且

$$|\lambda\boldsymbol{a}|=|\lambda||\boldsymbol{a}|=\frac{|\boldsymbol{b}|}{|\boldsymbol{a}|}|\boldsymbol{a}|=|\boldsymbol{b}|$$

再证明数 λ 的唯一性。设 $\boldsymbol{b}=\lambda\boldsymbol{a}$,又设 $\boldsymbol{b}=\mu\boldsymbol{a}$,两式相减,得

$$(\lambda-\mu)\boldsymbol{a}=\boldsymbol{0}$$

即

$$|\lambda-\mu||\boldsymbol{a}|=\boldsymbol{0}$$

因 $|\boldsymbol{a}|\neq\boldsymbol{0}$,故 $|\lambda-\mu|=0$,即 $\lambda=\mu$。

【例 7-1】 在平行四边形 $ABCD$ 中,设 $\overrightarrow{AB}=\boldsymbol{a}$,$\overrightarrow{AD}=\boldsymbol{b}$,试用 $\boldsymbol{a}$ 和 $\boldsymbol{b}$ 表示向量 $\overrightarrow{MA}$,$\overrightarrow{MB}$,$\overrightarrow{MC}$,$\overrightarrow{MD}$,这里 M 是平行四边形对角线的交点(图 7-7)。

解 由于平行四边形的对角线互相平分,所以

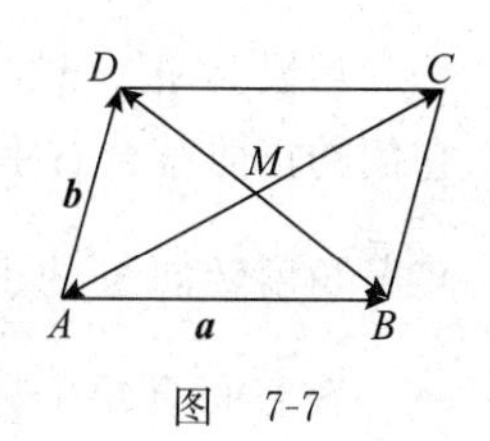

图　7-7

$$\boldsymbol{a}+\boldsymbol{b}=\overrightarrow{AC}=-2\overrightarrow{MA}$$

即

$$-(\boldsymbol{a}+\boldsymbol{b})=2\overrightarrow{MA}$$

于是

$$\overrightarrow{MA}=-\frac{1}{2}(\boldsymbol{a}+\boldsymbol{b})$$

因为 $\overrightarrow{MC}=-\overrightarrow{MA}$，所以 $\overrightarrow{MC}=\frac{1}{2}(\boldsymbol{a}+\boldsymbol{b})$。

又因 $-\boldsymbol{a}+\boldsymbol{b}=\overrightarrow{BD}=2\overrightarrow{MD}$，所以 $\overrightarrow{MD}=\frac{1}{2}(\boldsymbol{b}-\boldsymbol{a})$。

由于 $\overrightarrow{MB}=-\overrightarrow{MD}$，所以 $\overrightarrow{MB}=-\frac{1}{2}(\boldsymbol{b}-\boldsymbol{a})$。

【例 7-2】 如果平面上一个四边形的对角线互相平分，试用向量证明它是平行四边形。

解 设四边形 $ABCD$ 中 AC 与 BD 交于 M，由已知得 $AM=MC$，$DM=MB$，由向量的加法法则得

$$\overrightarrow{AB}=\overrightarrow{AM}+\overrightarrow{MB}=\overrightarrow{DM}+\overrightarrow{MC}=\overrightarrow{DC}$$

易知四边形 $ABCD$ 是平行四边形。

上面的定理为数轴的建立提供了理论依据。给定一个点及一个单位向量就确定了一条数轴。设点 O 及单位向量 $\boldsymbol{i}$ 确定了数轴 Ox，对于轴上任一点 P，对应一个向量 $\overrightarrow{OP}$，由 $\overrightarrow{OP}/\!/\boldsymbol{i}$，根据定理 7-1，必有唯一的实数 x，使 $\overrightarrow{OP}=x\boldsymbol{i}$（实数 x 叫作轴上有向线段 $\overrightarrow{OP}$ 的值），并知 $\overrightarrow{OP}$ 与实数 x 一一对应。于是

$$\text{点 } P \longleftrightarrow \text{向量} \overrightarrow{OP}=x\boldsymbol{i} \longleftrightarrow \text{实数 } x$$

从而轴上的点 P 与实数 x 有一一对应的关系（图 7-8）。据此，定义实数 x 为轴上点 P 的坐标。

由此可知，数轴上点 P 的坐标为 x 的充分必要条件是

$$\overrightarrow{OP}=x\boldsymbol{i}$$

我们知道，模等于 1 的向量叫作单位向量。设 $\boldsymbol{e}$ 表示单位向量，则任一向量 $\boldsymbol{a}$ 可表示为

$$\boldsymbol{a}=|\boldsymbol{a}|\boldsymbol{e}$$

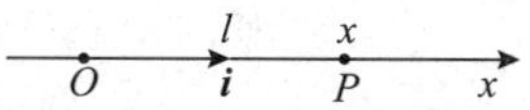

一般地，与非零向量 $\boldsymbol{a}$ 同方向的单位向量记为 $\boldsymbol{e}_a$，则

$$\boldsymbol{a}=|\boldsymbol{a}|\boldsymbol{e}_a$$

图　7-8

由此得

$$\boldsymbol{e}_a=\frac{\boldsymbol{a}}{|\boldsymbol{a}|}$$

这表示一个非零向量除以它的模的结果是一个与原向量同方向的单位向量。

三、空间直角坐标系

在空间取定一点 O 和三个两两垂直的单位向量 $\boldsymbol{i},\boldsymbol{j},\boldsymbol{k}$，就确定了三条都以 O 为原点的两两垂直的数轴，依次记为 x 轴（横轴）、y 轴（纵轴）、z 轴（竖轴），统称为坐标轴。它们构成一个空间直角坐标系，称为 $Oxyz$ 坐标系。

习惯上,把 x 轴与 y 轴放在水平面上,而 z 轴放在铅垂线上(图 7-9),它们的正向符合右手法则:以右手握住 z 轴,让四指从 x 轴的正向旋转 $\frac{\pi}{2}$ 角度转向 y 的正向,此时竖起的拇指指向为 z 轴的正向。

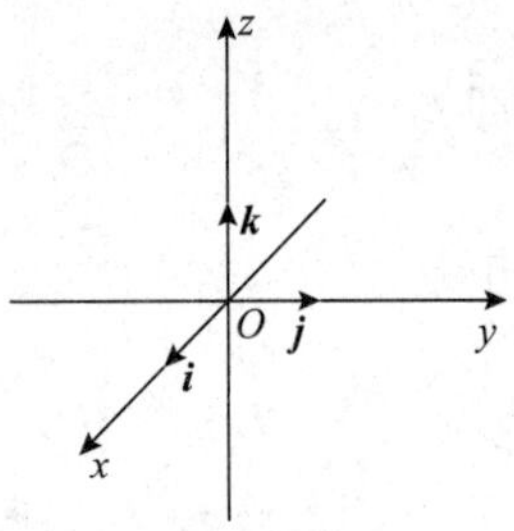

图 7-9

在空间直角坐标系中,任意两个坐标轴可以确定一个平面,这种平面称为坐标面。即由 x 轴及 y 轴所确定的坐标面叫作 xOy 面,类似地,另两个坐标面是 yOz 面和 zOx 面。

三个坐标面把整个空间分成八个部分,每一部分叫作卦限,由三个正半轴所构建的卦限叫作第一卦限,它位于 xOy 面的上方,按逆时针顺序排列着第二卦限、第三卦限和第四卦限。在 xOy 面的下方,与第一卦限对应的是第五卦限,按逆时针顺序排列着第六卦限、第七卦限和第八卦限。分别用Ⅰ、Ⅱ、Ⅲ、Ⅳ、Ⅴ、Ⅵ、Ⅶ、Ⅷ表示这八个卦限(图 7-10)。

注:坐标轴及坐标平面上的点不属于任一卦限。

在空间直角坐标系上,任给向量 $\boldsymbol{r}$,对应有点 M,令 $\overrightarrow{OM}=\boldsymbol{r}$。以 OM 为对角线,三条坐标轴为棱作长方体(图 7-11),有

$$\boldsymbol{r}=\overrightarrow{OM}=\overrightarrow{OP}+\overrightarrow{PN}+\overrightarrow{NM}=\overrightarrow{OP}+\overrightarrow{OQ}+\overrightarrow{OR}$$

设

$$\overrightarrow{OP}=x\boldsymbol{i},\quad \overrightarrow{OQ}=y\boldsymbol{j},\quad \overrightarrow{OR}=z\boldsymbol{k}$$

则

$$r=\overrightarrow{OM}=x\boldsymbol{i}+y\boldsymbol{j}+z\boldsymbol{k}$$

上式称为向量 $\boldsymbol{r}$ 的坐标分解式,$x\boldsymbol{i}$,$y\boldsymbol{j}$,$z\boldsymbol{k}$ 称为向量 $\boldsymbol{r}$ 沿三个坐标轴方向的分向量。

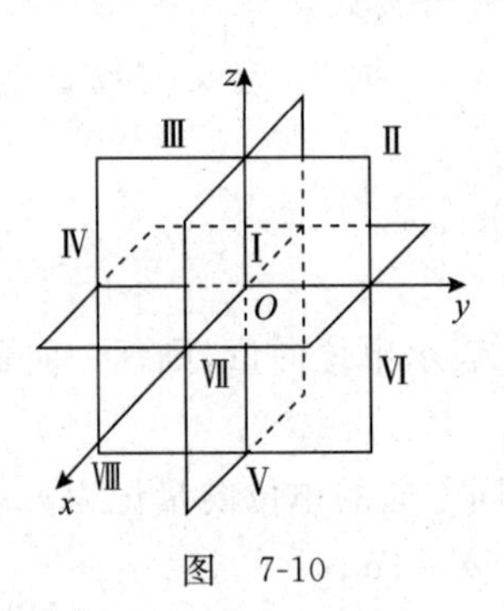

图 7-10

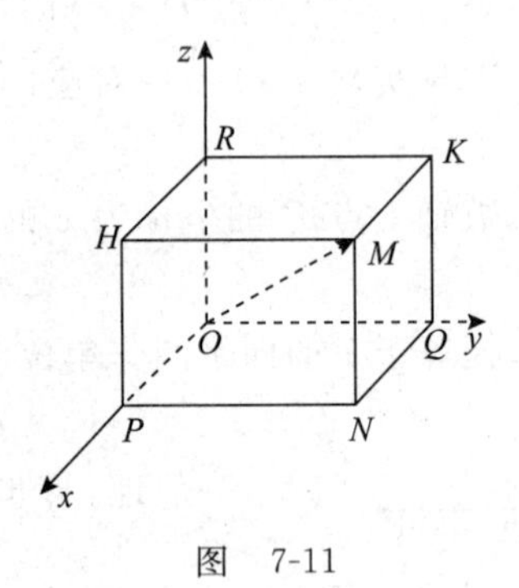

图 7-11

显然,给定向量 $\boldsymbol{r}$,就确定了点 M 及 $\overrightarrow{OP}=x\boldsymbol{i}$,$\overrightarrow{OQ}=y\boldsymbol{j}$,$\overrightarrow{OR}=z\boldsymbol{k}$ 三个分向量,进而确定了一个有序数组;反之,给定一个有序数组也就确定了向量 $\boldsymbol{r}$ 与点 M。于是点 M、向量 $\boldsymbol{r}$ 与三个有序数 x,y,z 之间有一一对应的关系

$$M\leftrightarrow\boldsymbol{r}=\overrightarrow{OM}=x\boldsymbol{i}+y\boldsymbol{j}+z\boldsymbol{k}\leftrightarrow(x,y,z)$$

据此,定义有序数 x,y,z 为向量 $\boldsymbol{r}$ 在三个坐标轴中的坐标,这时向量记作 $\boldsymbol{r}=(x,y,z)$,它称为向量的坐标表示式。而 $\boldsymbol{r}=x\boldsymbol{i}+y\boldsymbol{j}+z\boldsymbol{k}$ 称为向量的坐标分解式;$x\boldsymbol{i}$,$y\boldsymbol{j}$,$z\boldsymbol{k}$ 称为向量 $\boldsymbol{r}$ 在三个轴上的分向量。有序数组 x,y,z 称为点 M(在坐标系 $Oxyz$)的坐标,记为$M(x,y,z)$。

向量 $\boldsymbol{r}=\overrightarrow{OM}$ 称为点 M 关于原点 O 的向径。上述定义表明:一个点与该点的向径有相同的坐标。记号(x,y,z)既表示点 M,又表示向量。

$$\boldsymbol{r}=\overrightarrow{OM}=(x,y,z)=x\boldsymbol{i}+y\boldsymbol{j}+z\boldsymbol{k}$$

在坐标系 $Oxyz$ 中，如图 7-12 所示，在 yOz 面上的点，记为 $(0,y,z)$；同样，在 zOx 面上的点，记为 $(x,0,z)$；在 xOy 面上的点，记为 $(x,y,0)$。如果点 M 在 x 轴上，则记为 $(x,0,0)$；同样，在 y 轴上的点，记为 $(0,y,0)$；在 z 轴上的点，记为 $(0,0,z)$。如果点 M 为原点，则记为 $(0,0,0)$。

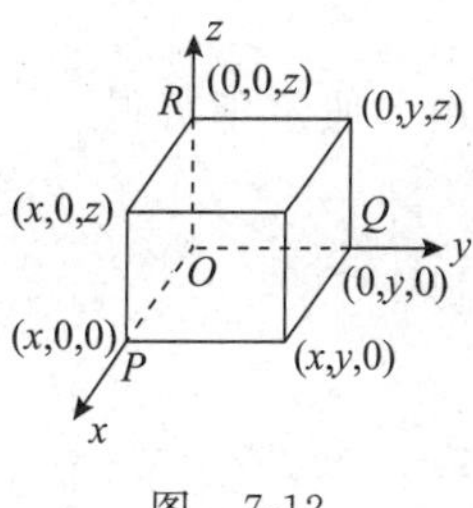

图　7-12

四、利用坐标作向量的线性运算

设 $\boldsymbol{a}=a_1\boldsymbol{i}+a_2\boldsymbol{j}+a_3\boldsymbol{k}$，$\boldsymbol{b}=b_1\boldsymbol{i}+b_2\boldsymbol{j}+b_3\boldsymbol{k}$，利用向量线性运算规律，则有

(1) $\boldsymbol{a}+\boldsymbol{b}=(a_1+b_1)\boldsymbol{i}+(a_2+b_2)\boldsymbol{j}+(a_3+b_3)\boldsymbol{k}=(a_1+b_1,a_2+b_2,a_3+b_3)$

(2) $\boldsymbol{a}-\boldsymbol{b}=(a_1-b_1)\boldsymbol{i}+(a_2-b_2)\boldsymbol{j}+(a_3-b_3)\boldsymbol{k}=(a_1-b_1,a_2-b_2,a_3-b_3)$

(3) $\lambda\boldsymbol{a}=\lambda(a_1\boldsymbol{i}+a_2\boldsymbol{j}+a_3\boldsymbol{k})=\lambda a_1\boldsymbol{i}+\lambda a_2\boldsymbol{j}+\lambda a_3\boldsymbol{k}=(\lambda a_1,\lambda a_2,\lambda a_3)$

可见，向量的加法、减法及向量与数的乘法，只需对向量的分坐标进行相应的加、减及数乘运算即可。

设 $\boldsymbol{a}=(a_1,a_2,a_3)\neq 0$，$\boldsymbol{b}=(b_1,b_2,b_3)$，由定理 7-1 可知 $\boldsymbol{b}/\!/\boldsymbol{a}\Leftrightarrow\boldsymbol{b}=\lambda\boldsymbol{a}$，有

$$\boldsymbol{b}/\!/\boldsymbol{a}\Leftrightarrow(b_1,b_2,b_3)=\lambda(a_1,a_2,a_3)=(\lambda a_1,\lambda a_2,\lambda a_3)$$

这相当于向量 $\boldsymbol{b}$ 与 $\boldsymbol{a}$ 对应的坐标成比例，即

$$\frac{b_1}{a_1}=\frac{b_2}{a_2}=\frac{b_3}{a_3}$$

注：当分母为零时，可理解为分子也是零。

【例 7-3】 已知两点 $\boldsymbol{A}(x_1,y_1,z_1)$，$\boldsymbol{B}(x_2,y_2,z_2)$ 及实数 $\lambda\neq -1$，在直线 AB 上求一点 M，使 $\overrightarrow{AM}=\lambda\overrightarrow{MB}$。

解　如图 7-13 所示，由于

$$\overrightarrow{AM}=\overrightarrow{OM}-\overrightarrow{OA},\quad \overrightarrow{MB}=\overrightarrow{OB}-\overrightarrow{OM}$$

因此

$$\overrightarrow{OM}-\overrightarrow{OA}=\lambda(\overrightarrow{OB}-\overrightarrow{OM})$$

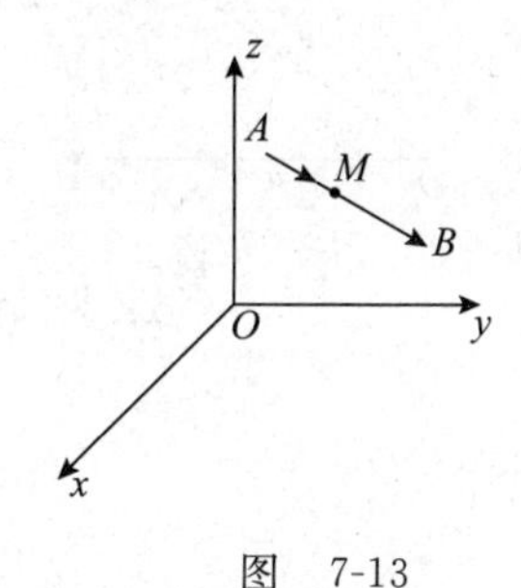

图　7-13

从而

$$\overrightarrow{OM}=\frac{1}{1+\lambda}(\overrightarrow{OA}+\lambda\overrightarrow{OB})=\left(\frac{x_1+\lambda x_2}{1+\lambda},\frac{y_1+\lambda y_2}{1+\lambda},\frac{z_1+\lambda z_2}{1+\lambda}\right)$$

这就是点 M 的坐标。

特别地，当 $\lambda=1$ 时，点 M 为有向线段 $\overrightarrow{AB}$ 的中点，其坐标为

$$x=\frac{x_1+x_2}{2},\quad y=\frac{y_1+y_2}{2},\quad z=\frac{z_1+z_2}{2}$$

五、向量的模、方向角、投影

1. 向量的模与两点间的距离公式

设向量 $\boldsymbol{r}=(x,y,z)$，作 $\overrightarrow{OM}=\boldsymbol{r}$，如图 7-11 所示，有

$$\boldsymbol{r}=\overrightarrow{OM}=\overrightarrow{OP}+\overrightarrow{OQ}+\overrightarrow{OR}$$

由勾股定理可得

$$|\boldsymbol{r}|=|OM|=\sqrt{|OP|^2+|OQ|^2+|OR|^2}$$

设

$$\overrightarrow{OP}=x\boldsymbol{i},\quad \overrightarrow{OQ}=y\boldsymbol{j},\quad \overrightarrow{OR}=z\boldsymbol{k}$$

有

$$|OP|=|x|,\quad |OQ|=|y|,\quad |OR|=|z|$$

于是得向量模的坐标表示式

$$|\boldsymbol{r}|=\sqrt{x^2+y^2+z^2}$$

设有点 $A(x_1,y_1,z_1)$,$B(x_2,y_2,z_2)$,则

$$\overrightarrow{AB}=\overrightarrow{OB}-\overrightarrow{OA}=(x_2,y_2,z_2)-(x_1,y_1,z_1)=(x_2-x_1,y_2-y_1,z_2-z_1)$$

于是点 A 与点 B 间的距离也就是向量 $\overrightarrow{AB}$ 的模,即

$$|AB|=|\overrightarrow{AB}|=\sqrt{(x_2-x_1)^2+(y_2-y_1)^2+(z_2-z_1)^2}$$

【例 7-4】 在 x 轴上求与两点 $A(1,1,1)$和 $B(4,5,-2)$等距离的点。

解 设所求的点为 $M(x,0,0)$,依题意有$|MA|=|MB|$,即

$$(x-1)^2+(0-1)^2+(0-1)^2=(x-4)^2+(0-5)^2+(0+2)^2$$

解得 $x=7$,所以,所求的点为 $M(7,0,0)$。

【例 7-5】 已知两点 $A(4,0,5)$和 $B(7,1,3)$,求与 $\overrightarrow{AB}$ 方向相同的单位向量 $\boldsymbol{e}$。

解 因为

$$\overrightarrow{AB}=(7,1,3)-(4,0,5)=(3,1,-2)$$

$$|\overrightarrow{AB}|=\sqrt{3^2+1^2+(-2)^2}=\sqrt{14}$$

所以

$$\boldsymbol{e}=\frac{\overrightarrow{AB}}{|\overrightarrow{AB}|}=\frac{1}{\sqrt{14}}(3,1,-2)$$

2. 向量的方向角与方向余弦

当把两个非零向量 $\boldsymbol{a}$ 与 $\boldsymbol{b}$ 的起点放到同一点时,两个向量之间的不超过 π 的夹角称为向量 $\boldsymbol{a}$ 与 $\boldsymbol{b}$ 的夹角(图 7-14),记作$(\hat{\boldsymbol{a}},\boldsymbol{b})$或$(\hat{\boldsymbol{b}},\boldsymbol{a})$。如果向量 $\boldsymbol{a}$ 与 $\boldsymbol{b}$ 中有一个是零向量,则规定它们的夹角可以在 0 与 π 之间任意取值。

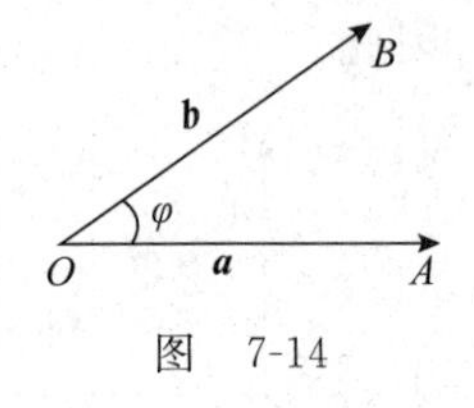

图 7-14

类似地,可以规定向量与三条坐标轴的夹角。

非零向量 $\boldsymbol{r}$ 与三条坐标轴的夹角 α,β,γ 称为向量 $\boldsymbol{r}$ 的方向角。

设向量 $\boldsymbol{r}=(x,y,z)$,则 $x=|\boldsymbol{r}|\cos\alpha$,$y=|\boldsymbol{r}|\cos\beta$,$z=|\boldsymbol{r}|\cos\gamma$。

称 $\cos\alpha,\cos\beta,\cos\gamma$ 为向量 $\boldsymbol{r}$ 的方向余弦。

由上述可知

$$\cos\alpha=\frac{x}{|\boldsymbol{r}|},\quad \cos\beta=\frac{y}{|\boldsymbol{r}|},\quad \cos\gamma=\frac{z}{|\boldsymbol{r}|}$$

从而

$$(\cos\alpha,\cos\beta,\cos\gamma)=\left(\frac{x}{|\boldsymbol{r}|},\frac{y}{|\boldsymbol{r}|},\frac{z}{|\boldsymbol{r}|}\right)=\frac{(x,y,z)}{|\boldsymbol{r}|}=\frac{\boldsymbol{r}}{|\boldsymbol{r}|}=\boldsymbol{e}_r$$

上式表明：以向量 $\boldsymbol{r}$ 的方向余弦组成的向量 $(\cos\alpha,\cos\beta,\cos\gamma)$ 就是与 $\boldsymbol{r}$ 同方向的单位向量 $\boldsymbol{e}_r$。由此可得

$$\cos^2\alpha+\cos^2\beta+\cos^2\gamma=1$$

【例 7-6】 已知 $M_1(4,\sqrt{2},1)$，$M_2(3,0,2)$，求 $\overrightarrow{M_1M_2}$ 的模、方向余弦与方向角。

解 由题设知：$\overrightarrow{M_1M_2}=(-1,-\sqrt{2},1)$，则 $|\overrightarrow{M_1M_2}|=\sqrt{(-1)^2+(-\sqrt{2})^2+1^2}=2$，其方向余弦为

$$\cos\alpha=-\frac{1}{2},\quad \cos\beta=-\frac{\sqrt{2}}{2},\quad \cos\gamma=\frac{1}{2}$$

于是

$$\alpha=\frac{2\pi}{3},\quad \beta=\frac{3\pi}{4},\quad \gamma=\frac{\pi}{3}$$

【例 7-7】 设向量的方向余弦分别满足

(1) $\cos\alpha=0$

(2) $\cos\beta=1$

(3) $\cos\alpha=\cos\beta=0$

问这些向量与坐标轴或坐标面的关系如何？

解

(1) $\cos\alpha=0$，向量与 x 轴的夹角为 $\frac{\pi}{2}$，则向量与 x 轴垂直或平行于 yOz 平面。

(2) $\cos\beta=1$，向量与 y 轴的夹角为 0，则向量与 y 轴同向。

(3) $\cos\alpha=\cos\beta=0$，则向量既垂直于 x 轴，又垂直于 y 轴，即向量垂直于 xOy 面。

3. 向量在轴上的投影

设点 O 及单位向量 $\boldsymbol{e}$ 确定 u 轴（图 7-15）。任给向量 $\boldsymbol{r}$，作 $\overrightarrow{OM}=\boldsymbol{r}$，再过点 M 作与 u 轴垂直的平面交 u 轴于点 M'（点 M' 叫作点 M 在 u 轴上的投影），则向量 $\overrightarrow{OM'}$ 称为向量 $\boldsymbol{r}$ 在 u 轴上的分向量。设 $\overrightarrow{OM'}=\lambda\boldsymbol{e}$，则实数 λ 称为向量 $\boldsymbol{r}$ 在轴 u 上的投影（或分量），记作 $\mathrm{Prj}_u\boldsymbol{r}$ 或 $(\boldsymbol{r})_u$，即

$$\mathrm{Prj}_u\boldsymbol{r}=|\boldsymbol{r}|\cos\varphi$$

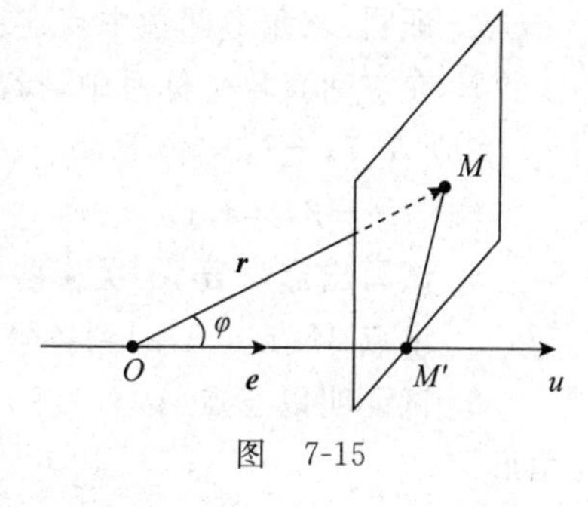

图 7-15

按此定义，向量 $\boldsymbol{a}$ 在直角坐标系 $Oxyz$ 中的坐标 a_x，a_y，a_z 就是 $\boldsymbol{a}$ 在三条坐标轴上的投影，即

$$a_x=\mathrm{Prj}_x\boldsymbol{a},\quad a_y=\mathrm{Prj}_y\boldsymbol{a},\quad a_z=\mathrm{Prj}_z\boldsymbol{a}$$

由此，在直角坐标系 $Oxyz$ 中，向量的投影与向量的坐标两个概念不加区分。

向量在轴上的投影是个常用的概念，要注意向量在轴上的投影是一个数量而不是一个向量，也不是一个线段。

向量的投影具有与向量的坐标相同的性质。

性质 1： $(\boldsymbol{a})_u=|\boldsymbol{a}|\cos\varphi$，其中 φ 为向量与 u 轴的夹角。

性质 2： $(\boldsymbol{a}+\boldsymbol{b})_u=(\boldsymbol{a})_u+(\boldsymbol{b})_u$。

性质 3：$(\lambda \boldsymbol{a})_u=\lambda(\boldsymbol{a})_u$。

【例 7-8】 设向量 $\boldsymbol{r}$ 的模是 4，它与 u 轴的夹角是 $\frac{\pi}{3}$，求 $\boldsymbol{r}$ 在 u 轴上的投影。

解 已知 $|\boldsymbol{r}|=4$，又知向量 $\boldsymbol{r}$ 在 u 轴的夹角为 $\varphi=\frac{\pi}{3}$，则

$$\mathrm{Prj}_u \boldsymbol{r}=|\boldsymbol{r}|\cos\varphi=4\times\frac{1}{2}=2$$

【例 7-9】 设向量 $\boldsymbol{a}$ 的两个方向余弦为 $\cos\alpha=\frac{1}{3}$，$\cos\beta=\frac{2}{3}$，又因 $|\boldsymbol{a}|=6$，求 $\boldsymbol{a}$ 的坐标。

解 因为 $\cos\alpha=\frac{1}{3}$，$\cos\beta=\frac{2}{3}$，故

$$\cos\gamma=\pm\sqrt{1-\cos^2\alpha-\cos^2\beta}=\pm\sqrt{1-\left(\frac{1}{3}\right)^2-\left(\frac{2}{3}\right)^2}=\pm\frac{2}{3}$$

由性质 1 得

$$a_x=|\boldsymbol{a}|\cos\alpha=6\times\frac{1}{3}=2$$

$$a_y=|\boldsymbol{a}|\cos\beta=6\times\frac{2}{3}=4$$

$$a_z=|\boldsymbol{a}|\cos\gamma=6\times\left(\pm\frac{2}{3}\right)=\pm4$$

于是得 $\boldsymbol{a}=(2,4,4)$ 或 $\boldsymbol{a}=(2,4,-4)$。

习题 7-1

1. 设 $\boldsymbol{u}=\boldsymbol{a}-\boldsymbol{b}+2\boldsymbol{c}$，$\boldsymbol{v}=-\boldsymbol{a}+3\boldsymbol{b}-\boldsymbol{c}$，试用 $\boldsymbol{a}$，$\boldsymbol{b}$，$\boldsymbol{c}$ 表示 $2\boldsymbol{u}-3\boldsymbol{v}$。

2. 证明：三角形两边中点连线平行于第三边，且等于第三边的一半。

3. 在空间直角坐标系中，指出下面各点所在的卦限。

(1) $A(7,-2,-3)$　　(2) $B(2,1,-3)$

(3) $C(-2,-5,1)$　　(4) $D(2,-6,4)$

4. 试写出点 (a,b,c) 关于各坐标面、各坐标轴、坐标原点的对称点的坐标。

5. 求点 $M(4,-3,5)$ 到各坐标轴的距离。

6. 试证明以三点 $A(4,1,9)$，$B(10,-1,6)$，$C(2,4,3)$ 为顶点的三角形是等腰直角三角形。

7. 已知 $\boldsymbol{a}=(3,5,-1)$，$\boldsymbol{b}=(2,2,3)$，$\boldsymbol{c}=(4,-1,-3)$，求下列各向量的坐标。

(1) $2\boldsymbol{a}$　　(2) $2\boldsymbol{a}-3\boldsymbol{b}+4\boldsymbol{c}$

8. 一向量的终点在点 $B(2,-1,7)$，它在 x 轴、y 轴和 z 轴上的投影依次为 4、-4、-7，求该向量的起点 A 的坐标。

9. 已知 $M_1(2,2,\sqrt{2})$，$M_2(1,3,0)$，求 $\overrightarrow{M_1M_2}$ 的模、方向余弦与方向角。

第二节　数量积与向量积

一、向量的数量积

设一物体在常力 $\boldsymbol{F}$ 的作用下沿直线从点 M_1 移动到点 M_2，以 $\boldsymbol{s}$ 表示位移，由物理学可知，力 $\boldsymbol{F}$ 所做的功为

$$W=|\boldsymbol{F}||\boldsymbol{s}|\cos\theta$$

式中，θ 为向量 $\boldsymbol{F}$ 与 $\boldsymbol{s}$ 的夹角(图 7-16)。

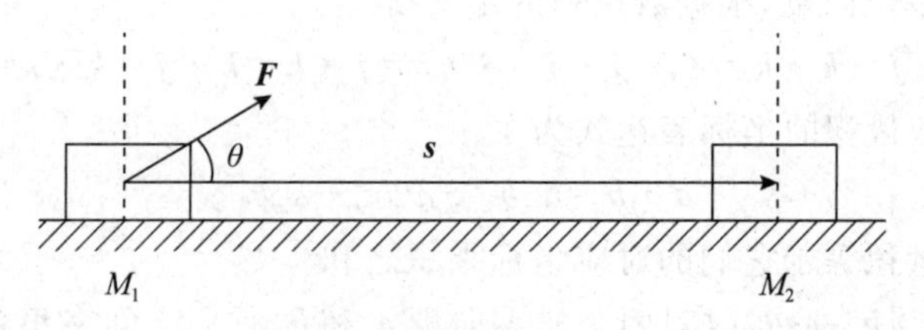

图　7-16

从这个物理问题可以看出，有时要对两个向量做这样的运算，运算的结果是一个数量，它等于这两个向量的模及它们夹角余弦的乘积。为此，引入两个向量的数量积。

定义 7-1　设 $\boldsymbol{a}$，$\boldsymbol{b}$ 两个向量，它们的夹角为 θ，把 $\boldsymbol{a}$ 和 $\boldsymbol{b}$ 的模及它们夹角余弦的乘积称为向量 $\boldsymbol{a}$ 与 $\boldsymbol{b}$ 的数量积，记作 $\boldsymbol{a}\cdot\boldsymbol{b}$，即

$$\boldsymbol{a}\cdot\boldsymbol{b}=|\boldsymbol{a}||\boldsymbol{b}|\cos\theta$$

这样，前面讲的功 W 就是力 $\boldsymbol{F}$ 与位移 $\boldsymbol{s}$ 的数量积，即

$$W=\boldsymbol{F}\cdot\boldsymbol{s}$$

数量积又称为点积。

当 $\boldsymbol{a}\neq\boldsymbol{0}$ 时，$|\boldsymbol{b}|\cos\theta=|\boldsymbol{b}|\cos(\widehat{\boldsymbol{a},\boldsymbol{b}})$，是向量 $\boldsymbol{b}$ 在向量 $\boldsymbol{a}$ 的方向上的投影，于是

$$\boldsymbol{a}\cdot\boldsymbol{b}=|\boldsymbol{a}|\mathrm{Prj}_{\boldsymbol{a}}\boldsymbol{b}$$

同理，当 $\boldsymbol{b}\neq\boldsymbol{0}$ 时，有

$$\boldsymbol{a}\cdot\boldsymbol{b}=|\boldsymbol{b}|\mathrm{Prj}_{\boldsymbol{b}}\boldsymbol{a}$$

即两个向量的数量积等于其中一个向量的模和另一个向量在此向量上的投影的乘积。

由向量的数量积定义可推导如下。

(1) $\boldsymbol{a}\cdot\boldsymbol{a}=|\boldsymbol{a}|^2$。事实上，因为$(\widehat{\boldsymbol{a},\boldsymbol{a}})=0$，所以 $\boldsymbol{a}\cdot\boldsymbol{a}=|\boldsymbol{a}|^2\cos0=|\boldsymbol{a}|^2$。

(2) 对于两个非零向量 $\boldsymbol{a}$，$\boldsymbol{b}$，如果 $\boldsymbol{a}\cdot\boldsymbol{b}=0$，那么 $\boldsymbol{a}\perp\boldsymbol{b}$；反之，如果 $\boldsymbol{a}\perp\boldsymbol{b}$，那么 $\boldsymbol{a}\cdot\boldsymbol{b}=0$。

因为若 $\boldsymbol{a}\cdot\boldsymbol{b}=0$，而 $|\boldsymbol{a}|\neq0$，$|\boldsymbol{b}|\neq0$，所以 $\cos(\widehat{\boldsymbol{a},\boldsymbol{b}})=0$，从而$(\widehat{\boldsymbol{a},\boldsymbol{b}})=\frac{\pi}{2}$；反之，若 $\boldsymbol{a}\perp\boldsymbol{b}$，则$(\widehat{\boldsymbol{a},\boldsymbol{b}})=\frac{\pi}{2}$，$\cos(\widehat{\boldsymbol{a},\boldsymbol{b}})=0$，于是 $\boldsymbol{a}\cdot\boldsymbol{b}=|\boldsymbol{a}||\boldsymbol{b}|\cos\theta=0$。

由于零向量的方向可以看作任意的，故可认为零向量与任何向量都垂直。因此，上述结论可叙述为：向量 $\boldsymbol{a}\perp\boldsymbol{b}$ 的充分必要条件是 $\boldsymbol{a}\cdot\boldsymbol{b}=0$。

向量的数量积满足下列运算规律。

(1) 交换律：$\boldsymbol{a}\cdot\boldsymbol{b}=\boldsymbol{b}\cdot\boldsymbol{a}$

(2) 结合律：$(\lambda\boldsymbol{a})\cdot\boldsymbol{b}=\lambda(\boldsymbol{a}\cdot\boldsymbol{b})$

(3) 分配律：$\boldsymbol{a}\cdot(\boldsymbol{b}+\boldsymbol{c})=\boldsymbol{a}\cdot\boldsymbol{b}+\boldsymbol{a}\cdot\boldsymbol{c}$

下面来推导数量积的坐标表达式。

设向量 $\boldsymbol{a}=a_x\boldsymbol{i}+a_y\boldsymbol{j}+a_z\boldsymbol{k}$，$\boldsymbol{b}=b_x\boldsymbol{i}+b_y\boldsymbol{j}+b_z\boldsymbol{k}$，按数量积的运算规律可得

$$\begin{aligned}\boldsymbol{a}\cdot\boldsymbol{b}&=(a_x\boldsymbol{i}+a_y\boldsymbol{j}+a_z\boldsymbol{k})\cdot(b_x\boldsymbol{i}+b_y\boldsymbol{j}+b_z\boldsymbol{k})\\&=a_x\boldsymbol{i}\cdot(b_x\boldsymbol{i}+b_y\boldsymbol{j}+b_z\boldsymbol{k})+a_y\boldsymbol{j}\cdot(b_x\boldsymbol{i}+b_y\boldsymbol{j}+b_z\boldsymbol{k})+a_z\boldsymbol{k}\cdot(b_x\boldsymbol{i}+b_y\boldsymbol{j}+b_z\boldsymbol{k})\\&=a_xb_x\boldsymbol{i}\cdot\boldsymbol{i}+a_xb_y\boldsymbol{i}\cdot\boldsymbol{j}+a_xb_z\boldsymbol{i}\cdot\boldsymbol{k}+a_yb_x\boldsymbol{j}\cdot\boldsymbol{i}+a_yb_y\boldsymbol{j}\cdot\boldsymbol{j}+a_yb_z\boldsymbol{j}\cdot\boldsymbol{k}+a_zb_x\boldsymbol{k}\cdot\boldsymbol{i}\\&\quad+a_zb_y\boldsymbol{k}\cdot\boldsymbol{j}+a_zb_z\boldsymbol{k}\cdot\boldsymbol{k}\end{aligned}$$

因为 $\boldsymbol{i},\boldsymbol{j},\boldsymbol{k}$ 为基本单位向量，根据数量积的定义得

$$\boldsymbol{i}\cdot\boldsymbol{i}=\boldsymbol{j}\cdot\boldsymbol{j}=\boldsymbol{k}\cdot\boldsymbol{k}=1,\quad \boldsymbol{i}\cdot\boldsymbol{j}=\boldsymbol{j}\cdot\boldsymbol{i}=\boldsymbol{j}\cdot\boldsymbol{k}=\boldsymbol{k}\cdot\boldsymbol{j}=\boldsymbol{k}\cdot\boldsymbol{i}=\boldsymbol{i}\cdot\boldsymbol{k}=0$$

因此得到两向量的数量积的坐标表达式为

$$\boldsymbol{a}\cdot\boldsymbol{b}=a_xb_x+a_yb_y+a_zb_z$$

说明两个向量的数量积等于它们的对应坐标乘积之和。

由于 $\boldsymbol{a}\cdot\boldsymbol{b}=|\boldsymbol{a}||\boldsymbol{b}|\cos\theta$，故对两个非零向量 $\boldsymbol{a}$ 和 $\boldsymbol{b}$，它们之间夹角余弦的计算公式为

$$\cos\theta=\frac{\boldsymbol{a}\cdot\boldsymbol{b}}{|\boldsymbol{a}||\boldsymbol{b}|}=\frac{a_xb_x+a_yb_y+a_zb_z}{\sqrt{a_x^2+a_y^2+a_z^2}\sqrt{b_x^2+b_y^2+b_z^2}},\ (0\leqslant\theta\leqslant\pi)$$

【例 7-10】 试用向量证明三角形的余弦定理。

证 设在 $\triangle ABC$ 中(图 7-17)，$\angle BCA=\theta$，$|BC|=a$，$|CA|=b$，$|AB|=c$，只需证

$$c^2=a^2+b^2-2ab\cos\theta$$

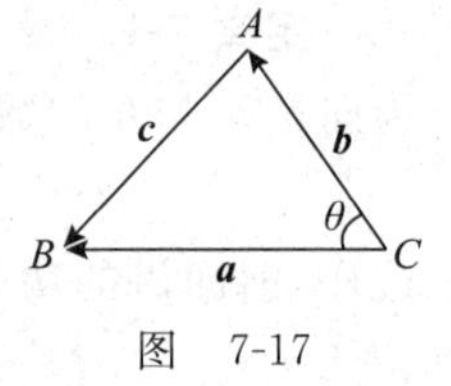

图 7-17

记 $\overrightarrow{CB}=\boldsymbol{a}$，$\overrightarrow{CA}=\boldsymbol{b}$，$\overrightarrow{AB}=\boldsymbol{c}$，则有

$$\boldsymbol{c}=\boldsymbol{a}-\boldsymbol{b}$$

从而

$$\begin{aligned}|\boldsymbol{c}|^2=\boldsymbol{c}\cdot\boldsymbol{c}&=(\boldsymbol{a}-\boldsymbol{b})\cdot(\boldsymbol{a}-\boldsymbol{b})=\boldsymbol{a}\cdot\boldsymbol{a}+\boldsymbol{b}\cdot\boldsymbol{b}-2\boldsymbol{a}\cdot\boldsymbol{b}\\&=|\boldsymbol{a}|^2+|\boldsymbol{b}|^2-2|\boldsymbol{a}||\boldsymbol{b}|\cos(\hat{\boldsymbol{a},\boldsymbol{b}})\end{aligned}$$

由 $|\boldsymbol{a}|=a$，$|\boldsymbol{b}|=b$，$|\boldsymbol{c}|=c$ 及 $(\hat{\boldsymbol{a},\boldsymbol{b}})=\theta$ 得

$$c^2=a^2+b^2-2ab\cos\theta$$

【例 7-11】 设 $\boldsymbol{a}=-2\boldsymbol{i}+\boldsymbol{j}+z\boldsymbol{k}$，$\boldsymbol{b}=-\boldsymbol{i}+\boldsymbol{k}$，且 $\boldsymbol{a}\perp\boldsymbol{b}$，求 z。

解 因为 $\boldsymbol{a}\perp\boldsymbol{b}$，所以 $\boldsymbol{a}\cdot\boldsymbol{b}=0$，即

$$\boldsymbol{a}\cdot\boldsymbol{b}=-2\times(-1)+1\times0+z\times1=0$$

所以

$$z=-2$$

【例 7-12】 证明向量 $\boldsymbol{a}$ 垂直于向量 $(\boldsymbol{a}\cdot\boldsymbol{b})\boldsymbol{c}-(\boldsymbol{a}\cdot\boldsymbol{c})\boldsymbol{b}$。

证 由于

$$\begin{aligned}\boldsymbol{a}\cdot[(\boldsymbol{a}\cdot\boldsymbol{b})\boldsymbol{c}-(\boldsymbol{a}\cdot\boldsymbol{c})\boldsymbol{b}]&=\boldsymbol{a}\cdot(\boldsymbol{a}\cdot\boldsymbol{b})\boldsymbol{c}-\boldsymbol{a}\cdot(\boldsymbol{a}\cdot\boldsymbol{c})\boldsymbol{b}\\&=(\boldsymbol{a}\cdot\boldsymbol{b})(\boldsymbol{a}\cdot\boldsymbol{c})-(\boldsymbol{a}\cdot\boldsymbol{c})(\boldsymbol{a}\cdot\boldsymbol{b})=0\end{aligned}$$

故由两向量垂直的充要条件知，向量 $\boldsymbol{a}$ 垂直于向量 $(\boldsymbol{a}\cdot\boldsymbol{b})\boldsymbol{c}-(\boldsymbol{a}\cdot\boldsymbol{c})\boldsymbol{b}$。

【例 7-13】 已知$\triangle ABC$ 的三个顶点为 $A(3,3,2)$，$B(1,2,1)$，$C(2,4,0)$，求角 B 的大小。

解 引入向量 $\overrightarrow{BA}$ 和 $\overrightarrow{BC}$，$\overrightarrow{BA}=(2,1,1)$，$\overrightarrow{BC}=(1,2,-1)$，则

$$\cos\angle B=\frac{\overrightarrow{BA}\cdot\overrightarrow{BC}}{|\overrightarrow{BA}||\overrightarrow{BC}|}=\frac{2\times1+1\times2+1\times(-1)}{\sqrt{2^2+1^2+1^2}\times\sqrt{1^2+2^2+(-1)^2}}=\frac{1}{2}$$

故$\angle B=\frac{\pi}{3}$。

二、向量的向量积

设定点 O 为杠杆的支点，力 $\boldsymbol{F}$ 作用于杠杆上点 P 处，$\boldsymbol{F}$ 与 $\overrightarrow{OP}$ 的夹角为 θ(图 7-18)，由力学知识得，力 $\boldsymbol{F}$ 对支点 O 的力矩为一向量 $\boldsymbol{M}$，其模为

$$|\boldsymbol{M}|=|\overrightarrow{OP}||\boldsymbol{F}|\sin\theta$$

力矩 $\boldsymbol{M}$ 的方向垂直于 $\overrightarrow{OP}$ 与 $\boldsymbol{F}$ 所确定的平面，并且 $\overrightarrow{OP}$，$\boldsymbol{F}$，$\boldsymbol{M}$ 的方向符合右手法则(图 7-19)，因此 $\boldsymbol{M}$ 可由 $\overrightarrow{OP}$ 及 $\boldsymbol{F}$ 唯一确定。根据表达力矩的方法，我们抽象出两向量的向量积概念。

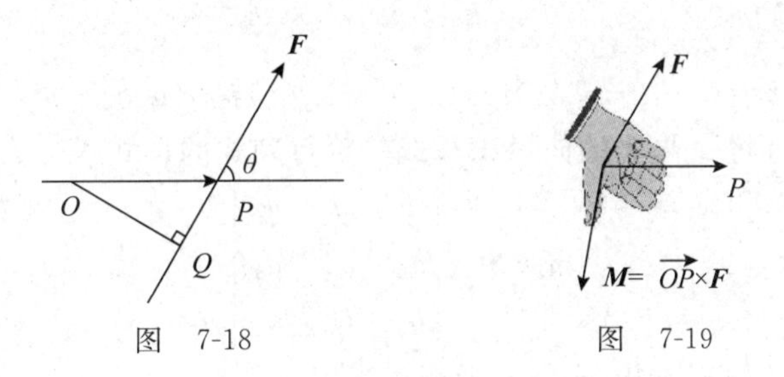

图　7-18　　　　图　7-19

定义 7-2 设有向量 $\boldsymbol{a}$，$\boldsymbol{b}$，向量 $\boldsymbol{c}$ 由 $\boldsymbol{a}$，$\boldsymbol{b}$ 按下列方式确定：

(1) $|\boldsymbol{c}|=|\boldsymbol{a}||\boldsymbol{b}|\sin\theta$(其中 θ 是 $\boldsymbol{a}$ 与 $\boldsymbol{b}$ 的夹角)；

(2) $\boldsymbol{c}$ 的方向同时垂直于 $\boldsymbol{a}$ 和 $\boldsymbol{b}$，并且 $\boldsymbol{a}$，$\boldsymbol{b}$，$\boldsymbol{c}$ 的方向符合右手法则，向量 $\boldsymbol{c}$ 称为 $\boldsymbol{a}$ 和 $\boldsymbol{b}$ 的向量积，记为 $\boldsymbol{a}\times\boldsymbol{b}$，即

$$\boldsymbol{c}=\boldsymbol{a}\times\boldsymbol{b}$$

于是，上述的力矩 $\boldsymbol{M}$ 等于 $\overrightarrow{OP}$ 与 $\boldsymbol{F}$ 的向量积，即

$$\boldsymbol{M}=\overrightarrow{OP}\times\boldsymbol{F}$$

向量积又称为叉积。

$|\boldsymbol{a}\times\boldsymbol{b}|$ 的几何解释：当 $\boldsymbol{a}$ 和 $\boldsymbol{b}$ 表示为有共同起点的有向线段时，它们确定了一个底为 $|\boldsymbol{a}|$、高为 $|\boldsymbol{b}|\sin\theta$ 的平行四边形(图 7-20)，该平行四边形的面积为

$$|\boldsymbol{a}\times\boldsymbol{b}|=|\boldsymbol{a}||\boldsymbol{b}|\sin\theta$$

图　7-20

由向量积的定义可以推导出：

(1) $\boldsymbol{a}\times\boldsymbol{a}=\boldsymbol{0}$。这是因为 $\theta=0$，所以 $|\boldsymbol{a}\times\boldsymbol{a}|=|\boldsymbol{a}||\boldsymbol{a}|\sin\theta=0$。

(2) 两个非零向量 $\boldsymbol{a}$，$\boldsymbol{b}$ 平行的充分必要条件是它们的向量积为零向量。

事实上,若向量 $\boldsymbol{a},\boldsymbol{b}$ 平行,则它们的夹角等于0或等于 π,$\sin\theta=0$,所以

$$|\boldsymbol{a}\times\boldsymbol{b}|=|\boldsymbol{a}||\boldsymbol{b}|\sin\theta=0$$

即 $\boldsymbol{a}\times\boldsymbol{b}=\boldsymbol{0}$;反之,若 $\boldsymbol{a}\times\boldsymbol{b}=\boldsymbol{0}$,由于 $|\boldsymbol{a}|\neq0$,$|\boldsymbol{b}|\neq0$,所以 $\sin\theta=0$,于是 $\theta=0$ 或 $\theta=\pi$,即 $\boldsymbol{a}/\!/\boldsymbol{b}$。

向量积满足下列运算规律。

(1) 反交换律:$\boldsymbol{a}\times\boldsymbol{b}=-\boldsymbol{b}\times\boldsymbol{a}$。

这是因为按右手法则从 $\boldsymbol{b}$ 转向 $\boldsymbol{a}$ 定出的方向恰好与从 $\boldsymbol{a}$ 转向 $\boldsymbol{b}$ 定出的方向相反。它表明向量积不满足交换律。

(2) 结合律:$(\lambda\boldsymbol{a})\times\boldsymbol{b}=\lambda(\boldsymbol{a}\times\boldsymbol{b})=\boldsymbol{a}\times(\lambda\boldsymbol{b})$($\lambda$ 是实数)。

(3) 分配律:$\boldsymbol{a}\times(\boldsymbol{b}+\boldsymbol{c})=\boldsymbol{a}\times\boldsymbol{b}+\boldsymbol{a}\times\boldsymbol{c}$。

下面来推导向量积的坐标表达式。

设向量 $\boldsymbol{a}=a_x\boldsymbol{i}+a_y\boldsymbol{j}+a_z\boldsymbol{k}$,$\boldsymbol{b}=b_x\boldsymbol{i}+b_y\boldsymbol{j}+b_z\boldsymbol{k}$,则

$$\begin{aligned}\boldsymbol{a}\times\boldsymbol{b}&=(a_x\boldsymbol{i}+a_y\boldsymbol{j}+a_z\boldsymbol{k})\times(b_x\boldsymbol{i}+b_y\boldsymbol{j}+b_z\boldsymbol{k})\\&=a_x\boldsymbol{i}\times(b_x\boldsymbol{i}+b_y\boldsymbol{j}+b_z\boldsymbol{k})+a_y\boldsymbol{j}\times(b_x\boldsymbol{i}+b_y\boldsymbol{j}+b_z\boldsymbol{k})+a_z\boldsymbol{k}\times(b_x\boldsymbol{i}+b_y\boldsymbol{j}+b_z\boldsymbol{k})\\&=a_xb_x(\boldsymbol{i}\times\boldsymbol{i})+a_xb_y(\boldsymbol{i}\times\boldsymbol{j})+a_xb_z(\boldsymbol{i}\times\boldsymbol{k})+a_yb_x(\boldsymbol{j}\times\boldsymbol{i})+a_yb_y(\boldsymbol{j}\times\boldsymbol{j})\\&\quad+a_yb_z(\boldsymbol{j}\times\boldsymbol{k})+a_zb_x(\boldsymbol{k}\times\boldsymbol{i})+a_zb_y(\boldsymbol{k}\times\boldsymbol{j})+a_zb_z(\boldsymbol{k}\times\boldsymbol{k})\end{aligned}$$

又因为 $\boldsymbol{i}\times\boldsymbol{i}=\boldsymbol{j}\times\boldsymbol{j}=\boldsymbol{k}\times\boldsymbol{k}=0$,$\boldsymbol{i}\times\boldsymbol{j}=\boldsymbol{k}$,$\boldsymbol{j}\times\boldsymbol{k}=\boldsymbol{i}$,$\boldsymbol{k}\times\boldsymbol{i}=\boldsymbol{j}$,$\boldsymbol{j}\times\boldsymbol{i}=-\boldsymbol{k}$,$\boldsymbol{k}\times\boldsymbol{j}=-\boldsymbol{i}$,$\boldsymbol{i}\times\boldsymbol{k}=-\boldsymbol{j}$,所以

$$\boldsymbol{a}\times\boldsymbol{b}=(a_yb_z-a_zb_y)\boldsymbol{i}+(a_zb_x-a_xb_z)\boldsymbol{j}+(a_xb_y-a_yb_x)\boldsymbol{k}$$

为了便于记忆,可将 $\boldsymbol{a}$ 与 $\boldsymbol{b}$ 的向量积写成三阶行列式的形式

$$\boldsymbol{a}\times\boldsymbol{b}=\begin{vmatrix}\boldsymbol{i}&\boldsymbol{j}&\boldsymbol{k}\\a_x&a_y&a_z\\b_x&b_y&b_z\end{vmatrix}$$

从 $\boldsymbol{a}\times\boldsymbol{b}$ 的坐标表达式可以看出,$\boldsymbol{a}$ 与 $\boldsymbol{b}$ 平行相当于

$$a_yb_z-a_zb_y=0,\quad a_zb_x-a_xb_z=0,\quad a_xb_y-a_yb_x=0$$

或

$$\frac{a_x}{b_x}=\frac{a_y}{b_y}=\frac{a_z}{b_z}\quad(\text{即 }\boldsymbol{a}\text{ 与 }\boldsymbol{b}\text{ 的对应坐标成比例})$$

【例 7-14】 设 $\boldsymbol{a}=(2,1,-1)$,$\boldsymbol{b}=(1,-1,2)$,计算 $\boldsymbol{a}\times\boldsymbol{b}$。

解

$$\boldsymbol{a}\times\boldsymbol{b}=\begin{vmatrix}\boldsymbol{i}&\boldsymbol{j}&\boldsymbol{k}\\2&1&-1\\1&-1&2\end{vmatrix}=\boldsymbol{i}-5\boldsymbol{j}-3\boldsymbol{k}$$

【例 7-15】 已知△ABC 的顶点分别为 $A(1,2,3)$,$B(3,4,5)$,$C(2,4,7)$,求三角形的面积。

解 根据向量积的定义可知△ABC 的面积

$$S_{\triangle ABC}=\frac{1}{2}|\overrightarrow{AB}||\overrightarrow{AC}|\sin\angle A=\frac{1}{2}|\overrightarrow{AB}\times\overrightarrow{AC}|$$

由于 $\overrightarrow{AB}=(2,2,2)$,$\overrightarrow{AC}=(1,2,4)$,因此

$$\overrightarrow{AB}\times\overrightarrow{AC}=\begin{vmatrix} \boldsymbol{i} & \boldsymbol{j} & \boldsymbol{k} \\ 2 & 2 & 2 \\ 1 & 2 & 4 \end{vmatrix}=4\boldsymbol{i}-6\boldsymbol{j}+2\boldsymbol{k}$$

于是 $S_{\triangle ABC}=\frac{1}{2}|4\boldsymbol{i}-6\boldsymbol{j}+2\boldsymbol{k}|=\frac{1}{2}\sqrt{4^2+(-6)^2+2^2}=\sqrt{14}$。

【例 7-16】 求与向量 $\boldsymbol{a}=(2,0,1)$，$\boldsymbol{b}=(1,-1,2)$ 都垂直的单位向量。

解　由向量积的定义可知，若 $\boldsymbol{a}\times\boldsymbol{b}=\boldsymbol{c}$，则 $\boldsymbol{c}$ 同时垂直于 $\boldsymbol{a}$ 和 $\boldsymbol{b}$，且

$$\boldsymbol{c}=\boldsymbol{a}\times\boldsymbol{b}=\begin{vmatrix} \boldsymbol{i} & \boldsymbol{j} & \boldsymbol{k} \\ 2 & 0 & 1 \\ 1 & -1 & 2 \end{vmatrix}=\boldsymbol{i}-3\boldsymbol{j}-2\boldsymbol{k}$$

因此，与 $\boldsymbol{c}=\boldsymbol{a}\times\boldsymbol{b}$ 平行的单位向量有两个：

$$\boldsymbol{e}_c=\frac{\boldsymbol{c}}{|\boldsymbol{c}|}=\frac{\boldsymbol{a}\times\boldsymbol{b}}{|\boldsymbol{a}\times\boldsymbol{b}|}=\frac{\boldsymbol{i}-3\boldsymbol{j}-2\boldsymbol{k}}{\sqrt{1^2+(-3)^2+(-2)^2}}=\frac{1}{\sqrt{14}}(\boldsymbol{i}-3\boldsymbol{j}-2\boldsymbol{k})$$

$$-\boldsymbol{e}_c=\frac{1}{\sqrt{14}}(-\boldsymbol{i}+3\boldsymbol{j}+2\boldsymbol{k})$$

习题 7-2

1. 判断题。

(1) $|\boldsymbol{a}|\boldsymbol{a}=\boldsymbol{a}\cdot\boldsymbol{a}$。　(　　)

(2) $\boldsymbol{a}\cdot\boldsymbol{b}=0 \Leftrightarrow \boldsymbol{a}=0$ 或 $\boldsymbol{b}=0$。　(　　)

(3) 若 $|\boldsymbol{a}|=|\boldsymbol{b}|$，则 $\boldsymbol{a}=\boldsymbol{b}$。　(　　)

(4) 若 $\boldsymbol{a}\neq 0$，且 $\boldsymbol{a}\times\boldsymbol{b}=\boldsymbol{a}\times\boldsymbol{c}$，则 $\boldsymbol{b}=\boldsymbol{c}$。　(　　)

(5) $2\boldsymbol{j}>\boldsymbol{i}$。　(　　)

2. 设 $\boldsymbol{a}=3\boldsymbol{i}-\boldsymbol{j}-2\boldsymbol{k}$，$\boldsymbol{b}=\boldsymbol{i}+2\boldsymbol{j}-\boldsymbol{k}$，求：

(1) $(-2\boldsymbol{a})\cdot 3\boldsymbol{b}$ 及 $\boldsymbol{a}\times\boldsymbol{b}$；

(2) $\boldsymbol{a}$，$\boldsymbol{b}$ 夹角的余弦。

3. 求同时垂直于向量 $\boldsymbol{a}=(-3,6,8)$ 和 y 轴的单位向量。

4. 设 $|\boldsymbol{a}|=2$，$|\boldsymbol{b}|=1$，$\angle(\boldsymbol{a},\boldsymbol{b})=\frac{\pi}{3}$，求以向量 $2\boldsymbol{a}+3\boldsymbol{b}$ 和 $3\boldsymbol{a}-\boldsymbol{b}$ 为邻边的平行四边形的面积。

5. 设三向量 $\boldsymbol{a}$，$\boldsymbol{b}$，$\boldsymbol{c}$ 满足 $\boldsymbol{a}\times\boldsymbol{b}+\boldsymbol{b}\times\boldsymbol{c}+\boldsymbol{b}\times\boldsymbol{a}=\boldsymbol{0}$，试证三向量 $\boldsymbol{a}$，$\boldsymbol{b}$，$\boldsymbol{c}$ 共面。

第三节　平面及其方程

本节先来建立空间曲面、曲线的一般方程，然后再以向量为工具，在空间直角坐标系中讨论最简单的而又重要的空间图形——平面。

一、空间曲面的一般方程

空间曲面方程的定义与平面曲线方程的定义相类似,通常将曲面看成具有某种特征性质的空间点的轨迹,用方程 $F(x,y,z)=0$ 来表示。从集合的观点来看,曲面就是所有满足方程 $F(x,y,z)=0$ 的点 (x,y,z) 的集合。在这样的意义下,如果曲面 S 与三元方程 $F(x,y,z)=0$ 有下述关系:

(1) 曲面 S 上任一点的坐标都满足方程 $F(x,y,z)=0$;

(2) 不在曲面 S 上的点的坐标都不满足方程 $F(x,y,z)=0$,那么,方程 $F(x,y,z)=0$ 就叫作曲面 S 的方程,而曲面 S 就叫作方程 $F(x,y,z)=0$ 的图形(图 7-21)。

设球的球心在点 $M_0(x_0,y_0,z_0)$,半径为 R(图 7-22)。在球面上任取一点 $M(x,y,z)$,由于 $|M_0M|=R$,所以

$$\sqrt{(x-x_0)^2+(y-y_0)^2+(z-z_0)^2}=R$$

即

$$(x-x_0)^2+(y-y_0)^2+(z-z_0)^2=R^2$$

这就是点 M 满足的方程;反过来,满足方程的点 (x,y,z) 显然都在球面上。此方程就是球心在点 $M_0(x_0,y_0,z_0)$,半径为 R 的球面方程。

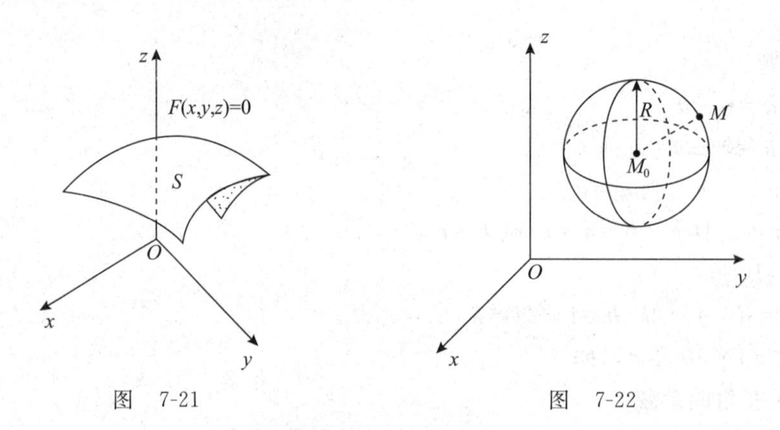

图 7-21　　图 7-22

特别地,当球心在坐标原点时,球面方程为

$$x^2+y^2+z^2=R^2$$

空间曲线可以看作两个曲面的交线。设 $F(x,y,z)=0$ 和 $G(x,y,z)=0$ 是两个曲面方程,它们的交线为 C,因为曲线 C 上的任意点的坐标应同时满足以上这两个方程,所以应满足方程组

$$\begin{cases} F(x,y,z)=0 \\ G(x,y,z)=0 \end{cases}$$

上述方程组叫作空间曲线 C 的一般方程。反过来,如果点 M 不在曲线 C 上,那么它不可能同时在两个曲面上,所以它的坐标不满足方程组。因此方程组便是空间曲线 C 的方程,而空间曲线 C 便是方程组的图形。

二、平面方程

1. 平面的点法式方程

如果一非零向量垂直于一平面,这个向量就叫作该平面的法线向量。易知,平面上的任一向量均与该平面的法线向量垂直。

因为过空间一点有且仅有一平面与已知直线垂直,所以当平面Π上一点$M_0(x_0,y_0,z_0)$和它的一个法线向量$\boldsymbol{n}=(A,B,C)$为已知时,平面Π的位置就完全确定了。下面来建立此平面方程。

设$M(x,y,z)$是平面Π上的任一点(图7-23)。那么向量$\overrightarrow{M_0M}$必与平面Π的法线向量$\boldsymbol{n}$垂直,即它们的数量积等于零

$$\boldsymbol{n}\cdot\overrightarrow{M_0M}=0$$

由于$\boldsymbol{n}=(A,B,C)$,$\overrightarrow{M_0M}=(x-x_0,y-y_0,z-z_0)$,所以有

$$A(x-x_0)+B(y-y_0)+C(z-z_0)=0 \tag{7-1}$$

那么在平面Π上任一点M的坐标x,y,z都满足方程(7-1)。

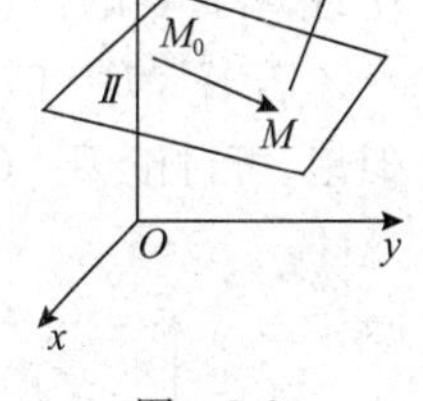

图　7-23

反过来,如果$M(x,y,z)$不在平面Π上,那么向量$\overrightarrow{M_0M}$与法线向量$\boldsymbol{n}$不垂直,从而$\boldsymbol{n}\cdot\overrightarrow{M_0M}\neq0$,即不在平面$\Pi$上的点$M$的坐标$(x,y,z)$不满足此方程(7-1)。

由此可知,方程(7-1)就是平面Π的方程,而平面Π就是方程(7-1)的图形。由于方程(7-1)是由平面Π上的一点$M_0(x_0,y_0,z_0)$及它的一个法线向量$\boldsymbol{n}=(A,B,C)$确定的,所以方程(7-1)叫作平面的点法式方程。

【例 7-17】 求过点$(1,2,-1)$,且垂直于向量$\boldsymbol{n}=(-2,3,1)$的平面方程。

解　由于所求平面垂直于已知向量$\boldsymbol{n}=(-2,3,1)$,因此,可取$\boldsymbol{n}$为所求平面的法线向量。由式(7-1)知平面方程为

$$-2(x-1)+3(y-2)+(z+1)=0$$

即

$$2x-3y-z+3=0$$

【例 7-18】 求过$A(1,1,-1)$,$B(-2,-2,2)$和$C(1,-1,2)$三点的平面方程。

解　点法式:$\overrightarrow{AB}=(-3,-3,3)$,$\overrightarrow{AC}=(0,-2,3)$,所以

$$\boldsymbol{n}=\overrightarrow{AB}\times\overrightarrow{AC}=\begin{vmatrix}\boldsymbol{i}&\boldsymbol{j}&\boldsymbol{k}\\-3&-3&3\\0&-2&3\end{vmatrix}=-3(1,-3,-2)$$

由式(7-1)可得所求平面方程为

$$x-1-3(y-1)-2(z+1)=0$$

即

$$x-3y-2z=0$$

2. 平面的一般方程

由平面的点法式方程(7-1)变形可得

$$A(x-x_0)+B(y-y_0)+C(z-z_0)=0$$

设 $D=-(Ax_0+By_0+Cz_0)$，则上式可改写成

$$Ax+By+Cz+D=0 \tag{7-2}$$

因此，平面可用方程(7-2)表示。

反之，任意一个形式为(7-2)的方程，其中 A,B,C 不全为零，任取 x_0,y_0,z_0 满足方程(7-2)，则 $D=-(Ax_0+By_0+Cz_0)$ 代入式(7-2)，可变形为式(7-1)。因此方程(7-2)称为平面的一般方程。

下面给出方程(7-2)的一些特殊情形。

若 $D=0$，则方程为 $Ax+By+Cz=0$，它表示通过原点的平面[图 7-24(a)]。

若 $A=0,D\neq0$，则方程为 $By+Cz+D=0$，它是平行于 x 轴的平面[图 7-24(b)]。

若 $A=D=0$，则方程为 $By+Cz=0$，它是通过 x 轴的平面[图 7-24(c)]，类似地，可讨论 B 或 C 为零的情形。

若 $A=B=0,D\neq0$，则方程为 $Cz+D=0$，它是平行于 xOy 坐标面的平面[图 7-24(d)]，类似地，可讨论 $B=C=0$ 或 $C=A=0$ 的情形。

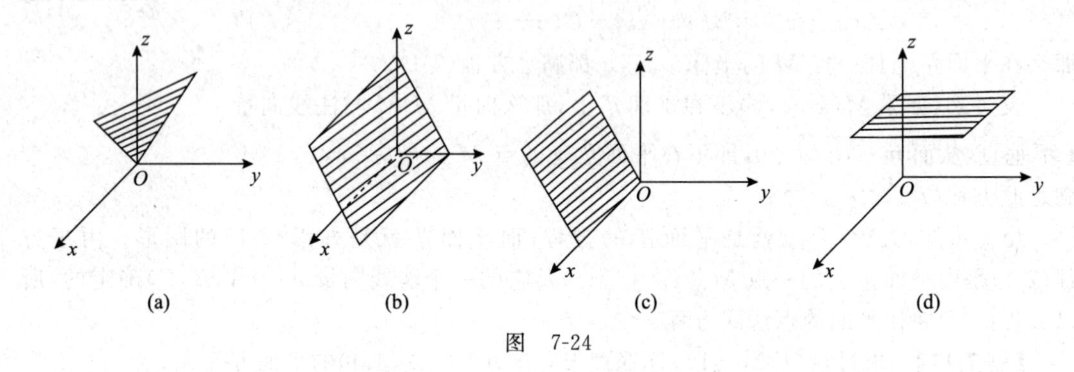

图 7-24

【例 7-19】 求平行于 y 轴并过点 $A(1,-5,1)$，$B(3,2,-2)$ 的平面的方程。

解 平面平行于 y 轴，则法线向量垂直于 y 轴，即 $B=0$。因此可设该平面的方程为

$$Ax+Cz+D=0$$

又因为该平面通过点 $A(1,-5,1)$，$B(3,2,-2)$，所以有

$$\begin{cases}A+C+D=0\\3A-2C+D=0\end{cases}$$

解得 $A=\dfrac{3}{2}C,D=-\dfrac{5}{2}C$。

将其代入所设方程并除以 $C(C\neq0)$，便得所求的平面方程为

$$\frac{3}{2}x+z-\frac{5}{2}=0$$

即

$$3x+2z-5=0$$

【例 7-20】 设一平面与三坐标轴的交点依次为 $P(a,0,0)$，$Q(0,b,0)$，$R(0,0,c)$ 三点(图 7-25)，求该平面的方程(其中 a,b,c 均不为 0)。

解 设所求平面的方程为

$$Ax+By+Cz+D=0$$

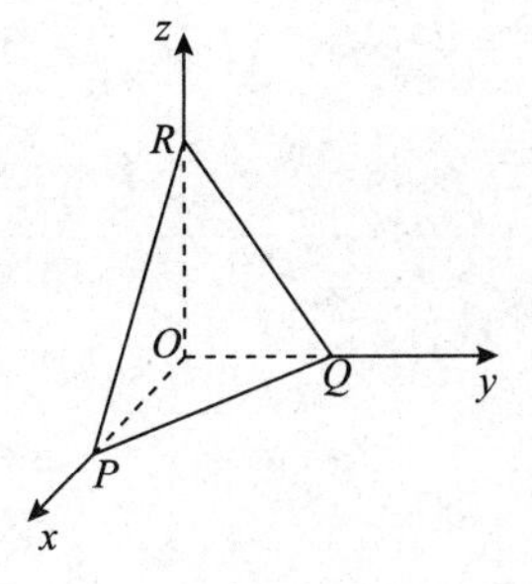

图　7-25

因为点 $P(a,0,0)$，$Q(0,b,0)$，$R(0,0,c)$ 都在该平面上，所以点 P，Q，R 的坐标都满足所设方程，即有

$$\begin{cases} aA+D=0 \\ bB+D=0 \\ cC+D=0 \end{cases}$$

由此得 $A=-\dfrac{D}{a}$，$B=-\dfrac{D}{b}$，$C=-\dfrac{D}{c}$。

将其代入所设方程，得

$$-\frac{D}{a}x-\frac{D}{b}y-\frac{D}{c}z+D=0$$

即

$$\frac{x}{a}+\frac{y}{b}+\frac{z}{c}=1$$

上述方程叫作平面的截距式方程，其中 a，b，c 依次叫作平面在 x，y，z 轴上的截距。

3. 两平面的夹角

两平面的法线向量的夹角(通常指锐角)称为两平面的夹角(图 7-26)。

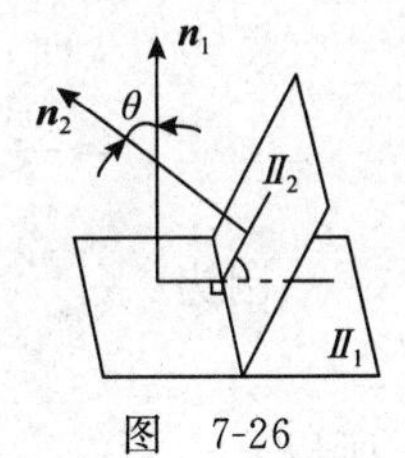

图　7-26

设两个平面的方程分别为

Π_1：$A_1x+B_1y+C_1z+D_1=0$

Π_2：$A_2x+B_2y+C_2z+D_2=0$

平面 Π_1 和 Π_2 的法线向量分别为 $\boldsymbol{n}_1=(A_1,B_1,C_1)$ 和 $\boldsymbol{n}_2=(A_2,B_2,C_2)$，那么平面 Π_1 和 Π_2 的夹角 θ 可由两个向量夹角的余弦公式确定。

$$\cos\theta=|\cos(\widehat{\boldsymbol{n}_1,\boldsymbol{n}_2})|=\frac{|\boldsymbol{n}_1\cdot\boldsymbol{n}_2|}{|\boldsymbol{n}_1||\boldsymbol{n}_2|}=\frac{|A_1A_2+B_1B_2+C_1C_2|}{\sqrt{A_1^2+B_1^2+C_1^2}\times\sqrt{A_2^2+B_2^2+C_2^2}}$$

根据两向量垂直及平行的充分必要条件可推得下列结论：

(1) 平面 Π_1 和 Π_2 垂直相当于 $A_1A_2+B_1B_2+C_1C_2=0$；

(2) 平面 Π_1 和 Π_2 平行或重合相当于 $\dfrac{A_1}{A_2}=\dfrac{B_1}{B_2}=\dfrac{C_1}{C_2}$。

【例 7-21】 求两平面 $x-y+2z-6=0$ 和 $2x+y+z-5=0$ 的夹角。

解　由已知得 $\boldsymbol{n}_1=(1,-1,2)$，$\boldsymbol{n}_2=(2,1,1)$，则

$$\cos\theta=\frac{|A_1A_2+B_1B_2+C_1C_2|}{\sqrt{A_1^2+B_1^2+C_1^2}\times\sqrt{A_2^2+B_2^2+C_2^2}}=\frac{|1\times2+(-1)\times1+2\times1|}{\sqrt{1^2+(-1)^2+2^2}\times\sqrt{2^2+1^2+1^2}}=\frac{1}{2}$$

所以，所求夹角为 $\theta=\dfrac{\pi}{3}$。

【例 7-22】 一平面通过两点 $M_1(1,1,1)$ 和 $M_2(0,1,-1)$ 且垂直于平面 $x+y+z=0$，求它的方程。

解　从点 M_1 到点 M_2 的向量为 $\boldsymbol{n}_1=(-1,0,-2)$，平面 $x+y+z=0$ 的法线向量为 $\boldsymbol{n}_2=(1,1,1)$，则所求平面的法线向量 $\boldsymbol{n}$ 可取为 $\boldsymbol{n}_1\times\boldsymbol{n}_2$。

因为

$$\boldsymbol{n}=\boldsymbol{n}_1\times\boldsymbol{n}_2=\begin{vmatrix}\boldsymbol{i} & \boldsymbol{j} & \boldsymbol{k}\\ -1 & 0 & -2\\ 1 & 1 & 1\end{vmatrix}=2\boldsymbol{i}-\boldsymbol{j}-\boldsymbol{k}$$

所以所求平面方程为

$$2(x-1)-(y-1)-(z-1)=0$$

即

$$2x-y-z=0$$

【例 7-23】 设 $P_0(x_0,y_0,z_0)$是平面 $Ax+By+Cz+D=0$ 外一点,求 P_0 到该平面的距离。

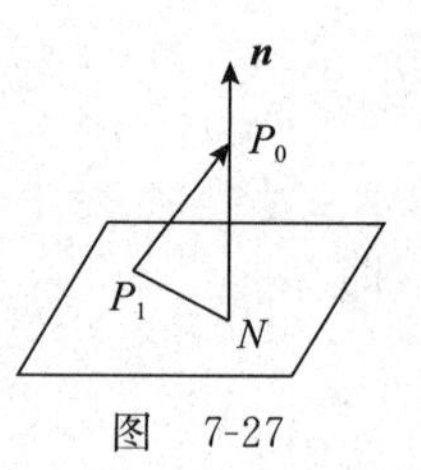

图 7-27

解 过点 P_0 作平面的垂线,垂足为 N (图 7-27),则 P_0 到平面的距离 $d=|\overrightarrow{NP_0}|$。在平面上任取一点 $P_1=(x_1,y_1,z_1)$,则向量 $\overrightarrow{P_1P_0}=(x_0-x_1,y_0-y_1,z_0-z_1)$,过 P_0 作平面的法线向量 $\boldsymbol{n}=\overrightarrow{NP_0}$,不妨设 $\boldsymbol{n}=(A,B,C)$,可得

$$d=|\mathrm{Prj}_{\boldsymbol{n}}\overrightarrow{P_1P_0}|=\frac{|\overrightarrow{P_1P_0}\cdot\boldsymbol{n}|}{|\boldsymbol{n}|}=\frac{|A(x_0-x_1)+B(y_0-y_1)+C(z_0-z_1)|}{\sqrt{A^2+B^2+C^2}}$$

$$=\frac{|Ax_0+By_0+Cz_0-(Ax_1+By_1+Cz_1)|}{\sqrt{A^2+B^2+C^2}}$$

因为

$$Ax_1+By_1+Cz_1+D=0$$

所以

$$d=\frac{|Ax_0+By_0+Cz_0+D|}{\sqrt{A^2+B^2+C^2}}$$

【例 7-24】 求点(1,2,1)到平面 $x+2y+2z-10=0$ 的距离。

解 由上例给出的点到平面的距离公式得

$$d=\frac{|Ax_0+By_0+Cz_0+D|}{\sqrt{A^2+B^2+C^2}}=\frac{|1\times1+2\times2+2\times1-10|}{\sqrt{1^2+2^2+2^2}}=1$$

习题 7-3

1. 指出下列各平面的特殊位置。

(1) $2y-4=0$　　(2) $3x+2y-z=0$

(3) $2x-y=4$　　(4) $3y+2z=0$

2. 求过三点 $M_1(0,1,2)$,$M_2(-3,5,-4)$和 $M_3(-2,4,1)$的平面的方程。

3. 求过点(−1,2,0)且与平面 $x-2y+3z-1=0$ 平行的平面的方程。

4. 求过点(1,1,1)且垂直于平面 $x-y+z=7$ 和 $3x+2y-12z+5=0$ 的平面的方程。

5. 求下列各对平面间的夹角。

(1) $2x-y+z=6$,$x+y+2z=3$

(2) $3x+4y-5z-9=0$,$2x+6y+6z-7=0$

6. 作一平面，使它通过 x 轴，且与平面 $x+y=0$ 的夹角为 $\frac{\pi}{3}$。

7. 求平面 $2x-2y+z+5=0$ 与 xOy 面的夹角。

8. 求点(1，−1，2)到平面 $2x+y-2z+1=0$ 的距离。

第四节　空间直线及其方程

一、空间直线方程

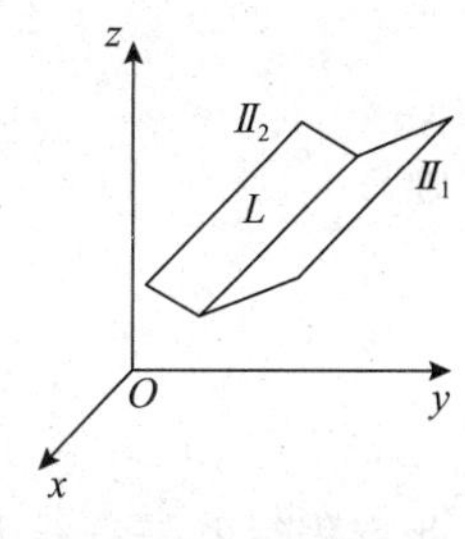

图　7-28

1. 空间直线的一般方程

空间直线可以看作两个平面的交线(图 7-28)。

如果两个相交平面 Π_1 和 Π_2 的方程分别为 $A_1x+B_1y+C_1z+D_1=0$ 和 $A_2x+B_2y+C_2z+D_2=0$，那么它们的交线是一条直线，交线的方程为

$$\begin{cases}A_1x+B_1y+C_1z+D_1=0\\A_2x+B_2y+C_2z+D_2=0\end{cases}\tag{7-3}$$

方程组(7-3)叫作空间直线的一般方程。

因为通过空间一条直线的平面有无限多个，所以只要在这无限多个平面中任意选取两个，把它们的方程联立起来，所得的方程组就表示空间直线。因此，空间直线方程不是唯一的。

2. 空间直线的对称式方程与参数方程

如果一个非零向量 $\boldsymbol{s}$ 平行于一条已知直线，这个向量就叫作这条直线的方向向量。易知，直线上任一向量都平行于该直线的方向向量。

设空间直线 L 经过已知点 $M_0(x_0,y_0,z_0)$，直线 L 的一方向向量为 $\boldsymbol{s}=(m,n,p)$(图 7-29)，又设 $M(x,y,z)$ 是直线 L 上任意一点，则 $\overrightarrow{M_0M}=(x-x_0,y-y_0,z-z_0)$，且 $\overrightarrow{M_0M}/\!/\boldsymbol{s}$。

由两向量平行的充要条件可得

$$\frac{x-x_0}{m}=\frac{y-y_0}{n}=\frac{z-z_0}{p}\tag{7-4}$$

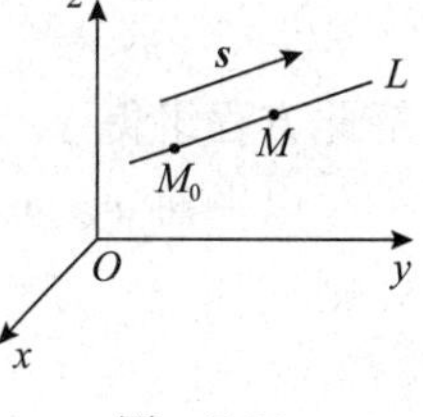

图　7-29

反之，满足式(7-4)的点 $M(x,y,z)$，有 $\overrightarrow{M_0M}/\!/\boldsymbol{s}$，$M$ 在直线 L 上，因此式(7-4)是直线 L 的方程，并称为直线 L 的对称式方程(或点向式方程)。

注：*若 m,n,p 中有一个或两个为零时，应理解为相应的分子也为零。*

【例 7-25】　求过点 $M_0(2,1,4)$ 且垂直于平面 $4x+y+3z+5=0$ 的直线方程。

解　因为所求直线 L 与已知平面垂直，所以平面的法线向量 $\boldsymbol{n}$ 就可以作为直线 L 的方向向量 $\boldsymbol{s}$。因此 $\boldsymbol{s}=\boldsymbol{n}=(4,1,3)$，由式(7-4)可得所求的直线方程为

$$\frac{x-2}{4}=\frac{y-1}{1}=\frac{z-4}{3}$$

【例 7-26】 求过两点 $P_1(x_1,y_1,z_1)$ 和 $P_2(x_2,y_2,z_2)$ 的直线方程。

解 依题意,过两点的方向向量 $\boldsymbol{s}$ 可取为 $\boldsymbol{s}=\overrightarrow{P_1P_2}=(x_2-x_1,y_2-y_1,z_2-z_1)$,于是由直线的对称式方程可得过两点的直线方程为

$$\frac{x-x_1}{x_1-x_2}=\frac{y-y_1}{y_1-y_2}=\frac{z-z_1}{z_1-z_2}$$

这就是直线的两点式方程。

在直线的对称式方程(7-4)中,若令

$$\frac{x-x_0}{m}=\frac{y-y_0}{n}=\frac{z-z_0}{p}=t$$

则

$$\begin{cases}x=x_0+mt\\y=y_0+nt\\z=z_0+pt\end{cases}$$

此方程组就是直线 L 的参数方程,t 为参数。

【例 7-27】 求直线 $L:\frac{x-2}{1}=\frac{y-3}{1}=\frac{z-4}{2}$ 与平面 $\Pi:2x+y+z=6$ 的交点。

解 直线 L 的方程可化为参数方程

$$\begin{cases}x=2+t\\y=3+t\\z=4+2t\end{cases}\quad(t\text{ 为参数})$$

代入平面 Π 的方程可得

$$2(2+t)+(3+t)+(4+2t)=6$$

解得 $t=-1$,从而 $x=1,y=2,z=2$,故所求交点为$(1,2,2)$。

【例 7-28】 用对称式方程及参数方程表示直线 $\begin{cases}x+y+z=-1\\2x-y+3z=4\end{cases}$。

解 取 $x=1$,有

$$\begin{cases}y+z=-2\\-y+3z=2\end{cases}$$

解此方程组得 $y=-2,z=0$,即$(1,-2,0)$就是直线上的一点。

以平面 $x+y+z=-1$ 和 $2x-y+3z=4$ 的法线向量的向量积作为直线的方向向量 $\boldsymbol{s}$,则

$$\boldsymbol{s}=\begin{vmatrix}\boldsymbol{i}&\boldsymbol{j}&\boldsymbol{k}\\1&1&1\\2&-1&3\end{vmatrix}=4\boldsymbol{i}-\boldsymbol{j}-3\boldsymbol{k}$$

因此,所给直线的对称式方程为

$$\frac{x-1}{4}=\frac{y+2}{-1}=\frac{z}{-3}$$

令 $\frac{x-1}{4}=\frac{y+2}{-1}=\frac{z}{-3}=t$,得所给直线的参数方程为

$$\begin{cases}x=1+4t\\y=-2-t\\z=-3t\end{cases}$$

【例 7-29】 求点$(-1,2,0)$在平面$x+2y-z+1=0$上的投影。

解 从点$A(-1,2,0)$作平面的垂线，则垂线的方向向量就是平面的法向量$\boldsymbol{n}=(1,2,-1)$，所以垂线方程为

$$\frac{x+1}{1}=\frac{y-2}{2}=\frac{z}{-1}$$

为求出垂足，将垂线方程化为参数方程$\begin{cases}x=-1+t\\y=2+2t\\z=-t\end{cases}$ （t为参数）。

将其代入平面方程，得$t=-\frac{2}{3}$，求得垂足(即投影)的坐标为$\left(-\frac{5}{3},\frac{2}{3},\frac{2}{3}\right)$。

【例 7-30】 求点$M(3,-2,6)$在直线$L:\frac{x-1}{1}=\frac{y+2}{3}=\frac{z-3}{2}$上的射影点。

解 设过点$M(3,-2,6)$且与已知直线L垂直的平面为Π，由题设知平面Π为

$$(x-3)+3(y+2)+2(z-6)=0$$

即

$$x+3y+2z-9=0$$

把直线L的方程改写为参数式

$$\begin{cases}x=1+t\\y=-2+3t\\z=3+2t\end{cases}$$

代入平面Π得$t=\frac{4}{7}$，代入得所求射影点为$\left(\frac{11}{7},-\frac{2}{7},\frac{29}{7}\right)$。

3. 两直线的夹角

两直线的方向向量的夹角(通常指锐角)叫作两直线的夹角。

设直线L_1和L_2的方程分别为

$$L_1:\frac{x-x_1}{m_1}=\frac{y-y_1}{n_1}=\frac{z-z_1}{p_1}$$

$$L_2:\frac{x-x_2}{m_2}=\frac{y-y_2}{n_2}=\frac{z-z_2}{p_2}$$

则直线L_1和L_2分别有方向向量

$$\boldsymbol{s}_1=(m_1,n_1,p_1),\quad \boldsymbol{s}_2=(m_2,n_2,p_2)$$

根据向量夹角的余弦公式，可得直线L_1和L_2的夹角φ的余弦为

$$\cos\varphi=\frac{|\boldsymbol{s}_1\cdot\boldsymbol{s}_2|}{|\boldsymbol{s}_1||\boldsymbol{s}_2|}=\frac{|m_1m_2+n_1n_2+p_1p_2|}{\sqrt{m_1^2+n_1^2+p_1^2}\times\sqrt{m_2^2+n_2^2+p_2^2}}$$

由两向量垂直及平行的充分必要条件可推得下列结论。

(1) 直线L_1和L_2垂直相当于

$$m_1m_2+n_1n_2+p_1p_2=0$$

(2) 直线L_1和L_2平行或重合相当于

$$\frac{m_1}{m_2}=\frac{n_1}{n_2}=\frac{p_1}{p_2}$$

【例 7-31】 求直线 $L_1:\frac{x-1}{1}=\frac{y}{-4}=\frac{z+3}{1}$ 和 $L_2:\frac{x}{2}=\frac{y+2}{-2}=\frac{z}{-1}$ 的夹角。

解 两直线的方向向量分别为 $\boldsymbol{s}_1=(1,-4,1)$ 和 $\boldsymbol{s}_1=(2,-2,-1)$。设两直线的夹角为 φ,则

$$\cos\varphi=\frac{|1\times2+(-4)\times(-2)+1\times(-1)|}{\sqrt{1^2+(-4)^2+1^2}\times\sqrt{2^2+(-2)^2+(-1)^2}}=\frac{1}{\sqrt{2}}=\frac{\sqrt{2}}{2}$$

所以 $\varphi=\frac{\pi}{4}$。

4. 直线与平面的夹角

当直线与平面不垂直时,直线和它在平面上的投影直线的夹角 $\varphi\left(0\leqslant\varphi<\frac{\pi}{2}\right)$ 称为直线与平面的夹角(图 7-30),而直线在平面上的投影称为投影直线。当直线与平面垂直时,规定直线与平面的夹角为 $\frac{\pi}{2}$。

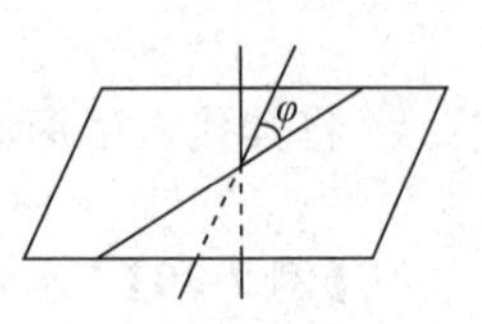

图　7-30

设直线的方向向量 $\boldsymbol{s}=(m,n,p)$,平面的法线向量 $\boldsymbol{n}=(A,B,C)$,直线与平面的夹角为 φ,那么 $\varphi=\left|\frac{\pi}{2}-(\widehat{\boldsymbol{s},\boldsymbol{n}})\right|$,因此 $\sin\varphi=|\cos(\widehat{\boldsymbol{s},\boldsymbol{n}})|$。按两向量夹角余弦的坐标表示式,有

$$\sin\varphi=\frac{|\boldsymbol{s}\cdot\boldsymbol{n}|}{|\boldsymbol{s}||\boldsymbol{n}|}=\frac{|Am+Bn+Cp|}{\sqrt{A^2+B^2+C^2}\times\sqrt{m^2+n^2+p^2}}$$

由两向量垂直及平行的充分必要条件可推得下列结论。

(1) 直线与平面垂直相当于

$$\frac{A}{m}=\frac{B}{n}=\frac{C}{p}$$

(2) 直线与平面平行(或直线在平面上)相当于

$$Am+Bn+Cp=0$$

【例 7-32】 确定直线 $\frac{x+3}{-2}=\frac{y+4}{-7}=\frac{z}{3}$ 和平面 $4x-2y-2z=3$ 间的位置关系。

解 直线的方向向量 $\boldsymbol{s}=(-2,-7,3)$,平面的法向量 $\boldsymbol{n}=(4,-2,-2)$,直线与平面的夹角为 φ,则

$$\sin\varphi=\frac{(-2,-7,3)\cdot(4,-2,-2)}{\sqrt{(-2)^2+(-7)^2+3^2}\times\sqrt{4^2+(-2)^2+(-2)^2}}=0$$

由此可知直线平行于平面或直线在平面上。

再将直线上的点 $A(-3,-4,0)$ 的坐标代入平面方程左边得 $4\times(-3)-2\times(-4)-2\times0=-4\neq3$,即点 A 不在平面上,故直线平行于平面。

*二、平面束

有时用平面束的方程解题比较方便,现在我们来介绍此方程。

设直线 L 由方程组

$$\begin{cases}A_1x+B_1y+C_1z+D_1=0 & (7\text{-}5)\\ A_2x+B_2y+C_2z+D_2=0 & (7\text{-}6)\end{cases}$$

所确定，其中系数 A_1,B_1,C_1 与 A_2,B_2,C_2 不成比例。我们建立三元一次方程

$$A_1x+B_1y+C_1z+D_1+\lambda(A_2x+B_2y+C_2z+D_2)=0 \tag{7-7}$$

其中，λ 为任意常数。因为 A_1,B_1,C_1 与 A_2,B_2,C_2 不成比例，所以对于任何一个 λ 值，方程(7-7)的系数 $A_1+\lambda A_2,B_1+\lambda B_2,C_1+\lambda C_2$ 不全为零，从而方程(7-7)表示一个平面，若一点在直线 L 上，则点的坐标必同时满足方程(7-5)和方程(7-6)，因而也满足方程(7-7)，故方程(7-7)表示通过直线 L 的平面，且对应不同的 λ 值，方程(7-7)表示通过直线 L 的不同的平面。反之，通过直线 L 的任何平面[除平面(7-6)外]都包含在方程(7-7)所表示的一族平面内。通过定直线的所有平面的全体称为平面束，而方程(7-7)就作为通过直线 L 的平面束方程[实际上，方程(7-7)表示缺少平面(7-6)的平面束]。

*【例 7-33】 求直线 $\begin{cases}x+y-z-1=0\\ x-y+z+1=0\end{cases}$ 在平面 $x+y+z=0$ 上的投影直线的方程。

解　过直线 $\begin{cases}x+y-z-1=0\\ x-y+z+1=0\end{cases}$ 的平面束的方程为

$$(x+y-z-1)+\lambda(x-y+z+1)=0$$

即

$$(1+\lambda)x+(1-\lambda)y+(-1+\lambda)z+(-1+\lambda)=0$$

式中，λ 为待定常数。该平面与平面 $x+y+z=0$ 垂直的条件是

$$(1+\lambda)\times1+(1-\lambda)\times1+(-1+\lambda)\times1=0$$

即

$$1+\lambda=0$$

由此得

$$\lambda=-1$$

代入式(7-7)，得投影平面的方程为

$$2y-2z-2=0$$

即

$$y-z-1=0$$

所以投影直线的方程为

$$\begin{cases}y-z-1=0\\ x+y+z=0\end{cases}$$

习题 7-4

1. 求通过点$(1,2,-1)$且通过直线 L：$\begin{cases}x=2+3t\\ y=2+t\\ z=1+2t\end{cases}$ 的平面方程。

2. 证明直线$\frac{x-1}{4}=\frac{y}{-1}=\frac{z+1}{3}$与$\begin{cases}x+7y+z=0\\x+y-z-2=0\end{cases}$相互平行。

3. 求通过两直线$\frac{x-1}{1}=\frac{y+1}{-1}=\frac{z-1}{2}$与$\frac{x-1}{-1}=\frac{y+1}{2}=\frac{z-1}{1}$的平面方程。

4. 试确定下列各组中的直线与平面间的关系。

(1) $\frac{x+3}{-2}=\frac{y+4}{-7}=\frac{z}{3}$和$4x-2y-2z=3$

(2) $\frac{x}{3}=\frac{y}{-2}=\frac{z}{7}$和$3x-2y+7z=8$

(3) $\frac{x-2}{3}=\frac{y+2}{1}=\frac{z-3}{-4}$和$x+y+z=3$

5. 求直线$\frac{x-1}{2}=\frac{y}{1}=\frac{z-1}{0}$外一点$(3,4,5)$到此直线与平面$x+y+z=2$的交点的距离。

第五节 空间曲面和曲线

第三节介绍了曲面方程的概念,解析几何中关于曲面的讨论常围绕两个基本的问题:①已知曲面的形状,建立该曲面的方程;②已知一个三元方程,研究该方程的图形。

本节将建立常见的曲面(即三元二次方程)方程及其图形。

一、旋转曲面

平面内一条曲线 C 绕其平面上的一条定直线 L 旋转一周所成的曲面叫作旋转曲面,这条定直线 L 叫作旋转曲面的轴。

下面建立旋转曲面的方程。

设在 yOz 坐标面上有一条已知曲线 C,它的方程为

$$f(y,z)=0$$

把这条曲线绕 z 轴旋转一周,就得到一个以 z 轴为轴的旋转曲面(图 7-31)。

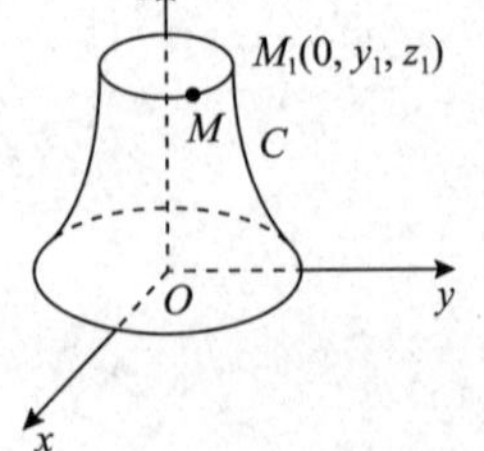

图 7-31

设 $M(x,y,z)$ 为曲面上任一点,它是曲线 C 上点 $M_1(0,y_1,z_1)$ 绕 z 轴旋转得到的,因此有如下关系等式

$$f(y_1,z_1)=0,\quad z=z_1,\quad |y_1|=\sqrt{x^2+y^2}$$

从而得

$$f(\pm\sqrt{x^2+y^2},z)=0$$

这就是所求旋转曲面的方程。

在曲线 C 的方程 $f(y,z)=0$ 中将 y 改成$\pm\sqrt{x^2+y^2}$,便得曲线 C 绕 z 轴旋转所成的旋转曲面的方程。

同理,曲线 C 绕 y 轴旋转所成的旋转曲面的方程为

$$f(y,\pm\sqrt{x^2+z^2})=0$$

【例 7-34】 直线 L 绕另一条与 L 相交的直线旋转一周,所得旋转曲面叫作圆锥面。两直线的交点叫作圆锥面的顶点,两直线的夹角 $\alpha\left(0<\alpha<\dfrac{\pi}{2}\right)$ 叫作圆锥面的半顶角。试建立顶点在坐标原点 O,旋转轴为 z 轴,半顶角为 α 的圆锥面(图 7-32)的方程。

解 在 yOz 坐标面内,直线 L 的方程为

$$z=y\cot\alpha$$

将方程 $z=y\cot\alpha$ 中的 y 改成 $\pm\sqrt{x^2+y^2}$,就得到所求的圆锥面的方程

$$z=\pm\sqrt{x^2+y^2}\cot\alpha$$

或

$$z^2=a^2(x^2+y^2)$$

式中,$a=\cot\alpha$。

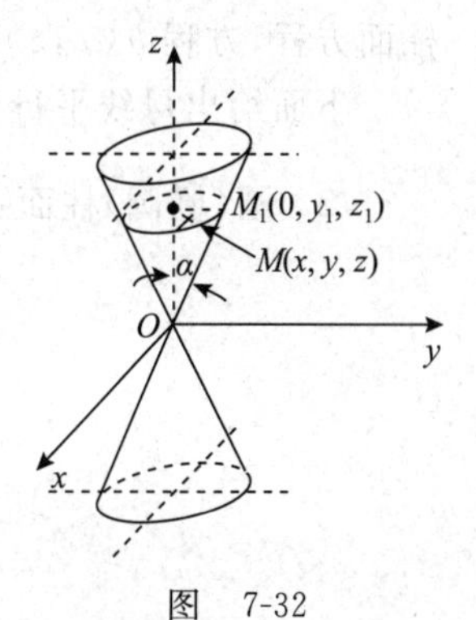

图 7-32

【例 7-35】 将 zOx 坐标面上的双曲线

$$\frac{x^2}{a^2}-\frac{z^2}{c^2}=1$$

分别绕 x 轴和 z 轴旋转一周,求所生成的旋转曲面的方程。

解 绕 x 轴旋转所成的旋转曲面称为旋转双叶双曲面(图 7-33),其方程为

$$\frac{x^2}{a^2}-\frac{y^2+z^2}{c^2}=1$$

绕 z 轴旋转所成的旋转曲面称为旋转单叶双曲面(图 7-34),其方程为

$$\frac{x^2+y^2}{a^2}-\frac{z^2}{c^2}=1$$

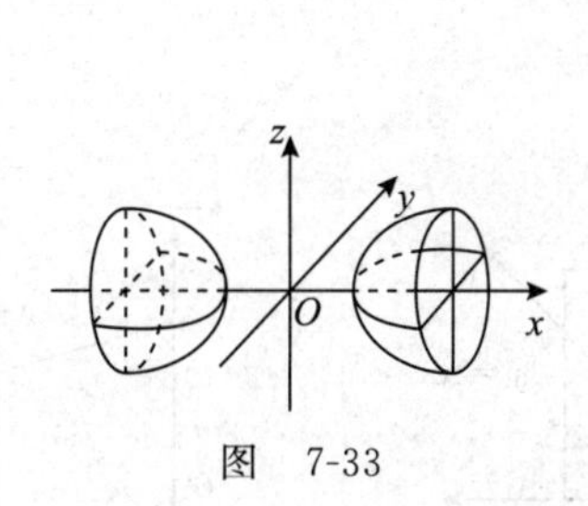

图 7-33

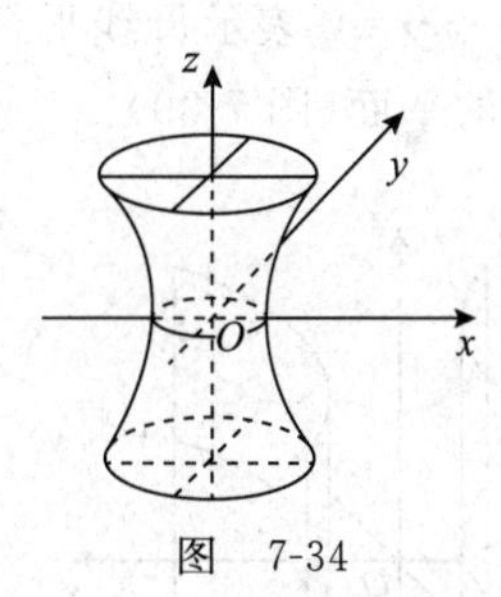

图 7-34

二、柱面

动直线 L 沿定曲线 C 平行移动所形成的轨迹称为柱面,定曲线 C 称为柱面的准线,动直线 L 称为柱面的母线。

设柱面的母线平行 z 轴,准线为 xOy 坐标面上的一条曲线 C,其方程为 $f(x,y)=0$ (图 7-35),试求柱面的方程。

设 $M(x,y,z)$为柱面上任意一点,点 M 在 xOy 坐标面上的垂足 $M_1(x,y,0)$必在曲线 C 上,从而满足

$$f(x,y)=0$$

反之,满足方程 $f(x,y)=0$ 的点 $M(x,y,z)$ 一定在过点 $M_1(x,y,0)$ 的母线上,从而在柱面上。因此所求柱面方程为

$$f(x,y)=0$$

此类柱面方程的特点是其方程中不含 z,同理方程 $g(y,z)=0$ 表示母线平行于 x 轴的柱面方程,方程 $h(x,z)=0$ 表示母线平行于 y 轴的柱面方程。

下面给出母线平行于 z 轴的几个常见柱面方程。

(1) 圆(椭圆)柱面:$x^2+y^2=R^2\quad\left(\dfrac{x^2}{a^2}+\dfrac{y^2}{b^2}=1\right)$(图 7-36)。

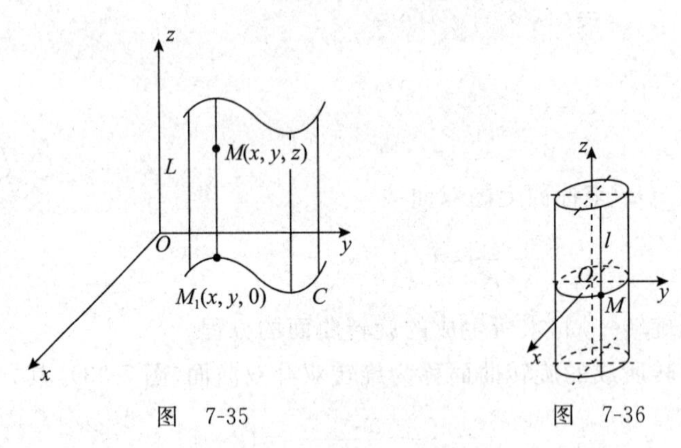

图　7-35　　　　图　7-36

(2) 双曲柱面:$\dfrac{x^2}{a^2}-\dfrac{y^2}{b^2}=1$(图 7-37)。

(3) 抛物柱面:$y^2=2x$(图 7-38)。

又如,方程 $x-y=0$ 表示母线平行于 z 轴的柱面,其准线是 xOy 面上的直线 $x-y=0$,所以它是过 z 轴的平面(图 7-39)。

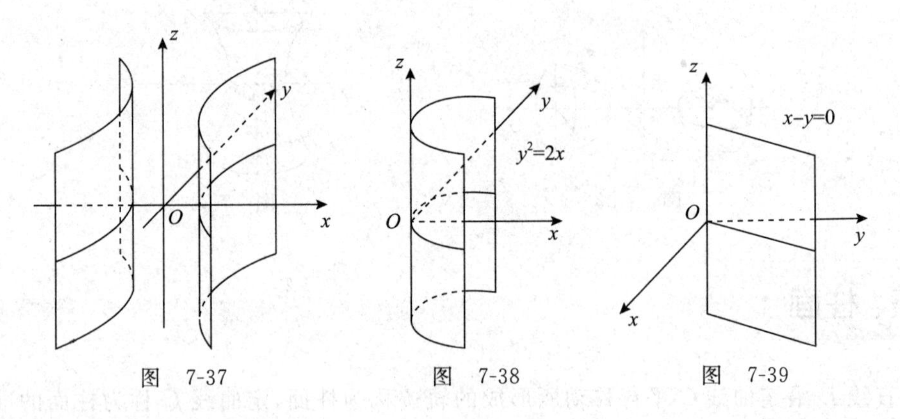

图　7-37　　　　图　7-38　　　　图　7-39

三、常见的二次曲面

与平面解析几何中的二次曲线相类似,三元二次方程 $F(x,y,z)=0$ 所表示的曲面称为二次曲面,而把平面称为一次曲面。

建立二次曲面的方程一般采用的方法有截痕法和伸缩变形法。

所谓截痕法，是指用某坐标面和一组平行于该坐标面的平面与曲面相截，通过考察其交线(截痕)的形状，从而了解曲面的全貌的方法。

另一种方法是伸缩变形法，其方法如下。

设 S 是一个曲面，其方程为 $F(x,y,z)=0$，S' 是将曲面 S 沿 x 轴方向伸缩 λ 倍所得的曲面。

显然，若 $(x,y,z)\in S$，则 $(\lambda x,y,z)\in S'$；若 $(x,y,z)\in S'$，则 $\left(\frac{1}{\lambda}x,y,z\right)\in S$。

因此，对于任意的 $(x,y,z)\in S'$，有 $F\left(\frac{1}{\lambda}x,y,z\right)=0$，即 $F\left(\frac{1}{\lambda}x,y,z\right)=0$ 是曲面 S' 的方程。

例如，把圆锥曲面 $x^2+y^2=a^2z^2$ 沿 y 轴方向伸缩 $\frac{b}{a}$ 倍，所得曲面的方程为

$$x^2+\left(\frac{a}{b}y\right)^2=a^2z^2$$

即

$$\frac{x^2}{a^2}+\frac{y^2}{b^2}=z^2$$

下面来讨论六种常见的二次曲面的标准方程及图形。

1. 椭圆锥面

方程

$$\frac{x^2}{a^2}+\frac{y^2}{b^2}=z^2$$

所表示的曲面称为椭圆锥面。它是由圆锥曲面 $x^2+y^2=a^2z^2$ 在 y 轴方向伸缩而得的曲面。以垂直于 z 轴的平面 $z=t$ 截此曲面，当 $t=0$ 时，得一点 $(0,0,0)$；当 $t\neq0$ 时，得平面 $z=t$ 上的椭圆

$$\frac{x^2}{(at)^2}+\frac{y^2}{(bt)^2}=1$$

当 t 变化时，上式表示一族长短轴比例不变的椭圆，当 $|t|$ 从大到小并变为 0 时，这族椭圆从大到小并缩为一点。综合上述讨论，可得椭圆锥面的形状(图 7-40)。

2. 椭球面

方程

$$\frac{x^2}{a^2}+\frac{y^2}{b^2}+\frac{z^2}{c^2}=1$$

所表示的曲面称为椭球面。它是由球面在 x 轴、y 轴或 z 轴方向伸缩而得的曲面。把 $x^2+y^2+z^2=a^2$ 沿 z 轴方向伸缩 $\frac{c}{a}$ 倍，得旋转椭球面 $\frac{x^2+y^2}{a^2}+\frac{z^2}{c^2}=1$；再沿 y 轴方向伸缩 $\frac{b}{a}$ 倍，即得椭球面方程及图形(图 7-41)。

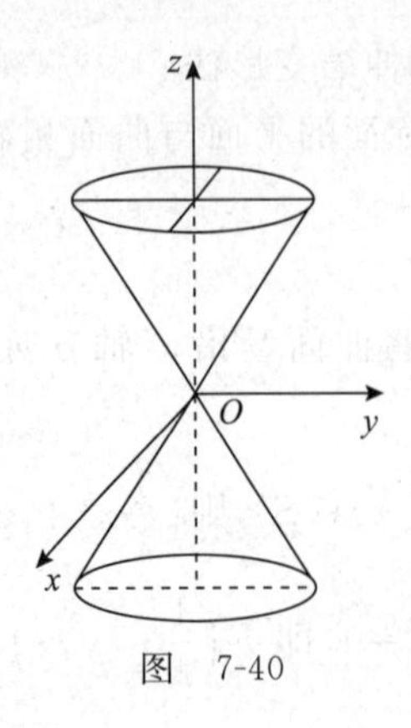

图 7-40

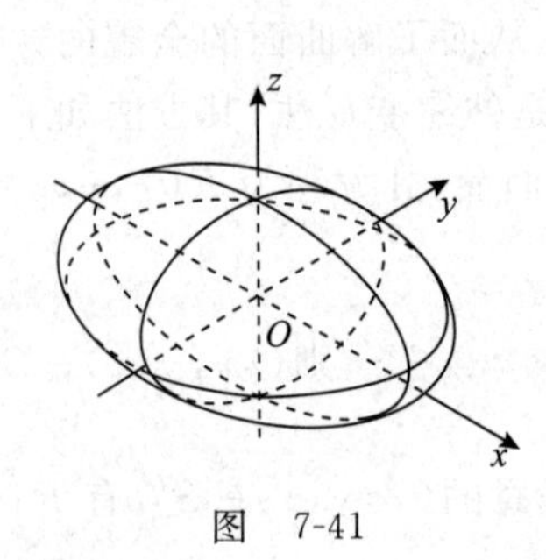

图 7-41

3. 单叶双曲面

方程

$$\frac{x^2}{a^2}+\frac{y^2}{b^2}-\frac{z^2}{c^2}=1$$

所表示的曲面称为单叶双曲面。把 zOx 面上的双曲线$\frac{x^2}{a^2}-\frac{z^2}{c^2}=1$ 绕 z 轴旋转,得旋转单叶双曲面$\frac{x^2+y^2}{a^2}-\frac{z^2}{c^2}=1$;再沿 y 轴方向伸缩$\frac{b}{a}$倍,即得单叶双曲面方程及图形(图 7-34)。

4. 双叶双曲面

方程

$$\frac{x^2}{a^2}-\frac{y^2}{b^2}-\frac{z^2}{c^2}=1$$

所表示的曲面称为双叶双曲面。把 zOx 面上的双曲线$\frac{x^2}{a^2}-\frac{z^2}{c^2}=1$ 绕 x 轴旋转,得旋转双叶双曲面$\frac{x^2}{a^2}-\frac{z^2+y^2}{c^2}=1$;再沿 y 轴方向伸缩$\frac{b}{c}$倍,即得双叶双曲面方程及图形(图 7-33)。

5. 椭圆抛物面

方程

$$\frac{x^2}{a^2}+\frac{y^2}{b^2}=z$$

所表示的曲面称为椭圆抛物面。把 zOx 面上的抛物线$\frac{x^2}{a^2}=z$ 绕 z 轴旋转,所得曲面叫作旋转抛物面$\frac{x^2+y^2}{a^2}=z$,再沿 y 轴方向伸缩$\frac{b}{a}$倍,即得椭圆抛物面方程及图形(图 7-42)。

6. 双曲抛物面

方程

$$\frac{x^2}{a^2}-\frac{y^2}{b^2}=z$$

所表示的曲面称为双曲抛物面(图 7-43),又称马鞍面。

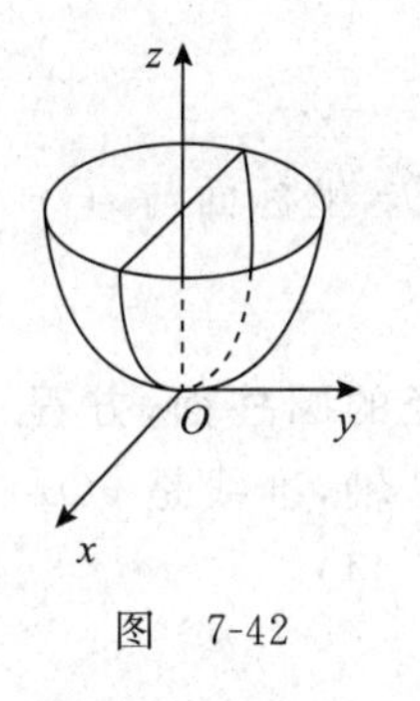

图　7-42

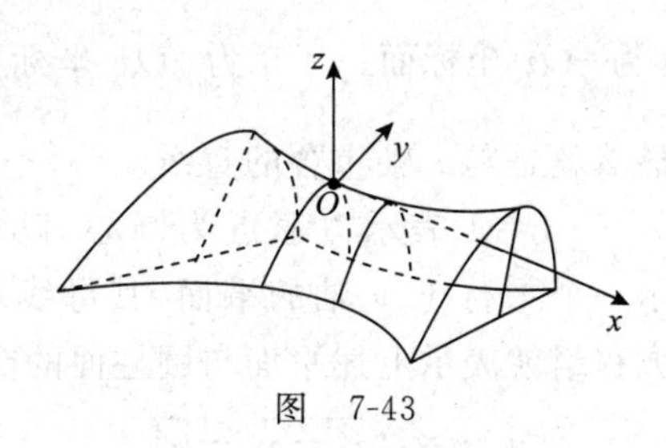

图　7-43

用平面 $x=t$ 截此曲面，所得截痕 l 为平面 $x=t$ 上的抛物线

$$-\frac{y^2}{b^2}=z-\frac{t^2}{a^2}$$

此抛物线开口朝下，其顶点坐标为$\left(t,0,\frac{t^2}{a^2}\right)$。当 t 变化时，l 的形状不变，位置只作平移，而 l 的顶点的轨迹 L 为平面 $y=0$ 上的抛物线

$$z=\frac{x^2}{a^2}$$

因此，以 l 为母线，L 为准线，母线 l 的顶点在准线 L 上滑动，且母线作平行移动，这样得到的曲面便是双曲抛物面。

四、空间曲线

在第三节我们讲过，空间曲线可以看作两个曲面的交线，那么空间曲线 C 的一般方程可用方程组来表示。

$$\begin{cases}F(x,y,z)=0\\G(x,y,z)=0\end{cases}$$

【例 7-36】 下列方程组表示怎样的曲线：

(1) $\begin{cases}x^2+y^2+z^2=16\\y=3\end{cases}$

(2) $\begin{cases}x+y=0\\x-y=0\end{cases}$

(3) $\begin{cases}x^2+y^2=1\\2x+3z=6\end{cases}$

解 (1) 方程 $x^2+y^2+z^2=16$ 表示以原点为球心，以 4 为半径的球面；方程 $y=3$ 表示平行于 zOx 面的一个平面。将 $y=3$ 代入 $x^2+y^2+z^2=16$ 得 $x^2+z^2=7$。

这说明平面 $y=3$ 与球面 $x^2+y^2+z^2=16$ 相交，它们的交线是在平面 $y=3$ 上以(0,3,0)为圆心，以$\sqrt{7}$为半径的圆。

(2) $x+y=0$ 和 $x-y=0$ 均表示平面。解方程组

$$\begin{cases}x+y=0\\x-y=0\end{cases}$$

得$\begin{cases}x=0\\y=0\end{cases}$，$x=0$ 为 yOz 坐标面；$y=0$ 为 zOx 坐标面，而 yOz 坐标面与 zOx 坐标面的交线显然就是与 z 轴重合的直线。

(3) 方程 $x^2+y^2=1$ 表示以原点为圆心，以 1 为半径的圆柱面；方程 $2x+3z=6$ 表示一个平行于 y 轴的平面，其母线平行于 y 轴，准线是 zOx 面上的直线。方程组就表示上述平面与圆柱面的交线(图 7-44)。

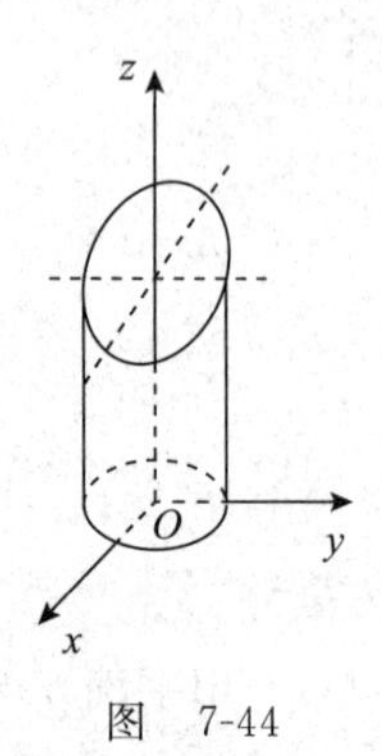

图 7-44

【例 7-37】 方程组$\begin{cases}z=\sqrt{a^2-x^2-y^2}\\\left(x-\dfrac{a}{2}\right)^2+y^2=\left(\dfrac{a}{2}\right)^2\end{cases}$表示怎样的曲线？

解 方程组中第一个方程表示球心在坐标原点 O，半径为 a 的上半球面。第二个方程表示母线平行于 z 轴的圆柱面，它的准线是 xOy 面上的圆，圆心在点$\left(\dfrac{a}{2},0\right)$，半径为$\dfrac{a}{2}$。方程组就表示上述半球面与圆柱面的交线(图 7-45)。

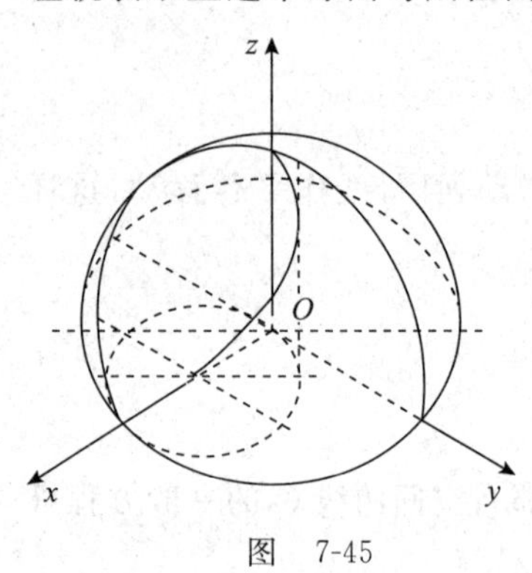

图 7-45

前面介绍了空间直线的参数方程。一般地，对于空间曲线来说，曲线上的动点坐标 x,y,z 也可以用另一个变量 t 的函数来表示。

定义 7-3 空间曲线 C 上点的坐标 x,y,z 是变量 t 的函数，即

$$\begin{cases}x=x(t)\\y=y(t)\qquad t\in T\\z=z(t)\end{cases}\tag{7-8}$$

对于范围 T 内的所有 t，如果得到曲线 C 上的所有点，即得曲线 C，方程(7-8)称为空间曲线 C 的参数方程，t 称为参数。

【例 7-38】 如果空间一点 M 在圆柱面 $x^2+y^2=a^2$ 上以角速度 ω 绕 z 轴旋转，同时又以速度 v 匀速上升(其中 ω,v 都是常数)，那么动点 M 移动形成的曲线叫作柱面螺旋线(图 7-46)。求它的参数方程。

解 取时间 t 为参数。设当 $t=0$ 时，动点 M 与 x 轴及圆柱面交于点 $A(a,0,0)$。经过时间 t 后，动点 M 沿圆柱面由点 A 移动到点 $M(x,y,z)$。点 $M(x,y,z)$ 在 xOy 面上的投影为点 $M'(x,y,0)$，转角 $\theta=\omega t$，上升的高度 $z=|M'M|=vt$，因此曲线的参数方程为

$$\begin{cases}x=a\cos\omega t\\x=a\sin\omega t\\z=vt\end{cases}$$

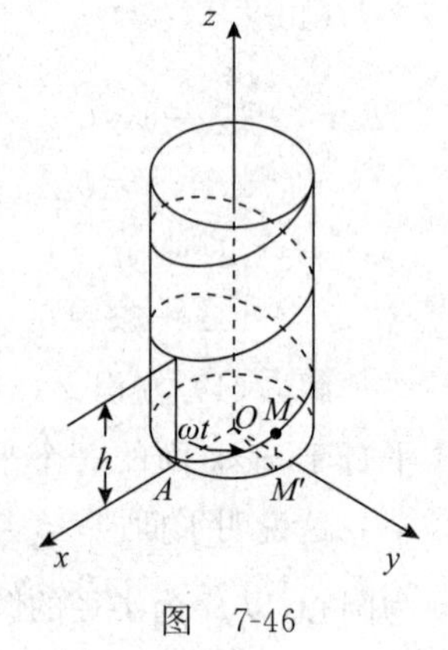

图 7-46

也可以用其他变量作参数。例如，令 $\theta=\omega t$，则螺旋线的参数方程可写为

$$\begin{cases}x=a\cos\theta\\y=a\sin\theta\\z=b\theta\end{cases}$$

式中，$b=\dfrac{v}{\omega}$，而参数为 θ。

显然，动点 M 每旋转一周同时上升高度为 $h=\dfrac{2\pi v}{\omega}$。

【例 7-39】 将曲线的一般方程 $\begin{cases}x^2+y^2+z^2=9\\y=x\end{cases}$ 化为参数方程。

解 将 $y=x$ 代入第一个方程得 $2x^2+z^2=9$，即

$$\frac{x^2}{\left(\frac{3}{\sqrt{2}}\right)^2}+\frac{z^2}{3^2}=1$$

令 $x=\dfrac{3}{\sqrt{2}}\cos t$，则 $z=3\sin t$，故所求的参数方程为

$$\begin{cases}x=\dfrac{3}{\sqrt{2}}\cos t\\y=\dfrac{3}{\sqrt{2}}\cos t\\z=3\sin t\end{cases}\quad(0\leqslant t\leqslant 2\pi)$$

定义 7-4 设 C 为已知的空间曲线，以曲线 C 为准线、母线平行于 z 轴的柱面 Σ 称为曲线 C 关于 xOy 面的投影柱面，柱面 Σ 与 xOy 面的交线 l 称为曲线 C 在 xOy 面上的投影(图 7-47)。

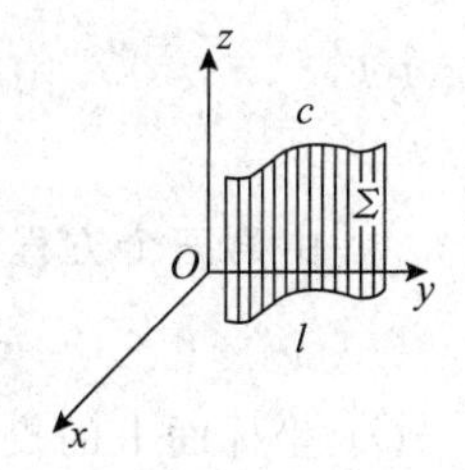

图 7-47

类似地，可以定义曲线 C 关于 yOz（或 zOx）坐标面的投影柱面和曲线 C 在 yOz（或 zOx）面上的投影。

设曲面 Σ_1，Σ_2 的方程分别为 $F(x,y,z)=0$，$G(x,y,z)=0$，C 为曲面 Σ_1 与 Σ_2 的交线，曲线 C 的一般方程为

$$\begin{cases}F(x,y,z)=0\\G(x,y,z)=0\end{cases}\tag{7-9}$$

消去变量 z 后，得

$$H(x,y)=0\tag{7-10}$$

满足曲线 C 的方程(7-9)的 x,y,z 必定满足方程(7-10)，所以 $H(x,y)=0$ 是曲线 C 关于 xOy 坐标面的投影柱面，从而

$$\begin{cases}H(x,y)=0\\z=0\end{cases}$$

表示曲线 C 在 xOy 面上的投影曲线的方程。

同理，由式(7-9)消去 x 或 y，则曲线 C 在 yOz 和 zOx 坐标面上的投影曲线的方程分别为

$$\begin{cases}R(y,z)=0\\x=0\end{cases}\qquad\begin{cases}T(x,z)=0\\y=0\end{cases}$$

【例 7-40】 设上半球面 $z=\sqrt{2-x^2-y^2}$ 和上半锥面 $z=\sqrt{x^2+y^2}$ 的交线为 Γ(图 7-48),求 Γ 在 xOy 坐标面上的投影曲线的方程。

解 交线 Γ 的方程为

$$\begin{cases}z=\sqrt{2-x^2-y^2}\\z=\sqrt{x^2+y^2}\end{cases}$$

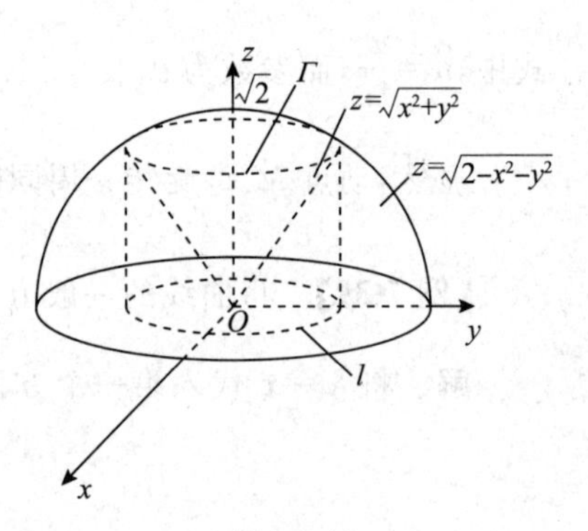

图 7-48

消去 z 得 Γ 关于 xOy 坐标面上的投影柱面 $x^2+y^2=1$,从而交线 Γ 在 xOy 面上的投影曲线 l 的方程为

$$\begin{cases}x^2+y^2=1\\z=0\end{cases}$$

它是 xOy 面上的一个圆。

【例 7-41】 求通过两曲面 $x^2+y^2+4z^2=1$ 和 $x^2=y^2+z^2$ 的交线,而母线平行于 z 轴的柱面方程。

解 因为母线平行于 z 轴,只要在方程中消去 z,得到柱面方程为

$$5x^2-3y^2=1$$

*【例 7-42】 求螺旋线 $\begin{cases}x=a\cos\theta\\y=a\sin\theta\\z=b\theta\end{cases}$ 在三个坐标面上的投影曲线的直角坐标方程。

解 由前两个方程得 $x^2+y^2=a^2$,于是得螺旋线在 xOy 坐标面上的投影方程为 $\begin{cases}x^2+y^2=a^2\\z=0\end{cases}$。

由第三个方程得 $\theta=\dfrac{z}{b}$,代入第一个方程得 $\dfrac{x}{a}=\cos\dfrac{z}{b}$,即 $z=b\arccos\dfrac{x}{a}$,于是此曲线在 zOx 坐标面上的投影方程为 $\begin{cases}z=b\arccos\dfrac{x}{a}\\y=0\end{cases}$。

再将 $\theta=\dfrac{z}{b}$ 代入第二个方程得 $y=a\sin\dfrac{z}{b}$,从而有 $z=b\arcsin\dfrac{y}{a}$,于是此曲线在 yOz 面上的投影方程为 $\begin{cases}z=b\arcsin\dfrac{y}{a}\\x=0\end{cases}$。

习题 7-5

1. 指出下列方程在平面解析几何和空间解析几何中分别表示什么图形。

(1) $x=2$　(2) $y=x+1$　(3) $x^2+y^2=4$　(4) $x^2-y^2=1$

2. 求与坐标原点 O 及点(2,3,4)的距离之比为 1∶2 的点的全体所组成的曲面的方程,并指出它表示怎样的曲面。

3. 将 xOz 坐标面上的双曲线 $4x^2-9y^2=36$ 分别绕 x 轴及 y 轴旋转一周,求所生成的旋转曲面的方程。

4. 下列方程组在空间解析几何中表示怎样的曲线?

(1) $\begin{cases}x^2+y^2+z^2=25\\x=3\end{cases}$　　(2) $\begin{cases}y^2+z^2-4x+8=0\\z=2\end{cases}$

5. 求准线为 $\begin{cases}x^2+y^2+4z^2=1\\x^2=y^2+z^2\end{cases}$,母线平行于 x 轴的柱面方程。

6. 求椭圆抛物面 $z=x^2+2y^2$ 与抛物柱面 $z=2-x^2$ 的交线关于 xOy 面的投影柱面和在 xOy 面上的投影曲线方程。

7. 求旋转抛物面 $z=x^2+y^2(0\leqslant z\leqslant 4)$在三个坐标面上的投影。

8. 求球面 $x^2+y^2+z^2=9$ 与平面 $x+z=1$ 的交线在 xOy 面上的投影的方程。

知识结构图、本章小结与学习指导

知识结构图

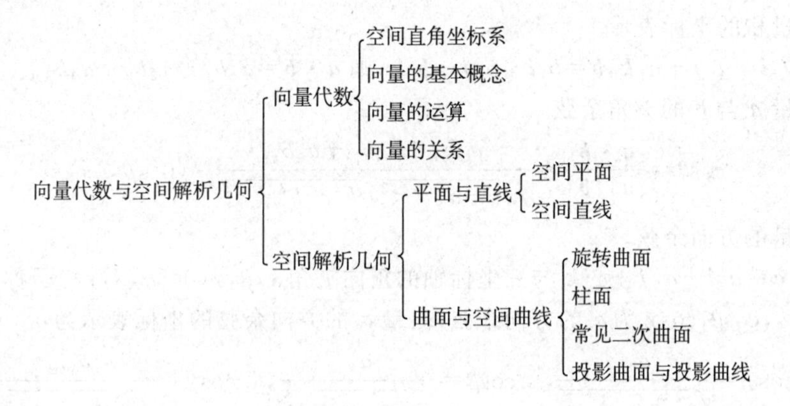

本章小结

本章内容包括向量的概念和运算两大部分,主要内容概括如下。

1. 向量的基本概念

向量的基本概念:①向量的定义;②向量的模;③单位向量;④零向量;⑤向量的相等;⑥自由向量;⑦向径等。

2. 空间直角坐标系

空间直角坐标系:①坐标;②坐标轴;③坐标面;④卦限。

3. 向量的线性运算

(1) 向量的加法。

(2) 向量与实数的乘法运算。

(3) 与 $\boldsymbol{a}$ 同向的单位向量:设向量 $\boldsymbol{a}$ 是一个非零向量,则与 $\boldsymbol{a}$ 同向的单位向量$\boldsymbol{e}_a=\dfrac{\boldsymbol{a}}{|\boldsymbol{a}|}$。

(4) 负向量及向量的减法。

4. 向量的坐标表示

(1) 基本单位向量 $\boldsymbol{i},\boldsymbol{j},\boldsymbol{k}$ 分别为与 x 轴,y 轴,z 轴同向的单位向量。

(2) 向径的坐标表示 $\overrightarrow{OM}=\boldsymbol{r}=(a_1,a_2,a_3)$。

(3) $\overrightarrow{M_1M_2}=(x_2-x_1)\boldsymbol{i}+(y_2-y_1)\boldsymbol{j}+(z_2-z_1)\boldsymbol{k}$。

(4) 向量 $\boldsymbol{a}=a_1\boldsymbol{i}+a_2\boldsymbol{j}+a_3\boldsymbol{k}$ 的模 $|\boldsymbol{a}|=\sqrt{a_1^2+a_2^2+a_3^2}$。

5. 坐标表示下的向量的线性运算

设 $\boldsymbol{a}=a_1\boldsymbol{i}+a_2\boldsymbol{j}+a_3\boldsymbol{k}$,$\boldsymbol{b}=b_1\boldsymbol{i}+b_2\boldsymbol{j}+b_3\boldsymbol{k}$,则有

(1) $\boldsymbol{a}+\boldsymbol{b}=(a_1+b_1)\boldsymbol{i}+(a_2+b_2)\boldsymbol{j}+(a_3+b_3)\boldsymbol{k}$

(2) $\boldsymbol{a}-\boldsymbol{b}=(a_1-b_1)\boldsymbol{i}+(a_2-b_2)\boldsymbol{j}+(a_3-b_3)\boldsymbol{k}$

(3) $\lambda\boldsymbol{a}=\lambda(a_1\boldsymbol{i}+a_2\boldsymbol{j}+a_3\boldsymbol{k})=\lambda a_1\boldsymbol{i}+\lambda a_2\boldsymbol{j}+\lambda a_3\boldsymbol{k}$

6. 向量的数量积

(1) 设向量 $\boldsymbol{a},\boldsymbol{b}$ 之间的夹角为 $\theta(0\leqslant\theta\leqslant\pi)$,则数量积 $\boldsymbol{a}\cdot\boldsymbol{b}=|\boldsymbol{a}||\boldsymbol{b}|\cos\theta$。

向量的数量积满足下列运算规律。

交换律　$\boldsymbol{a}\cdot\boldsymbol{b}=\boldsymbol{b}\cdot\boldsymbol{a}$

结合律　$(\lambda\boldsymbol{a})\cdot\boldsymbol{b}=\lambda(\boldsymbol{a}\cdot\boldsymbol{b})$

分配律　$\boldsymbol{a}\cdot(\boldsymbol{b}+\boldsymbol{c})=\boldsymbol{a}\cdot\boldsymbol{b}+\boldsymbol{a}\cdot\boldsymbol{c}$

(2) 数量积的坐标表示。

设 $\boldsymbol{a}=a_1\boldsymbol{i}+a_2\boldsymbol{j}+a_3\boldsymbol{k}$,$\boldsymbol{b}=b_1\boldsymbol{i}+b_2\boldsymbol{j}+b_3\boldsymbol{k}$,则 $\boldsymbol{a}\cdot\boldsymbol{b}=a_1b_1+a_2b_2+a_3b_3$。

(3) 向量 $\boldsymbol{a}$ 与 $\boldsymbol{b}$ 的夹角余弦。

$$\cos\theta=\frac{\boldsymbol{a}\cdot\boldsymbol{b}}{|\boldsymbol{a}||\boldsymbol{b}|}=\frac{a_xb_x+a_yb_y+a_zb_z}{\sqrt{a_x^2+a_y^2+a_z^2}\sqrt{b_x^2+b_y^2+b_z^2}}\quad(0\leqslant\theta\leqslant\pi)$$

(4) 向量的方向余弦。

设向量 $\boldsymbol{a}=a_1\boldsymbol{i}+a_2\boldsymbol{j}+a_3\boldsymbol{k}$ 与三坐标轴的正向夹角 $\alpha,\beta,\gamma(0\leqslant\alpha,\beta,\gamma\leqslant\pi)$ 称为 $\boldsymbol{a}$ 的方向角,并称 $\cos\alpha,\cos\beta,\cos\gamma$ 为 $\boldsymbol{a}$ 的方向余弦,向量 $\boldsymbol{a}$ 的方向余弦的坐标表示为

$$\cos\alpha=\frac{a_1}{\sqrt{a_1^2+a_2^2+a_3^2}},\quad\cos\beta=\frac{a_2}{\sqrt{a_1^2+a_2^2+a_3^2}},\quad\cos\gamma=\frac{a_3}{\sqrt{a_1^2+a_2^2+a_3^2}}$$

且

$$\cos^2\alpha+\cos^2\beta+\cos^2\gamma=1$$

7. 向量的向量积

(1) 两个向量 $\boldsymbol{a}$ 与 $\boldsymbol{b}$ 的向量积是一个向量,记作 $\boldsymbol{a}\times\boldsymbol{b}$,它的模和方向分别规定如下。

① $|\boldsymbol{a}\times\boldsymbol{b}|=|\boldsymbol{a}||\boldsymbol{b}|\sin\theta$,其中 θ 是向量 $\boldsymbol{a}$ 与 $\boldsymbol{b}$ 的夹角。

② $\boldsymbol{a}\times\boldsymbol{b}$ 的方向既垂直于 $\boldsymbol{a}$ 又垂直于 $\boldsymbol{b}$,并且按顺序 $\boldsymbol{a},\boldsymbol{b},\boldsymbol{a}\times\boldsymbol{b}$ 符合右手法则。

向量的向量积满足下列运算律。

反交换律　$\boldsymbol{a}\times\boldsymbol{b}=-\boldsymbol{b}\times\boldsymbol{a}$

结合律　$(\lambda\boldsymbol{a})\times\boldsymbol{b}=\lambda(\boldsymbol{a}\times\boldsymbol{b})=\boldsymbol{a}\times(\lambda\boldsymbol{b})$　(λ 是实数)

分配律　$\boldsymbol{a}\times(\boldsymbol{b}+\boldsymbol{c})=\boldsymbol{a}\times\boldsymbol{b}+\boldsymbol{a}\times\boldsymbol{c}$

(2) 向量积的坐标表示。

可将 $\boldsymbol{a}\times\boldsymbol{b}$ 表示成一个三阶行列式的形式。

$$\boldsymbol{a}\times\boldsymbol{b}=\begin{vmatrix}\boldsymbol{i}&\boldsymbol{j}&\boldsymbol{k}\\a_x&a_y&a_z\\b_x&b_y&b_z\end{vmatrix}$$

8. 两个重要结论

(1) $\boldsymbol{a}\perp\boldsymbol{b}\Leftrightarrow\boldsymbol{a}\cdot\boldsymbol{b}=0\Leftrightarrow a_1b_1+a_2b_2+a_3b_3=0$

(2) $\boldsymbol{a}/\!/\boldsymbol{b}\Leftrightarrow\boldsymbol{a}=\lambda\boldsymbol{b}\Leftrightarrow\frac{a_1}{b_1}=\frac{a_2}{b_2}=\frac{a_3}{b_3}\Leftrightarrow\boldsymbol{a}\times\boldsymbol{b}=\boldsymbol{0}$

9. 平面方程

(1) 方程类型。

点法式方程：$A(x-x_0)+B(y-y_0)+C(z-z_0)=0$($A,B,C$ 至少有一个不为零)。

一般式方程：$Ax+By+Cz+D=0$ (A,B,C 至少有一个不为零)。

截距式方程：$\frac{x}{a}+\frac{y}{b}+\frac{z}{c}=1$。

(2) 两个平面的位置关系。

设平面Π_1和Π_2的法向量分别为$\boldsymbol{n}_1=(A_1,B_1,C_1)$，$\boldsymbol{n}_2=(A_2,B_2,C_2)$，则有以下结论。

① $\Pi_1\perp\Pi_2\Leftrightarrow\boldsymbol{n}_1\perp\boldsymbol{n}_2\Leftrightarrow A_1A_2+B_1B_2+C_1C_2=0$

② $\Pi_1/\!/\Pi_2\Leftrightarrow\boldsymbol{n}_1/\!/\boldsymbol{n}_2\Leftrightarrow\frac{A_1}{A_2}=\frac{B_1}{B_2}=\frac{C_1}{C_2}\neq\frac{D_1}{D_2}$

(3) 平面Π_1和Π_2的夹角θ，即为两个平面法向量夹角，其公式为

$$\cos\theta=\frac{|\boldsymbol{n}_1\cdot\boldsymbol{n}_2|}{|\boldsymbol{n}_1||\boldsymbol{n}_2|}=\frac{|A_1A_2+B_1B_2+C_1C_2|}{\sqrt{A_1^2+B_1^2+C_1^2}\times\sqrt{A_2^2+B_2^2+C_2^2}}\quad\left(0\leqslant\theta\leqslant\frac{\pi}{2}\right)$$

(4) 点 $P_0(x_0,y_0,z_0)$到平面 $Ax-By+Cz=0$ 的距离公式为

$$d=\frac{|Ax_0+By_0+Cz_0+D|}{\sqrt{A^2+B^2+C^2}}$$

10. 直线方程

(1) 方程类型。

一般式方程：

$$\begin{cases}A_1x+B_1y+C_1z+D_1=0\\A_2x+B_2y+C_2z+D_2=0\end{cases}$$

式中，(A_1,B_1,C_1)与(A_2,B_2,C_2)不成比例。

点向式方程：

$$\frac{x-x_0}{m}=\frac{y-y_0}{n}=\frac{z-z_0}{p}$$

直线的参数方程：

$$\begin{cases}x=x_0+mt\\y=y_0+nt\\z=z_0+pt\end{cases}$$

式中，t 为参数。

(2) 两条直线的位置关系。

设直线 L_1 与 L_2 的方向向量分别为 $\boldsymbol{s}_1=(m_1,n_1,p_1)$，$\boldsymbol{s}_2=(m_2,n_2,p_2)$，则有

① $L_1/\!/L_2\Leftrightarrow\boldsymbol{s}_1/\!/\boldsymbol{s}_2\Leftrightarrow\frac{m_1}{m_2}=\frac{n_1}{n_2}=\frac{p_1}{p_2}$

② $L_1 \perp L_2 \Leftrightarrow \boldsymbol{s}_1 \perp \boldsymbol{s}_2 \Leftrightarrow m_1 m_2 + n_1 n_2 + p_1 p_2 = 0$

③ 两条直线的夹角余弦 $\cos\varphi = |\cos(\widehat{\boldsymbol{s}_1, \boldsymbol{s}_2})| = \dfrac{|m_1 m_2 + n_1 n_2 + p_1 p_2|}{\sqrt{m_1^2 + n_1^2 + p_1^2} \times \sqrt{m_2^2 + n_2^2 + p_2^2}}$

11. 直线与平面的位置关系

设直线和平面的方程分别为$\dfrac{x-x_0}{m} = \dfrac{y-y_0}{n} = \dfrac{z-z_0}{p}$,$Ax-By+Cz=0$,则直线与平面的夹角正弦

$$\sin\varphi = \frac{|\boldsymbol{s} \cdot \boldsymbol{n}|}{|\boldsymbol{s}||\boldsymbol{n}|} = \frac{|Am+Bn+Cp|}{\sqrt{A^2+B^2+C^2} \times \sqrt{m^2+n^2+p^2}} \quad \left(0 \leqslant \varphi \leqslant \frac{\pi}{2}\right)$$

12. 曲面方程

如果曲面 Σ 上每一点的坐标都满足方程 $F(x,y,z)=0$,而不在曲面 Σ 上的点的坐标都不满足方程 $F(x,y,z)=0$,则称方程 $F(x,y,z)=0$ 为曲面方程,称曲面 Σ 为 $F(x,y,z)=0$ 的图形。

(1) 柱面。直线 L 沿定曲线 C 平行移动所形成的曲面称为柱面。定曲线 C 称为柱面的准线,动直线 L 称为柱面的母线。

(2) 旋转曲面。一平面曲线 C 绕与其在同一平面上的直线 L 旋转一周所形成的曲面称为旋转曲面,曲线 C 称为旋转曲面的母线,直线 L 称为旋转曲面的轴。

(3) 常用的曲面方程如表 7-1 所示。

表 7-1

方程名称	具体内容
椭球面方程	$\dfrac{x^2}{a^2}+\dfrac{y^2}{b^2}+\dfrac{z^2}{c^2}=1$,当 $a=b$ 或 $b=c$ 或 $c=a$ 时,为旋转椭球面;当 $a=b=c$ 时,为球面方程
双曲面方程	$\dfrac{x^2}{a^2}+\dfrac{y^2}{b^2}-\dfrac{z^2}{c^2}=\begin{cases}1, & \text{单叶双曲面}\\ -1, & \text{双叶双曲面}\end{cases}$
锥面方程	$\dfrac{x^2}{a}+\dfrac{y^2}{b}+\dfrac{z^2}{c}=0, \quad abc<0$
抛物面方程	$2z=\begin{cases}\dfrac{x^2}{p}+\dfrac{y^2}{q}, \text{椭圆抛物面}\\ \dfrac{x^2}{p}-\dfrac{y^2}{q}, \text{双曲抛物面}\end{cases}, pq>0$
柱面方程	$F(y,z)=0$,母线平行于 x 轴的柱面方程 $F(x,z)=0$,母线平行于 y 轴的柱面方程 $F(x,y)=0$,母线平行于 z 轴的柱面方程
旋转面方程	母线 $\begin{cases}f(y,z)=0\\ x=0\end{cases}$ $\begin{cases}\text{绕 } z \text{ 轴旋转所得旋转面方程}: f(\pm\sqrt{x^2+y^2}, z)=0\\ \text{绕 } z \text{ 轴旋转所得旋转面方程}: f(y, \pm\sqrt{x^2+z^2})=0\end{cases}$

13. 空间曲线在坐标面上的投影

设空间曲线 C 的方程为 $\begin{cases} F(x,y,z)=0 \\ G(x,y,z)=0 \end{cases}$，过曲线 C 上的每一点作 xOy 坐标面的垂线，这些垂线形成了一个母线平行于 z 轴的柱面，称为曲线 C 关于 xOy 坐标面的投影柱面。投影柱面方程 $H(x,y)=0$，这个柱面与 xOy 坐标面的交线称为曲线 C 在 xOy 坐标面的投影曲线，简称为投影，其投影曲线方程为 $\begin{cases} H(x,y)=0 \\ z=0 \end{cases}$。

学习指导

通过这一章的学习可培养学生的空间想象能力，娴熟的向量代数的计算能力和推理、演绎的逻辑思维能力。

1. 本章要求

(1) 理解空间直角坐标系，理解向量的概念及其表示。

(2) 掌握向量的运算(线性运算、数量积、向量积)，掌握两个向量垂直和平行的条件。

(3) 理解单位向量、方向角与方向余弦、向量的坐标表达式，熟练掌握用坐标表达式进行向量运算的方法。

(4) 掌握平面方程和直线方程及其求法。

(5) 会求平面与平面、平面与直线、直线与直线之间的夹角，并会利用平面、直线的相互关系(平行、垂直、相交等)解决有关问题。

(6) 会求点到平面的距离。

(7) 理解曲面方程的概念，了解常用二次曲面的方程及其图形，会求以坐标轴为旋转轴的旋转曲面及母线平行于坐标轴的柱面方程。

(8) 了解空间曲线的一般方程和参数方程。

(9) 了解空间曲线在坐标平面上的投影，并会求其方程。

2. 学习重点

(1) 向量的运算、数量积、向量积的概念。

(2) 两个向量垂直和平行的条件。

(3) 平面方程和直线方程。

(4) 平面与平面、平面与直线、直线与直线之间的相互位置关系的判定条件。

(5) 点到平面的距离。

(6) 常用二次曲面的方程及其图形。

(7) 旋转曲面及母线平行于坐标轴的柱面方程。

(8) 空间曲线的一般方程和参数方程。

3. 学习难点

(1) 向量积的向量运算及坐标运算。

(2) 平面方程和直线方程及其求法。

(3) 二次曲面图形。

(4) 旋转曲面方程。

4. 学习建议

(1) 向量代数的概念比较多,要注意一些最基本的概念和容易混淆的概念。由于向量是有大小、有方向的量,所以向量的运算与数量的运算有本质的区别。此外,必须分清向量坐标与点坐标这两个概念,一般情况下,设 a 的端点的坐标分别为 $A(x_1,y_1,z_1)$,$B(x_2,y_2,z_2)$,则 $a=(x_2-x_1,y_2-y_1,z_2-z_1)$,即向量的坐标与向量的起点及终点的坐标间有下列关系:$x=x_2-x_1,y=y_2-y_1,z=z_2-z_1$。因此,若确定了向量的坐标,这个向量就确定了。

(2) 在学习向量的代数运算时,利用几何或物理模型比较容易掌握。如求向量的加法和减法可以平行四边形或以力的相加或相减为模型,求两向量的数量积可以求力在某段路程上所做的功为模型,求两向量的向量积可以求力关于某点的力矩为模型,并熟练掌握每种运算的算律。

(3) 要熟练掌握平面、直线的各种形式的方程互化,关键在于明确在各种形式的方程中各个量(常量、变量)的几何意义及它们之间的关系,在此基础上,互化是容易做到的。要深刻理解空间直角坐标系下平面的方程是一个关于 x,y,z 的一次方程。反之,任何一个关于 x,y,z 的一次方程都表示一个平面。平面与平面、直线与直线、平面与直线间的位置关系均通过平面的法向量间、直线的方向向量间或平面法向量与直线的方向向量间的位置关系来讨论,因此可归结为向量问题来解决。如两个平面间的夹角问题通过它们的法向量的夹角来解决。

(4) 在学习曲面与空间曲线时,应注意以下两点。

① 空间曲面方程的定义与平面曲线方程的定义相类似,通常将曲面看成具有某种特征性质的空间点的轨迹,用方程 $F(x,y,z)=0$ 来表示。

② 要充分理解空间曲线一般方程的定义。这里强调用通过空间曲线 l 的任意两个曲面的方程来表示,即用通过空间曲线 l 的两个曲面方程联立起来表示空间曲线。若由方程 $F_1(x,y,z)=0$ 和 $F_2(x,y,z)=0$ 表示两个曲面,除去曲线 l:$\begin{cases}F_1(x,y,z)=0\\F_2(x,y,z)=0\end{cases}$上的点是它们的公共点外,再也没有别的公共点,则用$\begin{cases}F_1(x,y,z)=0\\F_2(x,y,z)=0\end{cases}$表示它们交线的方程。但要注意,联立任意的两个曲面方程,它们可能不表示任何空间曲线,如$\begin{cases}x^2+y^2+z^2=1\\x^2+y^2+z^2=2\end{cases}$,从代数上看这是一个矛盾方程组,不存在解;从几何上看,这是两个同心的球面,它们没有任何公共点。

扩展阅读

现代数学史

现代数学时期是指 19 世纪 20 年代至今,抽象代数、拓扑学、泛函分析是整个现代数学科学的主体部分。它们是大学数学专业的课程,非数学专业也要掌握其中某些知识。变量数学时期新兴起的许多学科,蓬勃地向前发展,内容和方法不断地充实、扩大和深入。

19 世纪前半叶,数学上出现两项革命性的发现——非欧几何与不可交换代数。

大约在1826年,人们发现了与通常的欧几里得几何不同的、但也是正确的几何——非欧几何。这是由罗巴契夫斯基和里耶首先提出的。非欧几何的出现,改变了人们认为欧氏几何唯一地存在是天经地义的观点。它的革命思想不仅为新几何学开辟了道路,而且是20世纪相对论产生的前奏和准备。

1854年,黎曼推广了空间的概念,开创了几何学一片更广阔的领域——黎曼几何学。非欧几何学的发现还促进了公理方法的深入探讨,研究可以作为基础的概念和原则,分析公理的完全性、相容性和独立性等问题。1899年,希尔伯特对此作出了重大贡献。

在1843年,哈密顿发现了一种乘法交换律不成立的代数——四元数代数。不可交换代数的出现,改变了人们认为存在与一般的算术代数不同的代数是不可思议的观点。它的革命思想打开了近代代数的大门。

另外,由于一元方程根式求解条件的探究,引进了群的概念。19世纪二三十年代,阿贝尔和伽罗华开创了近代代数的研究。近代代数是相对古典代数来说的,古典代数的内容是以讨论方程的解法为中心的。群论之后,多种代数系统(环、域、格、布尔代数、线性空间等)被建立。这时,代数学的研究对象扩大为向量、矩阵等,并渐渐转向对代数系统结构本身的研究。

上述两大事件和它们引起的发展,被称为几何学的解放和代数学的解放。

19世纪还发生了第三个有深远意义的数学事件:分析的算术化。1874年,威尔斯特拉斯提出了一个引人注目的例子,要求人们对分析基础作更深刻的理解。他提出了被称为"分析的算术化"的著名设想,实数系本身最先应该严格化,然后分析的所有概念应该由此数系导出。他和后继者们使这个设想基本上得以实现,使今天的全部分析可以表明实数系特征的一个公设集中逻辑地推导出来。

19世纪后期,由于狄德金、康托和皮亚诺的工作,这些数学基础已经建立在更简单、更基础的自然数系之上,即他们证明了实数系(由此导出多种数学)能从确立自然数系的公设集中导出。20世纪初期,证明了自然数可用集合论概念来定义,因而各种数学能以集合论为基础来讲述。

拓扑学开始是几何学的一个分支,但是直到20世纪中叶,它才得到了推广。拓扑学可以粗略地定义为对连续性的数学研究。科学家们认识到:任何事物的集合,不管是点的集合、数的集合、代数实体的集合、函数的集合或非数学对象的集合,都能在某种意义上构成拓扑空间。拓扑学的概念和理论已经成功地应用于电磁学和物理学的研究。

上述情况使数学发展呈现出一些比较明显的特点,可以简单地归纳为三个方面:计算机科学的形成,应用数学出现众多的新分支,纯粹数学有若干重大的突破。

应用数学和纯粹数学(或基础理论)从来就没有严格的界限。大体上说,纯粹数学是数学的一部分,它暂时不考虑对其他知识领域或生产实践的直接应用,它间接地推动有关学科的发展或者在若干年后才发现其直接应用;而应用数学,可以说是纯粹数学与科学技术之间的桥梁。

20世纪40年代以后,涌现出了大量新的应用数学科目,内容的丰富、应用的广泛、名目的繁多都是史无前例的。例如,对策论、规划论、排队论、最优化方法、运筹学、信息论、控制论、系统分析、可靠性理论等。这些分支所研究的范围和互相之间的关系很难划清,也有的因为用了很多概率统计的工具又可以看作概率统计的新应用或新分支,还有的可以归入计算机科学中等。

现代数学虽然呈现出多姿多彩的局面,但是它的主要特点可以概括如下:①数学的对象、内容在深度和广度上都有了很大的发展,分析学、代数学、几何学的思想、理论和方法都发生了惊人的变化,数学的不断分化、不断综合的趋势都在加强;②电子计算机进入数学领域,产生巨大而深远的影响;③数学渗透到几乎所有的科学领域,并且起着越来越大的作用,纯粹数学不断向纵深发展,数理逻辑和数学基础已经成为整个数学大厦的基础。

总复习题七

1. 填空题。

(1) 设数 $\lambda_1,\lambda_2,\lambda_3$ 不全为 0,使得 $\lambda_1\boldsymbol{a}+\lambda_2\boldsymbol{b}+\lambda_3\boldsymbol{c}=0$,则 $\boldsymbol{a},\boldsymbol{b},\boldsymbol{c}$ 三个向量是______。

(2) 设 $\boldsymbol{a},\boldsymbol{b},\boldsymbol{c}$ 都是单位向量,且满足 $\boldsymbol{a}+\boldsymbol{b}+\boldsymbol{c}=0$,则 $\boldsymbol{a}\cdot\boldsymbol{b}+\boldsymbol{b}\cdot\boldsymbol{c}+\boldsymbol{c}\cdot\boldsymbol{a}=$________。

(3) 在 y 轴上与点 $A(1,-3,7)$,$B(5,7-5)$等距离的点是________。

(4) yOz 面上的直线 $2z=y$ 绕 z 轴旋转所得旋转面的方程为__________。

(5) 在空间直角坐标系下,方程__________________________的图形是__________,$z=x^2+1$ 的图形是________,$x^2-y^2+2z^2=0$ 的图形是________,$(y-2)(z-2)=0$ 的图形是________,$\begin{cases}y-2=0\\z-2=0\end{cases}$的图形是________,$\begin{cases}\dfrac{x^2}{a^2}-\dfrac{y^2}{b^2}=1\\z=0\end{cases}$的图形是________。

(6) 曲面 $(z-a)^2=x^2+y^2$ 是由________________绕________轴旋转一周所形成的。

(7) 若柱面的母线平行于某条坐标轴,则柱面方程的特点是____________。

(8) 球面 $x^2+y^2+z^2-2x+4y-4z-7=0$ 的球心是点______,半径 $R=$________。

2. 选择题。

(1) 空间点 $P(1,2,3)$关于坐标原点的对称点是(　　)。

A. $(1,-2,3)$　　B. $(-1,2,3)$

C. $(1,2,-3)$　　D. $(-1,-2,-3)$

(2) 点 $P(4,-3,5)$到 y 轴的距离为(　　)。

A. $\sqrt{41}$　　B. $\sqrt{34}$　　C. $\sqrt{5}$　　D. $\sqrt{21}$

(3) 在空间直角坐标系中,点 $P(-3,-5,1)$位于第(　　)卦限。

A. Ⅴ　　B. Ⅳ　　C. Ⅱ　　D. Ⅲ

(4) 与直线$\dfrac{x-1}{4}=\dfrac{y-2}{-1}=\dfrac{z-3}{2}$垂直的平面方程是(　　)。

A. $x+2y+3z-4=0$　　B. $3x+2y+z-1=0$

C. $4x-y+2z-3=0$　　D. $4x+y-2z-6=0$

(5) 空间曲线$\begin{cases}x^2+y^2+z^2=64\\x^2+2y^2=25\end{cases}$在 yOz 坐标面上的投影曲线方程是(　　)。

A. $\begin{cases}x^2+2y^2=64\\z=0\end{cases}$　　B. $\begin{cases}z^2-y^2=39\\x=0\end{cases}$

C. $\begin{cases}x^2+2z^2=103\\y=0\end{cases}$　　D. $\begin{cases}x^2+y^2+z^2=64\\x=0\end{cases}$

(6) 设平面方程为 $Ax+Cz+D=0$，且 $A,C,D\neq 0$，则平面(　　)。

A. 平行于 x 轴　　B. 平行于 y 轴

C. 经过 y 轴　　D. 垂直于 y 轴

(7) 下列方程中所示曲面是双叶旋转双曲面的是(　　)。

A. $x^2+y^2+z^2=1$　　B. $x^2+y^2=4z$

C. $x^2-\frac{y^2}{4}+z^2=1$　　D. $\frac{x^2+y^2}{9}-\frac{z^2}{16}=-1$

(8) 设向量 $\boldsymbol{Q}$ 与三轴正向夹角依次为 α,β,γ，当 $\cos\beta=0$ 时，有(　　)。

A. $\boldsymbol{Q}/\!/xOy$ 面　　B. $\boldsymbol{Q}/\!/yOz$ 面

C. $\boldsymbol{Q}/\!/xOz$ 面　　D. $\boldsymbol{Q}\perp xOz$ 面

3. 解答题。

(1) 求过点 $(3,0,-1)$ 且与平面 $3x-7y+5z-12=0$ 平行的平面方程。

(2) 求过点 $(0,2,4)$ 且与两平面 $x+2z=1$ 和 $y-3z=2$ 平行的直线方程。

(3) 求直线 $\begin{cases}x+y+3z=0\\x-y-z=0\end{cases}$ 与平面 $x-y-z+1=0$ 的夹角 φ。

(4) 求通过三平面 $2x+y-z=0$，$x-3y+z+1=0$ 和 $x+y+z-3=0$ 的交点，且平行于平面 $x+y+2z=0$ 的平面方程。

(5) 决定 λ 使直线 $\frac{x-1}{1}=\frac{y+1}{2}=\frac{z-1}{\lambda}$ 与直线 $\frac{x+1}{1}=\frac{y-1}{1}=\frac{z}{1}$ 相交。

(6) 求曲线 $\begin{cases}x^2+y^2+z^2=4\\y=z\end{cases}$ 在各坐标面上的投影方程。

考研真题

1. 填空题。

(1) 点 $(4,3,10)$ 关于直线 $\frac{x-1}{2}=\frac{y-2}{4}=\frac{z-3}{5}$ 的对称点是__________。

(2) 点 $(2,1,0)$ 到平面 $3x+4y+5z=0$ 的距离是__________。

(3) 已知两条直线 $l_1:\frac{x-1}{1}=\frac{y-2}{0}=\frac{z-3}{-1}$ 和 $l_2:\frac{x+2}{2}=\frac{y-1}{1}=\frac{z}{1}$，则过 l_1 且平行于 l_2 的平面方程是__________。

2. 选择题。

(1) 设直线 $l_1:\frac{x-1}{1}=\frac{y-5}{-2}=\frac{z+8}{1}$ 与 $l_2:\begin{cases}x-y=6\\2y+z=3\end{cases}$，则 l_1 与 l_2 的夹角为(　　)。

A. $\frac{\pi}{6}$　　B. $\frac{\pi}{4}$　　C. $\frac{\pi}{3}$　　D. $\frac{\pi}{2}$

(2) 设有直线$\begin{cases}x+3y+2z+1=0\\2x-y-10z+3=0\end{cases}$及平面 $4x-2y+z-2=0$,则直线(　　)。

A. 平行于平面　　B. 在平面上

C. 垂直于平面　　D. 与平面斜交

3. 求与两直线$\begin{cases}x=1\\y=-1+t\\z=2+t\end{cases}$及$\dfrac{x+1}{1}=\dfrac{y+2}{2}=\dfrac{z-1}{1}$都平行,且过原点的平面方程。

4. 求过点 $m=(1,2,-1)$且与直线$\begin{cases}x=2-t\\y=-4+3t\\z=-1+t\end{cases}$垂直的平面方程。

5. 设$(\boldsymbol{a}\times\boldsymbol{b})\cdot\boldsymbol{c}=2$,求$[(\boldsymbol{a}+\boldsymbol{b})\times(\boldsymbol{b}+\boldsymbol{c})]\cdot(\boldsymbol{c}+\boldsymbol{a})$。

6. 设一平面经过原点及点$(6,-3,2)$,且与平面 $4x-y+2z=8$ 垂直,求此平面方程。

第八章 多元函数微分学

前面几章我们讨论的函数都只有一个自变量，这种函数称为一元函数。但在自然科学和工程技术中所遇到的函数，往往依赖于两个或更多个自变量，自变量多于一个的函数通常称为多元函数。多元函数的概念及其微分学是一元函数及其微分学的推广和发展，它们有许多类似之处，但某些地方也有重大区别。本章将在一元函数微分学的基础上，讨论多元函数的微分法及其应用。讨论中以二元函数为主，二元函数的有关理论和方法可以类推到二元以上的多元函数。

第一节 多元函数的基本概念

多元函数中二元函数是最简单的，将一元函数的许多概念推广到二元函数时会产生许多新的问题，而从二元函数到二元以上的多元函数则可以类推。所以我们在学习多元函数时，重点学习二元函数。

一、平面点集与 n 维空间

1. 邻域与平面点集

由平面解析几何知道，当在平面上引入一个直角坐标系后，平面上的点 P 与有序二元实数组 (x,y) 之间一一对应。于是，常把有序实数组 (x,y) 与平面上的点 P 视作等同的。这种建立了坐标系的平面称为坐标平面。

坐标平面上具有某种性质 P 的点的集合称为平面点集，记作

$$E=\{(x,y)\mid (x,y)\text{具有性质 }P\}$$

例如，坐标平面上所有点构成的点集是

$$R^2=\{(x,y)\mid x,y\in\mathbf{R}\}$$

设 $P_0(x_0,y_0)$ 为平面点集 E 上的一个点，δ 为一个正数，与点 $P_0(x_0,y_0)$ 的距离小于 δ 的点 $P(x,y)$ 所成的集合称为点 P_0 的 δ 邻域，记作 $U(P_0,\delta)$[或 $U(P_0)$]，即

$$U(P_0,\delta)=\{P\mid |PP_0|<\delta\}$$

也就是

$$U(P_0,\delta)=\{(x,y)\mid \sqrt{(x-x_0)^2+(y-y_0)^2}<\delta\}$$

点 P_0 的去心 δ 邻域为

$$\overset{\circ}{U}(P_0,\delta)=\{(x,y)\mid 0<\sqrt{(x-x_0)^2+(y-y_0)^2}<\delta\}$$

邻域的几何意义：$U(P_0,\delta)$表示 xOy 平面上以点 $P_0(x_0,y_0)$为中心，$\delta>0$ 为半径的圆的内部的点 $P(x,y)$的全体(图 8-1)。

$\overset{0}{U}(P_0,\delta)$只是比$U(P_0,\delta)$少了一个点 P_0(图 8-2)。

下面利用邻域来研究平面上的点与平面点集的关系。

内点：设 E 为平面点集，P 为一点，如果存在$U(P)$，使得$U(P)\subset E$，则 P 称为 E 的内点(图 8-3 中 P_1 为 E 的内点)。

外点：设 E 为平面点集，P 为一点，如果存在 $U(P)$，使得 $U(P)\cap E=\varnothing$，则 P 称为 E 的外点(图 8-3 中 P_2 为 E 的外点)。

边界点：设 E 为平面点集，P 为一点，如果 P 的任何邻域既含有属于 E 的点，又含有不属于 E 的点，则 P 称为 E 的边界点(图 8-3 中 P_3 为 E 的边界点)。

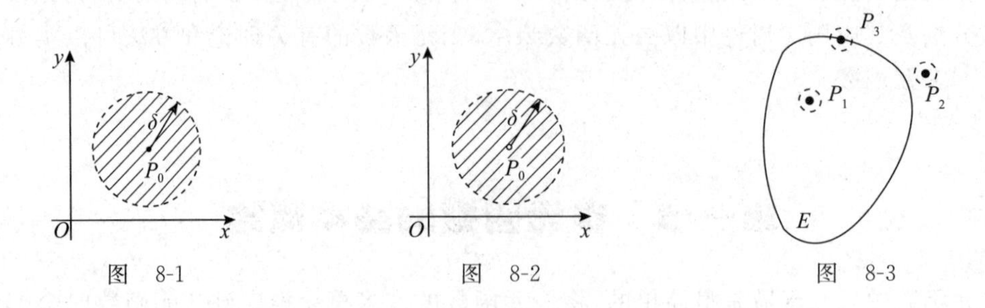

图 8-1　　图 8-2　　图 8-3

边界：平面点集 E 的边界点的全体称为 E 的边界，记为∂E。

注意：E 的内点一定属于 E；E 的外点一定不属于 E；E 的边界点可能属于 E，也可能不属于 E。

聚点：设 E 为平面点集，P 为一点，如果 P 的任何去心邻域 $\overset{0}{U}(P,\delta)$内总含有 E 中的点，即对于任何 $\delta>0$，$\overset{0}{U}(P,\delta)\cap E\neq\varnothing$，则 P 称为 E 的聚点。

由定义，点集 E 的聚点可以属于 E，也可以不属于 E。

例如，平面点集$\{(x,y)\mid x^2+y^2=1\}$中的点是 $E_1=\{(x,y)\mid x^2+y^2<1\}$的聚点，也是 $E_2=\{(x,y)\mid x^2+y^2\leqslant 1\}$的聚点。

根据点集所属点的特征来定义一些重要的平面点集。

开集：如果点集 E 的点都是 E 的内点，则 E 称为开集。

闭集：如果点集 E 的余集 E^{C} 是开集，则 E 称为闭集。

例如，$E_3=\{(x,y)\mid x^2+y^2<1\}$为开集；$E_4=\{(x,y)\mid x^2+y^2\leqslant 1\}$为闭集；$E_5=\{(x,y)\mid 1<x^2+y^2\leqslant 2\}$既不是开集，也不是闭集。

连通集：如果点集 E 中的任何两点总可用完全属于 E 的折线连接，则 E 称为连通集。

区域：连通的开集称为区域(开区域)。

闭区域：区域连同其边界构成的集合称为闭区域。

例如，$E_6=\{(x,y)\mid x^2+y^2<1\}$为开区域；$E_7=\{(x,y)\mid x^2+y^2\leqslant 1\}$为闭区域；$E_8=\{(x,y)\mid 1<x^2+y^2\leqslant 2\}$既不是开区域，也不是闭区域。

有界集：对于平面点集 E，如果存在某一正数 r，使得 $E\subset U(O,r)$，则 E 称为有界集；否则，E 称为无界集。

例如，$E_9=\{(x,y)\mid 1<x^2+y^2\leqslant 2\}$为有界集；$E_{10}=\{(x,y)\mid x+y>0\}$为无界集。

2. n 维空间

设 n 为取定的一个正整数，集合$\{(x_1,x_2,\cdots,x_n)\mid x_i\in\mathbf{R},i=1,2,\cdots,n\}$记为 R^n。而每个 n 元数组 $x=(x_1,x_2,\cdots,x_n)$称为集合中的一个点，数 x_i 称为该点的第 i 个坐标。

如果 R^n 中得任意两点 $x=(x_1,x_2,\cdots,x_n)$，$y=(y_1,y_2,\cdots,y_n)$满足线性运算

$$x+y=(x_1+y_1,x_2+y_2,\cdots,x_n+y_n)$$

$$\lambda x=(\lambda x_1,\lambda x_2,\cdots,\lambda x_n)\quad(\lambda\in\mathbf{R})$$

则 R^n 称为 n 维空间。

R^n 中两点间 $x=(x_1,x_2,\cdots,x_n)$，$y=(y_1,y_2,\cdots,y_n)$的距离定义为 $\sqrt{(y_1-x_1)^2+(y_2-x_2)^2+\cdots+(y_n-x_n)^2}$。

特殊地，当 $n=1,2,3$ 时，可为数轴、平面、空间两点间的距离。

二、多元函数的概念

在实际问题中，往往会遇到一个变量会依赖两个或更多的变量，就是我们通常讲的多元函数。

例如，长方形的面积 S 与它的长 a 和宽 b 有关系式

$$S=ab$$

这里 S,a,b 是三个变量，当 a,b 在一定范围$(a>0,b>0)$内取定一对数值时，根据给定的关系，S 就有唯一确定的值与之对应。

又如，圆锥的体积 V，底半径 r，高 h 有如下关系式

$$V=\frac{1}{3}\pi r^2h$$

式中，r,h 是两个独立的自变量，当它们在 $r>0,h>0$ 范围内取值时，V 就有唯一的值与之对应。

再如，对平面上任一点(x,y)，当 $x^2+y^2\neq 0$ 时，有值 $z=\dfrac{xy}{x^2+y^2}$与之对应；当 $x^2+y^2=0$ 时，有 $z=0$ 与之对应，则 z 是自变量 x,y 的函数，记为

$$z=\begin{cases}\dfrac{xy}{x^2+y^2} & x^2+y^2\neq 0\\ 0 & x^2+y^2=0\end{cases}$$

以上三个例子虽然具体意义各不相同，且函数的表达式形式也不同，但它们都有共同的性质，即都是一个量依赖于两个独立取值的自变量，是两个变量的函数，我们把这个共同的性质抽象出来，可以得出二元函数的定义。

定义 8-1　设 D 是 R^2 的一个非空子集，称映射 $f:D\to R$ 为定义在 D 上的二元函数，记为

$$z=f(x,y)\quad[(x,y)\in D]$$

或

$$z=f(P)\quad(P\in D)$$

式中,x,y 为自变量;z 为因变量;点集 D 称为函数的定义域,集合

$$f(D)=\{z\,|\,z=f(x,y),(x,y)\in D\}$$

称为函数的值域。

与一元函数相仿,二元函数的记号 f 也是可以任意选取的。例如,可以记为 $z=\varphi(x,y)$,$z=h(x,y)$等。

类似地,可以定义三元函数 $u=f(x,y,z)$,$(x,y,z)\in D$,以及 n 元函数 $u=f(x_1,x_2,\cdots,x_n)$,$(x_1,x_2,\cdots,x_n)\in D$,或 $u=f(P)$,$P(x_1,x_2,\cdots,x_n)\in D$。

同一元函数一样,定义域和对应关系是二元函数的两个要素。由解析式给出的函数$z=f(x,y)$,它的定义域是使函数表达式有意义的点(x,y)的全体,可用不等式或不等式组表示,对应用问题中的函数,则要根据自变量的具体意义来确定它的范围。

【例 8-1】 求 $z=\ln(x+y)$的定义域。

解 要使 $z=\ln(x+y)$有意义,必须有

$$x+y>0$$

故所求函数的定义域为

$$D=\{(x,y)\,|\,x+y>0\}$$

即它的定义域为 $x+y=0$ 上方的点集(8-4)。

【例 8-2】 求函数 $z=\sqrt{x-\sqrt{y}}$ 的定义域。

解 要使 $z=\sqrt{x-\sqrt{y}}$ 有意义,必须有

$$y\geqslant 0,\quad x\geqslant\sqrt{y}$$

故所求函数的定义域为

$$D=\{(x,y)\,|\,0\leqslant y\leqslant x^2\}$$

即它的定义域为抛物线 $y=x^2$ 的右侧外部在 x 轴上方的点集(图 8-5)。

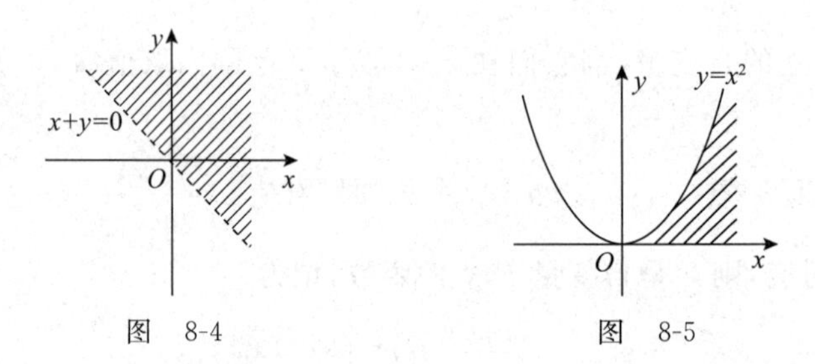

图 8-4　　图 8-5

二元函数的几何意义:设函数 $z=f(x,y)$的定义域是 xOy 坐标面上的一个点集 D,对于 D 上每一点 $P(x,y)$,对应的函数值为 $z=f(x,y)$。这样,在空间直角坐标系下,以 x 为横坐标,y 为纵坐标,$z=f(x,y)$为竖坐标,在空间就确定了一个点 $M(x,y,z)$。当点 $P(x,y)$取遍 D 上的所有点时,得到一个空间点集

$$\{(x,y,z)\,|\,z=f(x,y),(x,y)\in D\}$$

这个点集称为二元函数 $z=f(x,y)$的图形。

例如,$z=x^2+y^2$ 的图形为旋转抛物面;$z=\sqrt{1-x^2-y^2}$ 的图形为上半球面,而其定义域就是此曲面在 xOy 平面上的投影

$$D=\{(x,y)\,|\,x^2+y^2\leqslant 1\}$$

【例 8-3】 求 $u=\sqrt{R^2-x^2-y^2-z^2}+\sqrt{x^2+y^2+z^2-r^2}\quad(R>r)$的定义域。

解　要使原式有意义，必须满足

$$\begin{cases}x^2+y^2+z^2\leqslant R^2\\ x^2+y^2+z^2\geqslant r^2\end{cases}$$

故函数的定义域为 $D=\{(x,y)\mid r^2\leqslant x^2+y^2+z^2\leqslant R^2\}$(图 8-6)，即其定义域是球心在原点，半径为 r 与 R 的两个同心球面之间的部分，它包括两个球面上的所有点的集合。

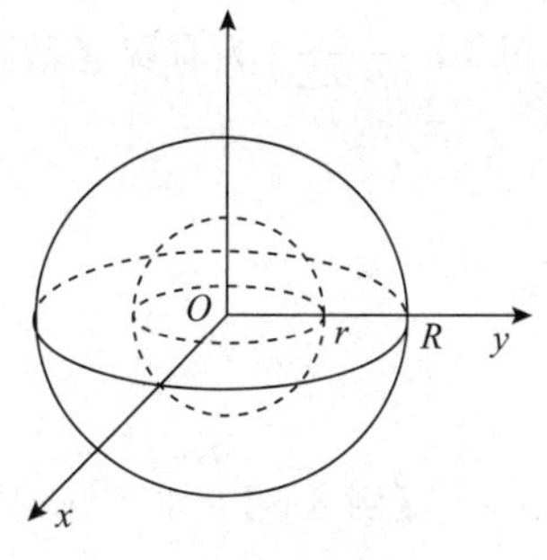

图　8-6

三、多元函数的极限

与一元函数的极限类似，多元函数的极限也是反映函数值随自变量变化而变化的趋势，只是自变量的变化过程复杂了。我们先讨论二元函数 $z=f(x,y)$当 $P(x,y)\to P_0(x_0,y_0)$时的极限。

对于二元函数 $z=f(x,y)$，$P(x,y)\to P_0(x_0,y_0)$表示

$$|PP_0|=\sqrt{(x-x_0)^2+(y-y_0)^2}\to 0$$

设 $z=f(x,y)$的定义域为 D，P_0 是 D 的聚点，当 $P(x,y)\in D$ 且 P 沿任意方向趋向于 P_0 时，对应的函数值 $z=f(x,y)$无限接近于常数 A，则称常数 A 为 $z=f(x,y)$当 $P\to P_0$ 时的极限。下面用 ε-δ 语言给出二元函数极限的定义。

** **定义 8-2**　设函数 $z=f(x,y)$的定义域为 D，$P_0(x_0,y_0)$是其聚点，如果对于任意给定的正数 ε，总存在正数 δ，使得对于适合不等式 $0<|PP_0|=\sqrt{(x-x_0)^2+(y-y_0)^2}<\delta$ 的一切点 $P(x,y)$，都有 $|f(x,y)-A|<\varepsilon$ 成立，则称 A 为函数 $z=f(x,y)$当 $P(x,y)\to P_0(x_0,y_0)$时的极限(也称二重极限)，记为

$$\lim_{(x,y)\to(x_0,y_0)} f(x,y)=A \text{ 或 } f(x,y)\to A\quad[(x,y)\to(x_0,y_0)]$$

也记作

$$\lim_{P\to P_0} f(P)=A \text{ 或 } f(P)\to A\quad(P\to P_0)$$

从极限定义知，多元函数的极限与一元函数的极限类似，所以可以把一元函数求极限的许多方法搬到多元函数的极限上来。

【例 8-4】 求 $\lim\limits_{(x,y)\to(2,0)}\dfrac{\sin(xy)}{y}$。

解　$\lim\limits_{(x,y)\to(2,0)}\dfrac{\sin(xy)}{y}=\lim\limits_{(x,y)\to(2,0)}\dfrac{\sin(xy)}{xy}x=\lim\limits_{(x,y)\to(2,0)}\dfrac{\sin(xy)}{xy}\lim\limits_{(x,y)\to(2,0)}x=2$。

*【例 8-5】 设函数 $f(x,y)=(x+y)\sin\dfrac{1}{x^2+y^2}$，证明

$$\lim_{(x,y)\to(0,0)} f(x,y)=0$$

证　函数 $f(x,y)=(x+y)\sin\dfrac{1}{x^2+y^2}$在原点无定义，但在去心领域内除去(0,0)均有定义，故可以考虑该函数在原点是否有极限的问题。

因为当 $x\to 0$，$y\to 0$ 时

$$|x+y|\leqslant|x|+|y|\to 0$$

而 $\sin\dfrac{1}{x^2+y^2}$ 为有界函数,有界函数与无穷小的乘积仍为无穷小。所以

$$(x+y)\sin\frac{1}{x^2+y^2}\to 0$$

即

$$\lim_{(x,y)\to(0,0)}f(x,y)=0$$

*【例 8-6】 求 $\lim\limits_{(x,y)\to(0,0)}\dfrac{x^2y}{x^2+y^2}$。

解 因为当 $x\to 0,y\to 0$ 时

$$\left|\frac{x^2y}{x^2+y^2}\right|\leqslant|y|\to 0$$

由夹逼准则得

$$\lim_{(x,y)\to(0,0)}\frac{x^2y}{x^2+y^2}=0$$

学习二元函数的极限必须注意以下两点。

(1) 点 $P(x,y)\to P_0(x_0,y_0)$ 是指点 P 可以沿任何方向、任何途径无限趋于 P_0,而一元函数极限中的 $x\to x_0$ 是指 x 沿着 x 轴无限趋于 x_0。

(2) 如果点 P 只取某些特殊方式,函数值逼近某一确定值,并不能断定函数的极限一定存在;而点 P 沿不同方式趋于点 P_0 时,函数值逼近不同的值,则极限 $\lim\limits_{P\to P_0}f(P)$ 必不存在。

*【例 8-7】 证明 $\lim\limits_{(x,y)\to(0,0)}\dfrac{x}{x+y}$ 不存在。

证 (1) 当 (x,y) 沿直线 $x=0$,即 y 轴趋于 $(0,0)$ 时,有

$$\lim_{\substack{x=0\\y\to 0}}\frac{x}{x+y}=\lim_{y\to 0}\frac{0}{0+y}=0$$

(2) 当 (x,y) 沿直线 $y=0$,即 x 轴趋于 $(0,0)$ 时,有

$$\lim_{\substack{y=0\\x\to 0}}\frac{x}{x+y}=\lim_{x\to 0}\frac{x}{0+x}=1$$

所以 $P(x,y)$ 沿不同的路径趋向于原点时所得的极限值不同,故极限不存在。

*【例 8-8】 证明 $\lim\limits_{(x,y)\to(0,0)}\dfrac{x^3y}{x^6+y^2}$ 不存在。

证 当 $P(x,y)$ 沿 $y=kx^3$ 趋于 $(0,0)$ 时,则有

$$\lim_{(x,y)\to(0,0)}\frac{x^3y}{x^6+y^2}=\lim_{\substack{(x,y)\to(0,0)\\y=kx^3}}\frac{x^3\cdot kx^3}{x^6+k^2x^6}=\frac{k}{1+k^2}$$

其值随 k 的不同而变化,故极限不存在。

确定极限不存在的方法有以下两种。

(1) 找两种不同的趋近方式,使 $\lim\limits_{(x,y)\to(x_0,y_0)}f(x,y)$ 存在,但两者不相等,此时可断定 $f(x,y)$ 在点 $P_0(x_0,y_0)$ 处极限不存在。

(2) 令 $P(x,y)$ 沿 $y=kx$ 趋近于 $P_0(x_0,y_0)$，若极限值与 k 有关，则可断定极限不存在。

四、多元函数的连续性

有了多元函数极限的概念，就不难理解多元函数的连续性。

定义 8-3　设二元函数 $f(x,y)$ 的定义域为 D，$P_0(x_0,y_0)\in D$，如果

$$\lim_{(x,y)\to(x_0,y_0)} f(x,y)=f(x_0,y_0)$$

则称二元函数 $f(x,y)$ 在点 P_0 处连续。如果 $f(x,y)$ 在点 P_0 处不连续，则称 P_0 是函数 $f(x,y)$ 的间断点。

如果函数 $f(x,y)$ 在区域(或闭区域) D 的每一点都连续，则称函数 $f(x,y)$ 在 D 上连续，或者说 $f(x,y)$ 是 D 上的连续函数。

例如，$f(x,y)=\dfrac{1}{y-x^2}$ 在抛物线 $y=x^2$ 上无定义，所以抛物线 $y=x^2$ 上的点都是函数 $f(x,y)$ 的间断点。

由 x 和 y 的基本初等函数经过有限次的四则运算和复合所构成的并可用一个式子表示的二元函数称为二元初等函数。一切二元初等函数在其定义区域内都是连续的。所谓定义区域，是指包含在定义域内的区域或闭区域。

与一元函数连续性类似，二元连续函数经过有限次四则运算和复合运算后仍为二元连续函数。利用这个结论，当要求某个二元初等函数在其定义区域内一点的极限时，只要算出函数在该点的函数值即可。

【例 8-9】　求 $\lim\limits_{(x,y)\to(2,2)}(x^2-y^2+2)$。

解　因为 $z=x^2-y^2+2$ 是初等函数，且其定义域是整个 xOy 平面，因此在 xOy 面上任一点处 z 都是连续的，根据二元函数连续性的定义，故 $z=x^2-y^2+2$ 在 $P_0(2,2)$ 处的极限就是其在点 $P_0(2,2)$ 处的函数值，所以有

$$\lim_{(x,y)\to(2,2)}(x^2-y^2+2)=2^2-2^2+2=2$$

【例 8-10】　求极限 $\lim\limits_{(x,y)\to(1,0)}\dfrac{\ln(x+e^y)}{\sqrt{x^2+y^2}}$。

解　$f(x,y)=\dfrac{\ln(x+e^y)}{\sqrt{x^2+y^2}}$ 为初等函数，其定义域为

$$D=\{(x,y)\mid x^2+y^2\neq 0\}$$

因(1,0)为聚点，故

$$\lim_{(x,y)\to(1,0)}\frac{\ln(x+e^y)}{\sqrt{x^2+y^2}}=\frac{\ln 2}{1}=\ln 2$$

【例 8-11】　求 $\lim\limits_{(x,y)\to(0,0)}\dfrac{xy}{\sqrt{xy+1}-1}$。

解　$$\lim_{(x,y)\to(0,0)}=\frac{xy(\sqrt{xy+1}+1)}{(\sqrt{xy+1}+1)(\sqrt{xy+1}-1)}=\lim_{(x,y)\to(0,0)}(\sqrt{xy+1}+1)=2$$

【例 8-12】 讨论二元函数

$$f(x,y)=\begin{cases}\dfrac{xy}{x^2+y^2} & (x^2+y^2\neq 0)\\ 0 & (x^2+y^2=0)\end{cases}$$

的连续性。

解 其定义域 $D=R^2$,$O(0,0)$是 D 的聚点。当 $x^2+y^2\neq 0$ 时,$f(x,y)=\dfrac{xy^2}{x^2+y^2}$显然连续。若 $P(x,y)$沿 x 轴方向趋近于$O(0,0)$时,有

$$\lim_{(x,y)\to(0,0)} f(x,y)=\lim_{\substack{(x,y)\to(0,0)\\ y=0}} f(x,y)=\lim_{x\to 0} f(x,0)=\lim_{x\to 0} 0=0$$

若 $P(x,y)$沿 $x=y$ 方向趋近于$O(0,0)$时,有

$$\lim_{(x,y)\to(0,0)} f(x,y)=\lim_{\substack{(x,y)\to(0,0)\\ y=x}} f(x,y)=\lim_{x\to 0}\frac{x^2}{2x^2}=\lim_{x\to 0}\frac{1}{2}=\frac{1}{2}$$

因此,当 $P(x,y)\to O(0,0)$时,$f(x,y)$没有极限。$f(x,y)$当$(x,y)\to(0,0)$时的极限不存在,所以原函数不连续,点$O(0,0)$是该函数的一个间断点。

在有界闭区域 D 上连续的二元函数具有以下三个定理。

定理 8-1(最值定理) 如果二元函数 $z=f(x,y)$在有界闭区域 D 上连续,则在 D 上一定取得最大值和最小值。

定理 8-2(有界性定理) 如果二元函数 $z=f(x,y)$在有界闭区域 D 上连续,则在 D 上一定有界。

定理 8-3(介值定理) 在有界闭区域 D 上的多元连续函数必取得介于最大值和最小值之间的任何值。

习题 8-1

1. 写出下列函数的定义域 D,并绘出定义域的图形。

(1) $z=\sqrt{x}+y$　　(2) $z=\dfrac{1}{\sqrt{x+y}}+\dfrac{1}{\sqrt{x-y}}$

(3) $z=\sqrt{1-\dfrac{x^2}{a^2}-\dfrac{y^2}{b^2}}$　　(4) $u=\arccos\dfrac{z}{\sqrt{x^2+y^2}}$

(5) $z=\ln(-x-y)$　　(6) $z=\sqrt{R^2-x^2-y^2}$

2. 设 $f(x,y)=x^2+xy+y^2$,求 $f(1,3)$。

3. 设 $f(x,y)=\dfrac{xy}{x+y}$,求 $f(x+y,x-y)$。

4. 求下列极限。

(1) $\lim\limits_{(x,y)\to(0,1)}\dfrac{1-xy}{x^2+y^2}$　　(2) $\lim\limits_{(x,y)\to(0,0)}(x^2+y^2)\sin\dfrac{1}{xy}$

(3) $\lim\limits_{(x,y)\to(0,0)}\dfrac{xye^x}{4-\sqrt{16+xy}}$　　(4) $\lim\limits_{(x,y)\to(0,0)}\dfrac{2-\sqrt{xy+4}}{xy}$

5. 求下列函数的不连续点。

(1) $z=\dfrac{1}{2x-y}$　　(2) $z=\ln(1-x^2-y^2)$

6. 考察 $\lim\limits_{(x,y)\to(0,0)}\dfrac{2xy}{x^2+y^2}$ 是否存在。

第二节　偏　导　数

一元函数的导数反映了函数因变量随自变量的变化而变化的情况，对于多元函数，我们也同样需要研究类似的问题，由于多元函数的自变量不止一个，因变量与自变量的关系也比一元函数复杂得多，因此我们可从特殊情况入手，先研究二元函数的偏导数问题，然后可以将所得到的结论应用到 $n(n>2)$ 元函数上。

一、偏导数的定义及计算

在研究二元函数时，有时要求当其中一个自变量固定不变时，函数关于另一个自变量的变化率，此时的二元函数实际上转化为一元函数。因此利用一元函数的导数概念，可以得到二元函数对某一个自变量的变化率。这就产生了偏导数的概念。

定义 8-4　设函数 $z=f(x,y)$ 在点 (x_0,y_0) 的某个邻域内有定义，固定 $y=y_0$，得到一个一元函数 $f(x,y_0)$。若自变量 x 在 x_0 处有改变量 Δx 时，相应的函数 z 有关于 x 的增量（称为偏增量）

$$\Delta_x z=f(x_0+\Delta x,y_0)-f(x_0,y_0)$$

如果

$$\lim_{\Delta x\to 0}\frac{\Delta_x z}{\Delta x}=\lim_{\Delta x\to 0}\frac{f(x_0+\Delta x,y_0)-f(x_0,y_0)}{\Delta x}$$

存在，则称此极限为函数 $z=f(x,y)$ 在点 (x_0,y_0) 处对变量 x 的偏导数，记作

$$\left.\frac{\partial z}{\partial x}\right|_{\substack{x=x_0\\y=y_0}},\left.\frac{\partial f}{\partial x}\right|_{\substack{x=x_0\\y=y_0}},z'_x(x_0,y_0)\text{或 }f'_x(x_0,y_0)$$

即

$$f'_x(x_0,y_0)=\lim_{\Delta x\to 0}\frac{\Delta_x z}{\Delta x}=\lim_{\Delta x\to 0}\frac{f(x_0+\Delta x,y_0)-f(x_0,y_0)}{\Delta x}$$

同样，函数 $z=f(x,y)$ 在点 (x_0,y_0) 处对 y 的偏导数可定义为

$$\lim_{\Delta y\to 0}\frac{\Delta_y z}{\Delta y}=\lim_{\Delta y\to 0}\frac{f(x_0,y_0+\Delta y)-f(x_0,y_0)}{\Delta y}$$

记作

$$\left.\frac{\partial z}{\partial y}\right|_{\substack{x=x_0\\y=y_0}},\left.\frac{\partial f}{\partial y}\right|_{\substack{x=x_0\\y=y_0}},z'_y(x_0,y_0)\text{或 }f'_y(x_0,y_0)$$

式中，$\Delta_y z=f(x_0,y_0+\Delta y)-f(x_0,y_0)$ 称为函数 $z=f(x,y)$ 在点 (x_0,y_0) 处关于变量 y 的偏增量。

如果函数 $z=f(x,y)$ 在区域 D 内每一点 (x,y) 处对变量 x 的偏导数都存在，那么这个偏导数一般仍然是 x,y 的函数，称之为 $z=f(x,y)$ 对自变量 x 的偏导函数，记作

$$\frac{\partial z}{\partial x},\quad \frac{\partial f}{\partial x},\quad z_x(x,y)\quad 或\quad f_x(x,y)$$

类似地，可以定义函数 $z=f(x,y)$ 对自变量 y 的偏导函数，记作

$$\frac{\partial z}{\partial y},\quad \frac{\partial f}{\partial y},\quad z_y(x,y)\quad 或\quad f_y(x,y)$$

显然，$f_x(x_0,y_0)$ 与 $f_y(x_0,y_0)$ 分别是偏导函数 $f_x(x,y)$ 与 $f_y(x,y)$ 在点 (x_0,y_0) 处的函数值，即

$$f_x(x_0,y_0)=f_x(x,y),\qquad f_y(x_0,y_0)=f_y(x,y)$$

在不至于混淆的情况下，偏导函数也称偏导数。

偏导数的概念同样可推广到 n 元函数。例如，三元函数 $U=f(x,y,z)$ 在点 (x,y,z) 处对自变量 x 的偏导数可定义为

$$f_x(x,y,z)=\lim_{\Delta x\to 0}\frac{f(x+\Delta x,y,z)-f(x,y,z)}{\Delta x}$$

式中，点 (x,y,z) 是函数 $f(x,y,z)$ 的定义域的内点。

由偏导数的定义可知，计算偏导数归结为计算一元函数的导数。在求多元函数对某个自变量的偏导数时，只需把其余自变量看作常量，按照一元函数的求导法则求导。

【例 8-13】 求 $z=x^y(x>0)$ 的偏导数。

解 对 x 求导时，将 y 看作常量，函数就是 $z=x^y$ 变量 x 的幂函数，所以 $\frac{\partial z}{\partial x}=yx^{y-1}$；对 y 求导时，将 x 看作常量，函数就是 $z=x^y$ 变量 y 的指数函数，所以 $\frac{\partial z}{\partial y}=x^y\ln x$。

【例 8-14】 求 $z=\frac{x}{\sqrt{x^2+y^2}}$ 的偏导数。

解

$$\frac{\partial z}{\partial x}=\frac{\sqrt{x^2+y^2}-x\frac{x}{\sqrt{x^2+y^2}}}{x^2+y^2}=\frac{y^2}{(x^2+y^2)^{3/2}}$$

$$\frac{\partial z}{\partial y}=-\frac{x}{x^2+y^2}\cdot\frac{y}{\sqrt{x^2+y^2}}=\frac{-xy}{(x^2+y^2)^{3/2}}$$

【例 8-15】 设 $z=f(x,y)=x^2+y^2+3xy$，求 $f_x(1,2)$，$f_y(1,2)$。

解 这是求在定点的偏导数，可以先求导再代入。

把 y 看作常量得

$$f_x(1,2)=(2x+3y)\big|_{(1,2)}=8$$

把 x 看作常量得

$$f_y(1,2)=(3x+2y)\big|_{(1,2)}=7$$

【例 8-16】 设 $f(x,y)=(x-2)^2y^2+(y-1)\arcsin\sqrt{\frac{x}{y}}$，求 $f_x(2,1)$，$f_y(0,1)$。

解 由于函数直接求导比较复杂，我们可以采用先代入再求导的方法。

依题设，$f(x,1)=(x-2)^2\cdot 1^2$，于是 $f_x(2,1)=2(x-2)\big|_{x=2}=0$。

同理，$f(0,y)=4y^2$，于是 $f_y(0,1)=8y|_{y=1}=8$。

【例 8-17】 已知函数 $z=\frac{y}{x}$，证明 $\frac{\partial z}{\partial y}\frac{\partial y}{\partial x}\frac{\partial x}{\partial z}=-1$。

证
$$\frac{\partial z}{\partial y}=\frac{1}{x},\quad \frac{\partial y}{\partial x}=z,\quad \frac{\partial x}{\partial z}=-\frac{y}{z^2}$$
$$\frac{\partial z}{\partial y}\frac{\partial y}{\partial x}\frac{\partial x}{\partial z}=\frac{1}{x}z\left(-\frac{y}{z^2}\right)=-1$$

注意：对一元函数来说，$\frac{\mathrm{d}y}{\mathrm{d}x}$ 可看作函数的微分 $\mathrm{d}y$ 与自变量的微分 $\mathrm{d}x$ 之商。但对二元函数而言，$\frac{\partial y}{\partial x}\left(或\frac{\partial z}{\partial y}\right)$ 则只能看作整体记号，不能理解为分子分母之商。另外，在求分界点、不连续点处的偏导数时要用定义求。例如，设 $f(x,y)=\begin{cases}\frac{xy}{x^2+y^2}, & x^2+y^2\neq 0\\ 0, & x^2+y^2=0\end{cases}$，求 $f_x(0,0)$，$f_y(0,0)$。

类似于一元函数的情形，$f(x,y)$ 在 $(0,0)$ 处的两个偏导数我们需按定义计算。按定义有
$$f_x(0,0)=\lim_{\Delta x\to 0}\frac{\Delta_x z}{\Delta x}=\lim_{\Delta x\to 0}\frac{f(0+\Delta x,0)-f(0,0)}{\Delta x}=\lim_{\Delta x\to 0}\frac{0-0}{\Delta x}=0$$
类似地，可求得 $f_y(0,0)=0$。

由上一节我们已经知道，函数 $z=f(x,y)$ 在点 $(0,0)$ 处不连续，而本例表明 $z=f(x,y)$ 在点 $(0,0)$ 处的两个偏导数都存在。因此，对于二元函数来说，点 (x_0,y_0) 处的偏导数存在，并不能保证函数在该点连续，这与一元函数可导必定连续的关系有所区别。

一元函数 $y=f(x)$ 在 $x=x_0$ 处的导数的几何意义是平面曲线 $y=f(x)$ 在点 x_0 处切线的斜率，而二元函数 $z=f(x,y)$ 在点 (x_0,y_0) 处的偏导数实际上是一元函数 $z=f(x,y_0)$ 及 $z=f(x_0,y)$ 分别在点 $x=x_0$ 及 $y=y_0$ 处的导数，因此二元函数 $z=f(x,y)$ 的偏导数的几何意义也是曲线切线的斜率，只是该曲线为空间曲线。具体来说，$\frac{\partial z}{\partial x}$ 即为曲线 $\begin{cases}z=f(x,y)\\ y=y_0\end{cases}$ 在点 $[x_0,y_0,f(x_0,y_0)]$ 处的切线对 x 轴的斜率，而 $\frac{\partial z}{\partial y}$ 则是曲线 $\begin{cases}z=f(x,y)\\ x=x_0\end{cases}$ 在 $[x_0,y_0,f(x_0,y_0)]$ 处的切线对 y 轴的斜率（图 8-7）。

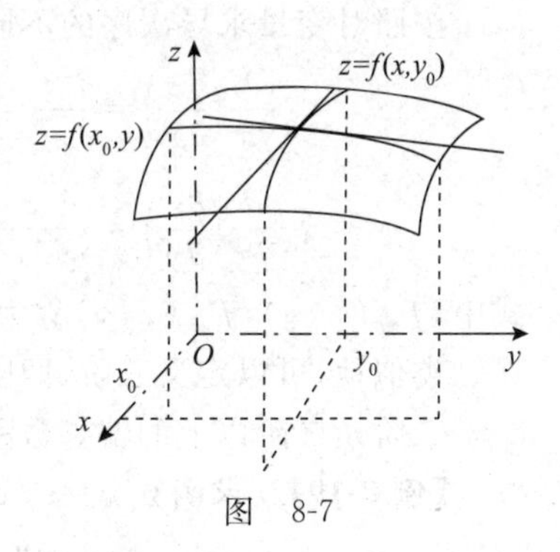

图　8-7

【例 8-18】 曲线 $\begin{cases}z=\frac{x^2+y^2}{4}\\ y=4\end{cases}$ 在点 $(2,4,5)$ 处的切线与 x 轴的正方向所成的角度是多少？

解　$\frac{\partial z}{\partial x}=\frac{x}{2}$，即 $\tan\alpha=\frac{\partial z}{\partial x}\Big|_{x=2}=\frac{2}{2}=1$，所以 $\alpha=\frac{\pi}{4}$。即曲线在点 $(2,4,5)$ 处的切线与 x 轴的正方向所成的角度是 $45°$。

*二、偏导数的经济意义

设某产品的需求量 $Q=Q(p,y)$，其中 p 为该产品的价格，y 为消费者收入。

记需求量 Q 对价格 p、消费者收入 y 的偏改变量分别为

$$\Delta_p Q=Q(p+\Delta p,y)-Q(p,y)$$
$$\Delta_y Q=Q(p,y+\Delta y)-Q(p,y)$$

易见，$\dfrac{\Delta_p Q}{\Delta p}$表示 Q 对价格 p 由 p 变到 $p+\Delta p$ 的平均变化率，而$\dfrac{\partial Q}{\partial p}=\lim\limits_{\Delta p\to 0}\dfrac{\Delta_p Q}{\Delta p}$表示当价格为 p、收入为 y 时，Q 对 p 的变化率，称

$$E_p=\lim_{\Delta p\to 0}\frac{\Delta_p Q/Q}{\Delta p/p}=-\frac{\partial Q}{\partial p}\cdot\frac{p}{Q}$$

为需求 Q 对价格 p 的偏弹性。

同理，$\dfrac{\Delta_y Q}{\Delta y}$表示 Q 对收入 y 由 y 变到 $y+\Delta y$ 的平均变化率，而$\dfrac{\partial Q}{\partial y}=\lim\limits_{\Delta y\to 0}\dfrac{\Delta_y Q}{\Delta y}$表示当价格为 p、消费者收入为 y 时，Q 对 y 的变化率，称

$$E_y=\lim_{\Delta y\to 0}\frac{\Delta_y Q/Q}{\Delta y/y}=-\frac{\partial Q}{\partial y}\cdot\frac{y}{Q}$$

为需求 Q 对收入 y 的偏弹性。

三、高阶偏导数

设函数 $z=f(x,y)$在区域 D 内具有偏导数 $f_x(x,y)$，$f_y(x,y)$，通常情况下，它们仍然是自变量 x，y 的函数。如果 $f_x(x,y)$，$f_y(x,y)$的偏导数也存在，则称它们为函数 $f(x,y)$的二阶偏导数。

按照对变量求导次序的不同，二元函数的二阶偏导数有四个，它们分别为

$$\frac{\partial}{\partial x}\left(\frac{\partial z}{\partial x}\right)=\frac{\partial^2 z}{\partial x^2}=f_{xx}(x,y),\qquad \frac{\partial}{\partial y}\left(\frac{\partial z}{\partial x}\right)=\frac{\partial^2 z}{\partial x\partial y}=f_{xy}(x,y)$$
$$\frac{\partial}{\partial x}\left(\frac{\partial z}{\partial y}\right)=\frac{\partial^2 z}{\partial y\partial x}=f_{yx}(x,y),\qquad \frac{\partial}{\partial y}\left(\frac{\partial z}{\partial y}\right)=\frac{\partial^2 z}{\partial y^2}=f_{yy}(x,y)$$

式中，$f_{yx}(x,y)$，$f_{xy}(x,y)$称为二阶混合偏导数。

类似地，可以定义三阶、四阶、……、n 阶偏导数。

二阶及二阶以上的偏导数称为高阶偏导数。

【例 8-19】 求函数 $u=e^{ax}\cos by$ 的二阶偏导数。

解

$$\frac{\partial u}{\partial x}=a e^{ax}\cos by,\quad \frac{\partial u}{\partial y}=-b e^{ax}\sin by$$

所以有

$$\frac{\partial^2 u}{\partial x^2}=\frac{\partial}{\partial x}(a e^{ax}\cos by)=a^2 e^{ax}\cos by$$
$$\frac{\partial^2 u}{\partial y^2}=\frac{\partial}{\partial y}(-b e^{ax}\sin by)=-b^2 e^{ax}\cos by$$

$$\frac{\partial^2 u}{\partial x \partial y}=\frac{\partial}{\partial y}(a\mathrm{e}^{ax}\cos by)=-ab\mathrm{e}^{ax}\sin by$$

$$\frac{\partial^2 u}{\partial y \partial x}=\frac{\partial}{\partial x}(-b\mathrm{e}^{ax}\sin by)=-ab\mathrm{e}^{ax}\sin by$$

【例 8-20】 设 $z=\arctan\frac{y}{x}$，试求$\frac{\partial^2 z}{\partial x\partial y},\frac{\partial^2 z}{\partial y\partial x}$。

解

$$\frac{\partial z}{\partial x}=\frac{1}{1+\left(\frac{y}{x}\right)^2}\left(-\frac{y}{x^2}\right)=\frac{-y}{x^2+y^2}$$

$$\frac{\partial z}{\partial y}=\frac{1}{1+\left(\frac{y}{x}\right)^2}\frac{1}{x}=\frac{x}{x^2+y^2}$$

所以有

$$\frac{\partial^2 z}{\partial x\partial y}=\frac{\partial}{\partial y}\left(\frac{-y}{x^2+y^2}\right)=\frac{(-1)(x^2+y^2)-(-y)(0+2y)}{(x^2+y^2)^2}=\frac{y^2-x^2}{(x^2+y^2)^2}$$

$$\frac{\partial^2 z}{\partial y\partial x}=\frac{\partial}{\partial x}\left(\frac{x}{x^2+y^2}\right)=\frac{(x^2+y^2)-x(2x+0)}{(x^2+y^2)^2}=\frac{y^2-x^2}{(x^2+y^2)^2}$$

例 8-19、例 8-20 中两个混合偏导数都相等，即

$$\frac{\partial^2 z}{\partial x\partial y}=\frac{\partial^2 z}{\partial y\partial x}$$

这并不是偶然的，事实上有下述定理。

定理 8-4　如果函数 $z=f(x,y)$的两个二阶混合偏导数$\frac{\partial^2 z}{\partial y\partial x}$及$\frac{\partial^2 z}{\partial x\partial y}$在区域 D 内连续，那么在该区域内这两个二阶混合偏导数必定相等。

换句话说，二阶混合偏导数在连续条件下与求导的次序无关。

对于二元以上的函数，也可以类似地定义高阶偏导数：只要混合高阶偏导数连续，则其结果与对各自变量求偏导的次序无关。

【例 8-21】　$u=x^3\sin y+y^3\sin x$，求$\frac{\partial^3 u}{\partial x^2\partial y}$。

解

$$\frac{\partial u}{\partial x}=3x^2\sin y+y^3\cos x$$

于是有

$$\frac{\partial^2 u}{\partial x^2}=6x\sin y-y^3\sin x$$

所以

$$\frac{\partial^3 u}{\partial x^2\partial y}=6x\cos y-3y^2\sin x$$

习题 8-2

1. 求下列函数的偏导数。

(1) $u=xy+\frac{x}{y}$ (2) $u=\tan\frac{x}{y}$

(3) $u=\frac{x}{\sqrt{x^2+y^2}}$ (4) $z=\ln xy$

(5) $u=x\sin(x+y)$ (6) $u=e^{xy}$

(7) $u=\left(\frac{x}{y}\right)^z$ (8) $z=x^3y^2-3xy^3-xy+1$

2. 求下列函数在给定点的偏导数。

(1) $z=\ln(x+\ln y)$,在点$(1,e)$ (2) $z=xy^2$,在点$(1,2)$

(3) $z=e^{-\sin x}(x+2y)$,在点$(0,1)$

3. 求下列函数的高阶偏导数。

(1) $z=\sin^2(ax+by)$ (2) $u=x\ln(x+y)$

4. 曲线$\begin{cases}z=\sqrt{1+x^2+y^2}\\x=1\end{cases}$在点$(1,1,\sqrt{3})$处的切线与 y 轴正方向所成的角度是多少?

5. 验证函数 $u(x,y)=\ln\sqrt{x^2+y^2}$ 满足拉普拉斯方程$\frac{\partial^2 u}{\partial x^2}+\frac{\partial^2 u}{\partial y^2}=0$。

第三节 全微分及其应用

我们已经知道,二元函数对某个自变量的偏导数表示当其中一个自变量固定时,因变量对另一个自变量的变化率。根据一元函数微分学中增量与微分的关系可得

$$f(x+\Delta x,y)-f(x,y)\approx f_x(x,y)\Delta x$$

$$f(x,y+\Delta y)-f(x,y)\approx f_y(x,y)\Delta y$$

上面两式左端分别称为二元函数对 x 和对 y 的偏增量,而右端分别称为二元函数对 x 和对 y 的偏微分。

在实际问题中,有时需要研究多元函数中各个自变量都取得增量时因变量所获得的增量,即所谓全增量的问题。下面以二元函数为例进行讨论。

如果函数 $z=f(x,y)$在点 $P(x,y)$的某邻域内有定义,并设 $P'(x+\Delta x,y+\Delta y)$为该邻域内的任意一点,则称 $f(x+\Delta x,y+\Delta y)-f(x,y)$为函数在点 P 对应自变量增量 Δx,Δy 的全增量,记为 Δz,即

$$\Delta z=f(x+\Delta x,y+\Delta y)-f(x,y)$$

一般来说,计算全增量比较复杂。与一元函数的情形类似,我们也希望利用关于自变量增量 Δx,Δy 的线性函数来近似地代替函数的全增量 Δz,由此引入关于二元函数全微分的定义。

一、全微分的定义

定义 8-5 如果函数 $z=f(x,y)$在点(x,y)的全增量 $\Delta z=f(x+\Delta x,y+\Delta y)-f(x,y)$可表

示为 $\Delta z=A\Delta x+B\Delta y+o(\rho)$，其中 A,B 是不依赖于 Δx 和 Δy 而仅与 x,y 有关的常数，$\rho=\sqrt{(\Delta x)^2+(\Delta y)^2}$，则称函数 $z=f(x,y)$ 在点 (x,y) 处可微分，而 $A\Delta x+B\Delta y$ 称为函数 $z=f(x,y)$ 在点 (x,y) 处的全微分，记作 $\mathrm{d}z$，即

$$\mathrm{d}z=A\Delta x+B\Delta y$$

如果函数在区域 D 内各点处都可微分，则称该函数在 D 内可微分。

二元函数的全微分概念可以类比地推广到多元函数。

下面我们来研究二元函数 $z=f(x,y)$ 在点 (x_0,y_0) 处可微的性质和条件。

二、函数可微分的条件

关于二元函数的可微性有以下三个定理。

定理 8-5　如果函数 $z=f(x,y)$ 在点 (x,y) 处可微分，则函数 $z=f(x,y)$ 在点 (x,y) 处一定连续。

证　由函数 $z=f(x,y)$ 在点 (x,y) 处可微分，可知

$$\Delta z=A\Delta x+B\Delta y+o(\rho)$$

于是有

$$\lim_{(\Delta x,\Delta y)\to(0,0)}\Delta z=\lim_{(\Delta x,\Delta y)\to(0,0)}(A\Delta x+B\Delta y)+\lim_{(\Delta x,\Delta y)\to(0,0)}o(\rho)=0$$

即函数 $z=f(x,y)$ 在点 (x,y) 处连续。

推论　如果函数 $z=f(x,y)$ 在点 (x,y) 处不连续，则函数 $z=f(x,y)$ 在点 (x,y) 处不可微。

定理 8-6(必要条件)　如果函数 $z=f(x,y)$ 在点 (x,y) 处可微分，则该函数在点 (x,y) 处的偏导数 $\frac{\partial z}{\partial x},\frac{\partial z}{\partial y}$ 必定存在，且有 $A=\frac{\partial z}{\partial x},B=\frac{\partial z}{\partial y}$。

证　因为函数 $z=f(x,y)$ 在点 (x,y) 处可微，所以其全增量可以表示为

$$\Delta z=A\Delta x+B\Delta y+o(\rho)$$

式中，$\rho=\sqrt{(\Delta x)^2+(\Delta y)^2}$，而 A,B 与 Δx 和 Δy 无关。

上式对任意的 Δx、Δy 都成立，特别地，当 $\Delta y=0$ 时有

$$\Delta z=\Delta_x z=f(x+\Delta x,y)-f(x,y)=A\Delta x+o(\rho)$$

而此时 $\rho=|\Delta x|$，两端同时除以 Δx 得

$$\frac{\Delta_x z}{\Delta x}=A+\frac{o(\rho)}{\Delta x}$$

因此

$$\lim_{\Delta x\to 0}\frac{\Delta_x z}{\Delta x}=\lim_{\Delta x\to 0}\left[A+\frac{o(\rho)}{\Delta x}\right]=A$$

即偏导数 $\frac{\partial z}{\partial x}$ 存在，且 $\frac{\partial z}{\partial x}=A$。

同理可证 $\frac{\partial z}{\partial y}$ 存在，且 $\frac{\partial z}{\partial y}=B$。

由此可知，当函数 $z=f(x,y)$ 在点 (x,y) 处可微时，必有

$$dz=\frac{\partial z}{\partial x}\Delta x+\frac{\partial z}{\partial y}\Delta y$$

类似于一元函数，规定 $\Delta x=dx$，$\Delta y=dy$，则有

$$dz=\frac{\partial z}{\partial x}dx+\frac{\partial z}{\partial y}dy \tag{8-1}$$

一元函数在某点的导数存在是微分存在的充分必要条件，但对于二元函数来说情形就不同了。例如，函数 $f(x,y)=\begin{cases}\dfrac{xy}{x^2+y^2}, & x^2+y^2\neq 0\\ 0, & x^2+y^2=0\end{cases}$ 在点(0,0)处的两个偏导数 $f_x(0,0)$，$f_y(0,0)$存在且有 $f_x(0,0)=f_y(0,0)$。而由第一节知，该函数在点(0,0)处不连续，结合定理 8-5 的推论知，该函数在点(0,0)处一定不可微，即该函数在点(0,0)处偏导存在但不可微。

由此可见，对于多元函数而言，偏导数存在并不一定可微。因为函数的偏导数仅描述了函数在一点处沿坐标轴方向的变化率，而全微分描述了函数沿各个方向的变化情况，但如果对偏导数再加些条件，就可以保证函数的可微性。

定理 8-7(充分条件)　如果函数 $z=f(x,y)$在点(x,y)处的某一邻域内偏导数$\frac{\partial z}{\partial x}$，$\frac{\partial z}{\partial y}$存在且连续，则函数 $z=f(x,y)$在该点可微分。

证明略。

以上关于二元函数全微分的概念可以类似地推广到三元和三元以上的函数。例如，三元函数 $u=f(x,y,z)$，如果三个偏导数$\frac{\partial u}{\partial x}$，$\frac{\partial u}{\partial y}$，$\frac{\partial u}{\partial z}$连续，则它可微且其全微分可表示为

$$du=\frac{\partial u}{\partial x}dx+\frac{\partial u}{\partial y}dy+\frac{\partial u}{\partial z}dz$$

【例 8-22】　计算函数 $z=x^2y^3$ 的全微分。

解　因为$\frac{\partial z}{\partial x}=2xy^3$，$\frac{\partial z}{\partial y}=3x^2y^2$，所以

$$dz=2xy^3dx+3x^2y^2dy$$

【例 8-23】　计算函数 $z=\ln(x^2+y^2)$在点(2,1)处的全微分。

解　因为$\frac{\partial z}{\partial x}=\frac{2x}{x^2+y^2}$，$\frac{\partial z}{\partial y}=\frac{2y}{x^2+y^2}$，所以

$$dz=\frac{\partial z}{\partial x}dx+\frac{\partial z}{\partial y}dy=\frac{4}{5}dx+\frac{2}{5}dy$$

【例 8-24】　计算函数 $u=x^2+\sin\frac{y}{2}+\arctan\frac{z}{y}$的全微分。

解　因为$\frac{\partial u}{\partial x}=2x$，$\frac{\partial u}{\partial y}=\frac{1}{2}\cos\frac{y}{2}-\frac{z}{y^2+z^2}$，$\frac{\partial u}{\partial z}=\frac{y}{y^2+z^2}$，所以

$$du=2x\,dx+\left(\frac{1}{2}\cos\frac{y}{2}-\frac{z}{y^2+z^2}\right)dy+\frac{y}{y^2+z^2}dz$$

*三、全微分在近似计算中的应用

由二元函数的全微分的定义可知，若函数 $z=f(x,y)$ 在点 (x,y) 处可微，且 $|\Delta x|$，$|\Delta y|$ 很小时，则

$$\Delta z=f(x+\Delta x,y+\Delta y)-f(x,y)\approx \mathrm{d}z=\frac{\partial z}{\partial x}\mathrm{d}x+\frac{\partial z}{\partial y}\mathrm{d}y \tag{8-2}$$

或

$$f(x+\Delta x,y+\Delta y)\approx f(x,y)+\frac{\partial z}{\partial x}\mathrm{d}x+\frac{\partial z}{\partial y}\mathrm{d}y \tag{8-3}$$

用这两个公式可以计算二元函数的近似值。

【例 8-25】 利用公式(8-3)求 $(1.01)^{2.99}$ 的近似值。

解 设 $z=f(x,y)=x^y$，则

$$f_x(x,y)=yx^{y-1},\quad f_y(x,y)=x^y\ln x$$

取 $x=1,\Delta x=0.01,y=3,\Delta y=-0.01$，于是

$$\begin{aligned}(1.01)^{2.99}&=f(1.01,2.99)=f(1+0.01,3-0.01)\\&\approx f(1,3)+f_x(1,3)\times 0.01+f_y(1,3)\times(-0.01)=1.03\end{aligned}$$

【例 8-26】 利用公式(8-3)求 $\sqrt{(2.98)^2+(4.01)^2}$ 的近似值。

解 设 $z=\sqrt{x^2+y^2}$，则全微分

$$\mathrm{d}z=\frac{x}{\sqrt{x^2+y^2}}\Delta x+\frac{y}{\sqrt{x^2+y^2}}\Delta y$$

由近似关系 $\Delta z\approx \mathrm{d}z$，得

$$\sqrt{(x+\Delta x)^2+(y+\Delta y)^2}\approx\sqrt{x^2+y^2}+\frac{x}{\sqrt{x^2+y^2}}\Delta x+\frac{y}{\sqrt{x^2+y^2}}\Delta y$$

上式中取 $x=3,\Delta x=-0.02,y=4,\Delta y=0.01$，得

$$\begin{aligned}\sqrt{(2.98)^2+(4.01)^2}&\approx\sqrt{3^2+4^2}+\frac{3}{\sqrt{3^2+4^2}}\times(-0.02)+\frac{4}{\sqrt{3^2+4^2}}\times 0.01\\&=5-0.012+0.008=4.996\end{aligned}$$

【例 8-27】 设某产品的生产函数是 $Q=4L^{\frac{3}{4}}K^{\frac{1}{4}}$，其中 Q 是产量，L 是劳力投入，K 是资金投入。现在劳力投入由 256 增加到 258，资金投入由 10 000 增加到 10 500，问产量大约增加多少？

解 因为 $\frac{\partial Q}{\partial L}=3L^{-\frac{1}{4}}K^{\frac{1}{4}}$，$\frac{\partial Q}{\partial K}=L^{\frac{3}{4}}K^{-\frac{3}{4}}$，所以，当 $L=256,\Delta L=2,K=10\ 000,\Delta K=500$ 时，则

$$\Delta Q\approx \mathrm{d}Q=3\times 256^{-\frac{1}{4}}\times 10\ 000^{\frac{1}{4}}\times 2+256^{\frac{3}{4}}\times 10\ 000^{-\frac{3}{4}}\times 500=47$$

即产量大约增加 47 个单位。

习题 8-3

1. 设 $z=x^2y$，当 $\Delta x=0.1,\Delta y=0.2$ 时，在点(1,2)处，求 Δz 和 $\mathrm{d}z$。

2. 求下列函数的全微分。

(1) $z=\sqrt{x^2+y^2}$　　(2) $z=e^x\cos y$

(3) $u=\arcsin\dfrac{s}{t}$　　(4) $u=\ln(x^2+y^2+z^2)$

(5) $u=(xy)^z$　　(6) $u=x^{yz}$

3. 试求下列函数的全微分的值。

(1) $z=y\cos(x-2y)$,当 $x=\dfrac{\pi}{4}$,$y=\pi$,$dx=\dfrac{\pi}{4}$,$dy=\pi$ 时。

(2) $z=e^{xy}$,当 $x=1$,$y=2$,$dx=-0.1$,$dy=0.1$ 时。

*4. 当圆柱形的半径 R 由 2 分米增到 2.05 分米,高 H 由 10 分米减到 9.8 分米时,试用公式 $\Delta V\approx dV$ 求体积 V 的近似变化。

*5. 利用函数的微分代替函数的增量,近似计算 $0.97^{1.06}$。

*第四节　多元复合函数的求导法则

这一节主要讨论如何求多元复合函数的偏导数,仍以二元函数为主进行讨论。

一、链式法则

先讨论复合函数的中间变量均为一元函数的情形。

定理 8-8　如果函数 $u=\varphi(x)$ 及 $v=\psi(x)$ 在点 x 处可导,函数 $z=f(u,v)$ 在对应点 (u,v) 处具有连续偏导数,则复合函数 $z=f[\varphi(x),\psi(x)]$ 在点 x 处可导,且

$$\frac{dz}{dx}=\frac{\partial z}{\partial u}\frac{du}{dx}+\frac{\partial z}{\partial v}\frac{dv}{dx} \tag{8-4}$$

证　设 x 取得增量 Δx,则 $u=\varphi(x)$,$v=\psi(x)$ 分别有对应的增量 Δu,Δv,因此函数 $z=f(u,v)$ 相应地取得增量 Δz。已知函数 $z=f(u,v)$ 在点 (u,v) 处具有连续偏导数,根据全微分公式有

$$\Delta z=\frac{\partial z}{\partial u}\Delta u+\frac{\partial z}{\partial v}\Delta v+\varepsilon_1\Delta u+\varepsilon_2\Delta v$$

这里,当 $\Delta u\to 0$,$\Delta v\to 0$ 时,$\varepsilon_1\to 0$,$\varepsilon_2\to 0$,将上式两边同时除以 Δx,得

$$\frac{\Delta z}{\Delta x}=\frac{\partial z}{\partial u}\frac{\Delta u}{\Delta x}+\frac{\partial z}{\partial v}\frac{\Delta v}{\Delta x}+\varepsilon_1\frac{\Delta u}{\Delta x}+\varepsilon_2\frac{\Delta v}{\Delta x} \tag{8-5}$$

因为当 $\Delta x\to 0$ 时,$\Delta u\to 0$,$\Delta v\to 0$,故 $\dfrac{\Delta u}{\Delta x}\to\dfrac{du}{dx}$,$\dfrac{\Delta v}{\Delta x}\to\dfrac{dv}{dx}$,因此当 $\Delta x\to 0$ 时,对式(8-5)两端取极限,得

$$\frac{dz}{dx}=\frac{\partial z}{\partial u}\frac{du}{dx}+\frac{\partial z}{\partial v}\frac{dv}{dx}$$

定理证毕。

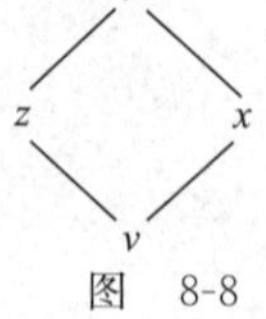

其链式法则如图 8-8 所示。

图　8-8

定理 8-8 的结论可以推广到复合函数的中间变量多于两个的情形。例如，设 $z=f(u,v,w)$，而 $u=\varphi(x)$，$v=\psi(x)$，$\omega=\omega(x)$，则有

$$\frac{\mathrm{d}z}{\mathrm{d}x}=\frac{\partial z}{\partial u}\frac{\mathrm{d}u}{\mathrm{d}x}+\frac{\partial z}{\partial v}\frac{\mathrm{d}v}{\mathrm{d}x}+\frac{\partial z}{\partial \omega}\frac{\mathrm{d}\omega}{\mathrm{d}x} \tag{8-6}$$

上面讨论的复合函数虽然中间变量有多个，但自变量都只有一个，像这种复合函数用式(8-4)、式(8-6)求得的导数$\frac{\mathrm{d}z}{\mathrm{d}x}$称为全导数。

【例 8-28】 设 $z=\arcsin(x-y)$，而 $x=3t$，$y=4t^3$，求导数$\frac{\mathrm{d}z}{\mathrm{d}t}$。

解 $$\frac{\mathrm{d}z}{\mathrm{d}t}=\frac{\partial z}{\partial x}\frac{\mathrm{d}x}{\mathrm{d}t}+\frac{\partial z}{\partial y}\frac{\mathrm{d}y}{\mathrm{d}t}=\frac{3}{\sqrt{1-(x-y)^2}}-\frac{1}{\sqrt{1-(x-y)^2}}12t^2=\frac{3(1-4t^2)}{\sqrt{1-(3t-4t^3)^2}}$$

下面研究复合函数的中间变量是多元函数的情形。

定理 8-9 设函数 $u=\varphi(x,y)$，$v=\psi(x,y)$ 在点 (x,y) 处的偏导数都存在，函数 $z=f(u,v)$ 在点 (x,y) 的对应点 (u,v) 处可微，则复合函数

$$z=f[\varphi(x,y),\psi(x,y)] \tag{8-7}$$

在点 (x,y) 处对 x 及对 y 的偏导数存在，且

$$\frac{\partial z}{\partial x}=\frac{\partial z}{\partial u}\frac{\partial u}{\partial x}+\frac{\partial z}{\partial v}\frac{\partial v}{\partial x} \tag{8-8}$$

$$\frac{\partial z}{\partial y}=\frac{\partial z}{\partial u}\frac{\partial u}{\partial y}+\frac{\partial z}{\partial v}\frac{\partial v}{\partial y} \tag{8-9}$$

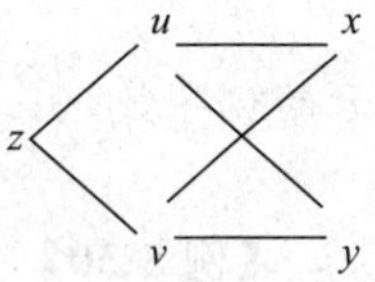

图　8-9

其链式法则如图 8-9 所示。

类似地，若中间变量多于两个，如设 $u=\varphi(x,y)$，$v=\psi(x,y)$ 及 $\omega=\omega(x,y)$ 都在点 (x,y) 处具有对 x 及对 y 的偏导数，且函数 $z=f(u,v,\omega)$ 在对应点 (u,v,ω) 处具有连续偏导数，则复合函数

$$z=f[\varphi(x,y),\psi(x,y),\omega(x,y)] \tag{8-10}$$

在点 (x,y) 处的两个偏导数都存在，且

$$\frac{\partial z}{\partial x}=\frac{\partial z}{\partial u}\frac{\partial u}{\partial x}+\frac{\partial z}{\partial v}\frac{\partial v}{\partial x}+\frac{\partial z}{\partial \omega}\frac{\partial \omega}{\partial x} \tag{8-11}$$

$$\frac{\partial z}{\partial y}=\frac{\partial z}{\partial u}\frac{\partial u}{\partial y}+\frac{\partial z}{\partial v}\frac{\partial v}{\partial y}+\frac{\partial z}{\partial \omega}\frac{\partial \omega}{\partial y} \tag{8-12}$$

【例 8-29】 设 $z=\ln(u^2+v)$，而 $u=\mathrm{e}^{x+y^2}$，$v=x^2+y$，求 $\frac{\partial z}{\partial x}$，$\frac{\partial z}{\partial y}$。

解 所讨论的复合函数以 x,y 为自变量，u,v 为中间变量，由于

$$\frac{\partial z}{\partial u}=\frac{2u}{u^2+v},\quad \frac{\partial z}{\partial v}=\frac{1}{u^2+v}$$

$$\frac{\partial u}{\partial x}=\mathrm{e}^{x+y^2},\quad \frac{\partial u}{\partial y}=2y\mathrm{e}^{x+y^2},\quad \frac{\partial v}{\partial x}=2x,\frac{\partial v}{\partial y}=1$$

根据式(8-8)和式(8-9)得到

$$\begin{aligned}\frac{\partial z}{\partial x}&=\frac{\partial z}{\partial u}\frac{\partial u}{\partial x}+\frac{\partial z}{\partial v}\frac{\partial v}{\partial x}\\&=\frac{2u}{u^2+v}\mathrm{e}^{x+y^2}+\frac{1}{u^2+v}2x=\frac{2}{\mathrm{e}^{2x+2y^2}+x^2+y}(\mathrm{e}^{2x+2y^2}+x)\end{aligned}$$

$$\frac{\partial z}{\partial y}=\frac{\partial z}{\partial u}\frac{\partial u}{\partial y}+\frac{\partial z}{\partial v}\frac{\partial v}{\partial y}$$
$$=\frac{2u}{u^2+v}2y\mathrm{e}^{x+y^2}+\frac{1}{u^2+v}=\frac{1}{\mathrm{e}^{2x+2y^2}+x^2+y}(4y\mathrm{e}^{2x+2y^2}+1)$$

特别地,如果 $z=f(u,x,y)$ 具有连续偏导数,而 $u=\varphi(x,y)$ 具有偏导数,则复合函数

$$z=f[\varphi(x,y),x,y] \tag{8-13}$$

具有对 x 和对 y 的偏导数,此时它可看作函数(8-10)中当 $\psi=x,\omega=y$ 时的特殊情形,因此

$$\frac{\partial z}{\partial x}=\frac{\partial f}{\partial u}\frac{\partial u}{\partial x}+\frac{\partial f}{\partial x} \tag{8-14}$$

$$\frac{\partial z}{\partial y}=\frac{\partial f}{\partial u}\frac{\partial u}{\partial y}+\frac{\partial f}{\partial y} \tag{8-15}$$

其链式法则如图 8-10 所示。

注意:这里 $\frac{\partial z}{\partial x}$ 与 $\frac{\partial f}{\partial x}$ 的意义是不同的,$\frac{\partial z}{\partial x}$ 是把复合函数(8-13)中的 y 看作不变而对 x 的偏导数,$\frac{\partial f}{\partial x}$ 是把复合函数(8-13)中的 u 和 y 看作不变而对 x 的偏导数,$\frac{\partial z}{\partial y}$ 与 $\frac{\partial f}{\partial y}$ 也有类似的区别。

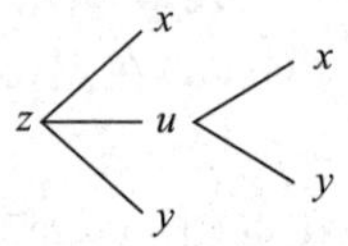

z — x; z — u — x, y; z — y

图 8-10

【例 8-30】 设 $z=uv+\cos x$,而 $u=\sin x,v=\mathrm{e}^x$,求 $\frac{\mathrm{d}z}{\mathrm{d}x}$。

解
$$\frac{\mathrm{d}z}{\mathrm{d}x}=\frac{\partial z}{\partial u}\frac{\mathrm{d}u}{\mathrm{d}x}+\frac{\partial z}{\partial v}\frac{\mathrm{d}v}{\mathrm{d}x}+\frac{\partial z}{\partial x}=v\cos x+u\mathrm{e}^x-\sin x$$
$$=\mathrm{e}^x(\cos x+\sin x)-\sin x$$

复合函数的复合情形千变万化,不可能一一列举。从上面讨论的情形可以确定一个求导法则:函数对某个自变量求偏导数时,应通过一切有关的中间变量,用复合函数求导法则求导到该自变量。

综上所述,求多元复合函数的导数时要注意以下三点。

(1) 弄清楚自变量和中间变量的个数,以及哪些是中间变量,哪些是自变量。

(2) 偏导数的个数等于自变量的个数,如果只有一个自变量时,所求的导数不是偏导数而是全导数。

(3) 偏导数中的项数等于中间变量的个数。

【例 8-31】 设 $z=f\left(xy,\frac{x}{y}\right)$,求 $\mathrm{d}z$。

解 令 $u=xy,v=\frac{x}{y}$,于是 $z=f(u,v)$,有

$$\frac{\partial z}{\partial x}=\frac{\partial f}{\partial u}\frac{\partial u}{\partial x}+\frac{\partial f}{\partial v}\frac{\partial v}{\partial x}=\frac{\partial f}{\partial u}y+\frac{\partial f}{\partial v}\frac{1}{y}=yf_1'+\frac{1}{y}f_2'$$

令 $\frac{\partial f}{\partial u}=f_1'$,表示函数对第一个中间变量求偏导数;$\frac{\partial f}{\partial v}=f_2'$,表示函数对第二个中间变量求偏导数。因函数 f 的具体表达式未曾给出,故 $yf_1'+\frac{1}{y}f_2'$ 就是我们要求的 $\frac{\partial z}{\partial x}$。

同理可得

$$\frac{\partial z}{\partial y}=\frac{\partial f}{\partial u}\frac{\partial u}{\partial y}+\frac{\partial f}{\partial v}\frac{\partial v}{\partial y}=\frac{\partial f}{\partial u}x+\frac{\partial f}{\partial v}\left(-\frac{x}{y^2}\right)=xf_1'-\frac{x}{y^2}f_2'$$

所以

$$\mathrm{d}z=\left(yf_1'+\frac{1}{y}f_2'\right)\mathrm{d}x+\left(xf_1'-\frac{x}{y^2}f_2'\right)\mathrm{d}y$$

注意:求高阶偏导数时,函数对中间变量的偏导数仍然是复合函数,而且与原来函数有相同的复合结构,这样就会避免求导时出现漏项的错误。例如,$\frac{\partial f}{\partial u}=f_u'(u,v)$或$\frac{\partial f}{\partial v}=f_v'(u,v)$在求偏导数时,$f_u'$与$f_v'$仍是$u,v$的函数,它们与$f(u,v)$有相同的复合结构。

*【例 8-32】 设$z=f(x^2-y^2,\mathrm{e}^{xy})$,其中$f(\xi,\eta)$有连续的二阶偏导数,求$\frac{\partial^2 z}{\partial y^2}$。

解

$$\frac{\partial z}{\partial y}=f_1'(-2y)+f_2'\mathrm{e}^{xy}x=-2yf_1'+x\mathrm{e}^{xy}f_2'$$

$$\begin{aligned}\frac{\partial^2 z}{\partial y^2}=&-2f_1'-2y[f_{11}''(-2y)+f_{12}''\mathrm{e}^{xy}x]+x^2\mathrm{e}^{xy}f_2'\\&+x\mathrm{e}^{xy}[f_{21}''(-2y)+f_{22}''\mathrm{e}^{xy}x]\\=&-2f_1'+4y^2f_{11}''+x^2\mathrm{e}^{xy}f_2'-4yx\mathrm{e}^{xy}f_{21}''+x^2\mathrm{e}^{2xy}f_{22}''\end{aligned}$$

*【例 8-33】 已知$z=f\left(x+y,\frac{x}{y},x\right)$,其中$f$有连续的二阶偏导数,求$\frac{\partial^2 z}{\partial x\partial y}$。

解 易求得

$$\frac{\partial z}{\partial x}=f_1'+f_2'\frac{1}{y}+f_3'$$

$$\begin{aligned}\frac{\partial^2 z}{\partial x\partial y}&=\frac{\partial}{\partial y}\left(f_1'+f_2'\frac{1}{y}+f_3'\right)\\&=\left[f_{11}''+f_{12}''\left(-\frac{x}{y^2}\right)\right]+\left[f_{21}''+f_{22}''\left(-\frac{x}{y^2}\right)\right]\frac{1}{y}-f_2'\frac{1}{y^2}+\left[f_{31}''+f_{32}''\left(-\frac{x}{y^2}\right)\right]\\&=f_{11}''+f_{12}''\left(\frac{1}{y}-\frac{x}{y^2}\right)-f_{22}''\frac{x}{y^3}+f_{31}''-f_{32}''\frac{x}{y^2}-f_2'\frac{1}{y^2}\end{aligned}$$

二、一阶全微分形式不变性

利用一元函数微分形式不变性,可以给微分运算带来方便。多元函数的全微分形式也有类似性质,下面以二元函数为例说明。

设$z=f(u,v)$可微,其中u,v是自变量,则有全微分

$$\mathrm{d}z=\frac{\partial z}{\partial u}\mathrm{d}u+\frac{\partial z}{\partial v}\mathrm{d}v$$

如果u,v又分别是x,y的函数,且$u=u(x,y),v=v(x,y)$为两个可微函数,则复合函数$z=f[u(x,y),v(x,y)]$的全微分为

$$\mathrm{d}z=\frac{\partial z}{\partial x}\mathrm{d}x+\frac{\partial z}{\partial y}\mathrm{d}y=\left(\frac{\partial z}{\partial u}\frac{\partial u}{\partial x}+\frac{\partial z}{\partial v}\frac{\partial v}{\partial x}\right)\mathrm{d}x+\left(\frac{\partial z}{\partial u}\frac{\partial u}{\partial y}+\frac{\partial z}{\partial v}\frac{\partial v}{\partial y}\right)\mathrm{d}y$$

$$=\frac{\partial z}{\partial u}\left(\frac{\partial u}{\partial x}\mathrm{d}x+\frac{\partial u}{\partial y}\mathrm{d}y\right)+\frac{\partial z}{\partial v}\left(\frac{\partial v}{\partial x}\mathrm{d}x+\frac{\partial v}{\partial y}\mathrm{d}y\right)$$

$$=\frac{\partial z}{\partial u}\mathrm{d}u+\frac{\partial z}{\partial v}\mathrm{d}v$$

这说明,无论 u,v 是自变量还是中间变量,它的全微分形式是一样的。这种性质称为一阶全微分形式不变性。

利用一阶全微分形式不变性,能更有条理地计算复杂函数的全微分。

【例 8-34】 已知 $e^{-xy}-2z+e^{z}=0$,求$\frac{\partial z}{\partial x}$和$\frac{\partial z}{\partial y}$。

解

$$\mathrm{d}(e^{-xy}-2z+e^{z})=0$$

$$e^{-xy}\mathrm{d}(-xy)-2\mathrm{d}z+e^{z}\mathrm{d}z=0$$

$$(e^{z}-2)\mathrm{d}z=e^{-xy}(x\mathrm{d}y+y\mathrm{d}x)$$

所以

$$\mathrm{d}z=\frac{ye^{-xy}}{e^{z}-2}\mathrm{d}x+\frac{xe^{-xy}}{e^{z}-2}\mathrm{d}y$$

即

$$\frac{\partial z}{\partial x}=\frac{ye^{-xy}}{e^{z}-2},\quad \frac{\partial z}{\partial y}=\frac{xe^{-xy}}{e^{z}-2}$$

习题 8-4

1. 求下列复合函数的导数。

(1) $u=\ln(e^{x}+e^{y}), y=x^{3}$

(2) $u=z^{2}+y^{2}+yz, z=\sin t, y=e^{t}$

(3) $u=x^{2}y-xy^{2}$,其中 $x=s\cos t, y=s\sin t$

(4) $u=\arctan\frac{s}{t}$,其中 $s=x+y, t=x-y$

(5) $z=\frac{x^{2}}{y}, x=s-2t, y=2s+t$

(6) $z=(x^{2}+y^{2})e^{\frac{x^{2}+y^{2}}{xy}}$

2. 求下列函数关于各自变量的一阶偏导数,其中 f 可微。

(1) $2\sin(x+2y-3z)=x+2y-3z$

(2) $s=f(x^{3}+xy+xyz)$

3. 设 $u=f(x,y,z)=e^{x^{2}+y^{2}+z^{2}}$,而 $z=x^{2}\sin y$,求$\frac{\partial u}{\partial x}$和$\frac{\partial u}{\partial y}$。

*4. $u=f\left(x,\frac{x}{y}\right)$,其中 f 可微,求$\frac{\partial^{2} u}{\partial x^{2}},\frac{\partial^{2} u}{\partial y^{2}},\frac{\partial^{2} u}{\partial x\partial y}$。

5. 设 $z=y+f(u), u=x^{2}-y^{2}$,其中 f 可微,证明 $y\frac{\partial z}{\partial x}+x\frac{\partial z}{\partial y}=x$。

6. 设 $u=\psi(x^2+y^2)$，其中 ψ 可微，证明 $y\dfrac{\partial u}{\partial x}-x\dfrac{\partial u}{\partial y}=0$。

第五节　隐函数的求导法则

在一元微分学中，我们曾引入隐函数的概念，并介绍不经过显化而直接由方程 $F(x,y)=0$ 求它所确定的隐函数的导数的方法。这里将进一步从理论上阐明隐函数的存在性。

与一元函数的隐函数类似，多元函数的隐函数也是由方程式来确定的一个函数。比如，由三元方程 $F(x,y,z)=0$ 所确定的函数 $F(x,y,z)$ 叫作二元隐函数。但不是所有的方程式都能确定一个函数，也不能保证这个函数是连续的和可微的。例如，$x^2+y^2+z^2+1=0$，由于 x,y,z 无论取什么实数都不满足这个方程，从而这个方程不能确定任何实函数 $z=f(x,y)$。原来我们讲一元函数的隐函数求导，是在方程能确定一个一元函数 $y=f(x)$，且这个函数可导的前提下进行的。因此，现在我们需要解决在什么条件下，可以由一个三元方程确定一个二元函数，且这个函数是连续的、可导的，以及具体的求导方法。

定理 8-10　设函数 $F(x,y,z)$ 在点 $P(x_0,y_0,z_0)$ 处的某一邻域内有连续的偏导数，且

$$F(x_0,y_0,z_0)=0,\quad F_z(x_0,y_0,z_0)\neq 0$$

则方程 $F(x,y,z)=0$ 在点 $P(x_0,y_0,z_0)$ 处的某一邻域内恒能唯一确定一个连续且具有连续偏导数的函数 $z=f(x,y)$，它满足条件 $z_0=f(x_0,y_0)$，并有

$$\frac{\partial z}{\partial x}=-\frac{F_x}{F_z},\quad \frac{\partial z}{\partial y}=-\frac{F_y}{F_z} \tag{8-16}$$

这个公式可以推广到一元隐函数和三元隐函数的求导中。

由满足条件的 $F(x,y)=0$ 所确定的一元隐函数 $y=f(x)$ 的导数是

$$\frac{\mathrm{d}y}{\mathrm{d}x}=-\frac{F_x}{F_y}\quad (F_y\neq 0)$$

由满足条件的 $F(x,y,z,u)=0$ 所确定的三元隐函数 $u=f(x,y,z)$ 的偏导数是

$$\frac{\partial u}{\partial x}=-\frac{F_x}{F_u},\quad \frac{\partial u}{\partial y}=-\frac{F_y}{F_u},\quad \frac{\partial u}{\partial z}=-\frac{F_z}{F_u}\quad (F_u\neq 0)$$

【例 8-35】　求由方程 $z^3-3xyz=a^3$（a 是常数）所确定的隐函数 $z=f(x,y)$ 的偏导数。

解　设 $F(x,y,z)=z^3-3xyz-a^3$，则有

$$F_x=-3yz,\quad F_y=-3xz,\quad F_z=3z^2-3xy$$

$$\frac{\partial z}{\partial x}=-\frac{F_x}{F_z}=\frac{yz}{z^2-xy},\quad \frac{\partial z}{\partial y}=-\frac{F_y}{F_z}=\frac{xz}{z^2-xy}$$

【例 8-36】　已知 $\ln\sqrt{x^2+y^2}=\arctan\dfrac{y}{x}$，求 $\dfrac{\mathrm{d}y}{\mathrm{d}x}$。

解　令 $F(x,y)=\ln\sqrt{x^2+y^2}-\arctan\dfrac{y}{x}$，则

$$F_x(x,y)=\frac{x+y}{x^2+y^2},\quad F_y(x,y)=\frac{y-x}{x^2+y^2}$$

所以

$$\frac{dy}{dx}=-\frac{F_x}{F_y}=-\frac{x+y}{y-x}$$

【例 8-37】 设方程 $F(x,y,z)=0$,可以把任一变量确定为其余两个变量的隐函数,试证

$$\frac{\partial x}{\partial y}\cdot\frac{\partial y}{\partial z}\cdot\frac{\partial z}{\partial x}=-1$$

证 首先将方程 $F(x,y,z)=0$ 看作 x 关于 y 与 z 的隐函数,根据公式(8-16)得

$$\frac{\partial x}{\partial y}=-\frac{F_y}{F_x}$$

同理可得

$$\frac{\partial y}{\partial z}=-\frac{F_z}{F_y},\quad \frac{\partial z}{\partial x}=-\frac{F_x}{F_z}$$

所以

$$\frac{\partial x}{\partial y}\cdot\frac{\partial y}{\partial z}\cdot\frac{\partial z}{\partial x}=-1$$

【例 8-38】 设 $z^3-2xz+y=0$ 确定的二元函数 $z=f(x,y)$,求$\frac{\partial^2 z}{\partial x^2}$,$\frac{\partial^2 z}{\partial y^2}$。

解 设 $F(x,y,z)=z^3-2xz+y$,则

$$F_x=-2z,\quad F_y=1,\quad F_z=3z^2-2x$$

应用公式得

$$\frac{\partial z}{\partial x}=-\frac{F_x}{F_z}=-\frac{-2z}{3z^2-2x}=\frac{2z}{3z^2-2x}\quad (3z^2-2x\neq 0 \text{ 时})$$

$$\frac{\partial z}{\partial y}=-\frac{F_y}{F_z}=\frac{-1}{3z^2-2x}\quad (3z^2-2x\neq 0 \text{ 时})$$

对$\frac{\partial z}{\partial x}$再一次对 x 求偏导数有

$$\begin{aligned}\frac{\partial^2 z}{\partial x^2}&=\frac{2\frac{\partial z}{\partial x}\cdot(3z^2-2x)-2z\cdot\left(6z\frac{\partial z}{\partial x}-2\right)}{(3z^2-2x)^2}\\&=\frac{-(6z^2+4x)\frac{\partial z}{\partial x}+4z}{(3z^2-2x)^2}=\frac{-(6z^2+4x)\frac{2z}{3z^2-2x}+4z}{(3z^2-2x)^2}\\&=\frac{-(6z^2+4x)\cdot 2z+4z(3z^2-2x)}{(3z^2-2x)^3}\\&=\frac{-16xz}{(z^2-xy)^3}\quad (3z^2-2x\neq 0 \text{ 时})\end{aligned}$$

同理,$\frac{\partial z}{\partial y}$再一次对 y 求偏导数有

$$\frac{\partial^2 z}{\partial y^2}=\frac{6z\cdot\frac{\partial z}{\partial y}}{(3z^2-2x)^2}=\frac{-6z}{(3z^2-2x)^3}\quad (3z^2-2x\neq 0 \text{ 时})$$

【例 8-39】 求由方程 $\frac{x^5}{5}+\frac{y^4}{4}+\frac{z^3}{3}+\frac{u^2}{2}=1$ 所确定的隐函数 $u=f(x,y,z)$ 的导数$\frac{\partial u}{\partial x}$，$\frac{\partial u}{\partial y}$和$\frac{\partial u}{\partial z}$。

解 设 $F(x,y,z,u)=\frac{x^5}{5}+\frac{y^4}{4}+\frac{z^3}{3}+\frac{u^2}{2}-1$，则

$$u=f(x,y,z)$$

$$F_x=x^4,\quad F_y=y^3,\quad F_z=z^2,\quad F_u=u$$

$$\frac{\partial u}{\partial x}=-\frac{F_x}{F_u}=-\frac{x^4}{u},\quad \frac{\partial u}{\partial y}=-\frac{F_y}{F_u}=-\frac{y^3}{u},\quad \frac{\partial u}{\partial z}=-\frac{F_z}{F_u}=-\frac{z^2}{u}$$

下面将隐函数存在定理做另一方面的推广。

* **定理 8-11** 设 $F(x,y,u,v)$，$G(x,y,u,v)$ 在点 $P(x_0,y_0,u_0,v_0)$ 的某一邻域内有对各个变量的连续偏导数，且 $F(x_0,y_0,u_0,v_0)=0$，$G(x_0,y_0,u_0,v_0)=0$，且偏导数所组成的函数行列式(或称雅可比式)

$$J=\frac{\partial(F,G)}{\partial(u,v)}=\begin{vmatrix}\frac{\partial F}{\partial u} & \frac{\partial F}{\partial v}\\ \frac{\partial G}{\partial u} & \frac{\partial G}{\partial v}\end{vmatrix}$$

在点 $P(x_0,y_0,u_0,v_0)$ 不等于零，则方程组 $F(x,y,u,v)=0$，$G(x,y,u,v)=0$ 在点 $P(x_0,y_0,u_0,v_0)$ 的某一邻域内恒能唯一确定一组单值连续且具有连续偏导数的函数 $u=u(x,y)$，$v=v(x,y)$，它们满足条件 $u_0=u(x_0,y_0)$，$v_0=v(x_0,y_0)$，并有

$$\frac{\partial u}{\partial x}=-\frac{1}{J}\frac{\partial(F,G)}{\partial(x,v)}=-\frac{\begin{vmatrix}F_x & F_v\\ G_x & G_v\end{vmatrix}}{\begin{vmatrix}F_u & F_v\\ G_u & G_v\end{vmatrix}},\quad \frac{\partial v}{\partial x}=-\frac{1}{J}\frac{\partial(F,G)}{\partial(u,x)}=-\frac{\begin{vmatrix}F_u & F_x\\ G_u & G_x\end{vmatrix}}{\begin{vmatrix}F_u & F_v\\ G_u & G_v\end{vmatrix}}$$

$$\frac{\partial u}{\partial y}=-\frac{1}{J}\frac{\partial(F,G)}{\partial(y,v)}=-\frac{\begin{vmatrix}F_y & F_v\\ G_y & G_v\end{vmatrix}}{\begin{vmatrix}F_u & F_v\\ G_u & G_v\end{vmatrix}},\quad \frac{\partial v}{\partial y}=-\frac{1}{J}\frac{\partial(F,G)}{\partial(u,y)}=-\frac{\begin{vmatrix}F_u & F_y\\ G_u & G_y\end{vmatrix}}{\begin{vmatrix}F_u & F_v\\ G_u & G_v\end{vmatrix}} \tag{8-17}$$

*【例 8-40】 设 $y=y(x)$，$z=z(x)$，由$\begin{cases}x+y+z+z^2=0\\ x+y^2+z+z^3=0\end{cases}$确定，求$\frac{\mathrm{d}y}{\mathrm{d}x}$，$\frac{\mathrm{d}z}{\mathrm{d}x}$。

解 设$\begin{cases}F(x,y,z)=x+y+z+z^2=0\\ G(x,y,z)=x+y^2+z+z^3=0\end{cases}$，变量 y，z 是 x 的函数，则

$$F_x=1,\quad F_y=1,\quad F_z=1+2z,\quad G_x=1,\quad G_y=2y,\quad G_z=1+3z^2$$

根据式(8-17)可得

$$\frac{\mathrm{d}y}{\mathrm{d}x}=-\frac{\begin{vmatrix}F_x & F_z\\ G_x & G_z\end{vmatrix}}{\begin{vmatrix}F_y & F_z\\ G_y & G_z\end{vmatrix}}=-\frac{\begin{vmatrix}1 & 1+2z\\ 1 & 1+3z^2\end{vmatrix}}{\begin{vmatrix}1 & 1+2z\\ 2y & 1+3z^2\end{vmatrix}}=\frac{2z-3z^2}{1+3z^2-2y-4yz}$$

$$\frac{\mathrm{d}z}{\mathrm{d}x}=-\frac{\begin{vmatrix}F_y & F_x\\ G_y & G_x\end{vmatrix}}{\begin{vmatrix}F_y & F_z\\ G_y & G_z\end{vmatrix}}=-\frac{\begin{vmatrix}1 & 1\\ 2y & 1\end{vmatrix}}{\begin{vmatrix}1 & 1+2z\\ 2y & 1+3z^2\end{vmatrix}}=\frac{2y-1}{1+3z^2-2y-4yz}$$

注意:在实际应用中,求方程所确定的多元函数的偏导数时,不一定非得套公式,尤其在方程中含有抽象函数时,在方程两边直接求偏导数或求微分可使解题过程更为简捷。

*【例 8-41】 设 $xu-yv=0$,$yu+xv=1$,求$\frac{\partial u}{\partial x}$,$\frac{\partial v}{\partial x}$,$\frac{\partial u}{\partial y}$和$\frac{\partial v}{\partial y}$。

解 两个方程两边分别对 x 求偏导,得关于$\frac{\partial u}{\partial x}$和$\frac{\partial v}{\partial x}$的方程组

$$\begin{cases}u+x\dfrac{\partial u}{\partial x}-y\dfrac{\partial v}{\partial x}=0\\ y\dfrac{\partial u}{\partial x}+v+x\dfrac{\partial v}{\partial x}=0\end{cases}$$

当 $x^2+y^2\neq0$ 时,解得

$$\frac{\partial u}{\partial x}=-\frac{xu+yv}{x^2+y^2},\quad \frac{\partial v}{\partial x}=\frac{yu-xv}{x^2+y^2}$$

两个方程两边分别对 y 求偏导,得关于$\frac{\partial u}{\partial y}$和$\frac{\partial v}{\partial y}$的方程组

$$\begin{cases}x\dfrac{\partial u}{\partial y}-v-y\dfrac{\partial v}{\partial y}=0\\ u+y\dfrac{\partial u}{\partial y}+x\dfrac{\partial v}{\partial y}=0\end{cases}$$

当 $x^2+y^2\neq0$ 时,解得

$$\frac{\partial u}{\partial y}=\frac{xv-yu}{x^2+y^2},\quad \frac{\partial v}{\partial y}=-\frac{xu+yv}{x^2+y^2}$$

习题 8-5

1. 求下列方程所确定的隐函数的导数$\frac{\mathrm{d}y}{\mathrm{d}x}$。

(1) $x^2y^2-x^4-y^4=16$　　(2) $\arctan\frac{x+y}{a}-\frac{y}{a}=0$

2. 求下列方程所确定的隐函数 $z=z(x,y)$的偏导数$\frac{\partial z}{\partial x}$,$\frac{\partial z}{\partial y}$。

(1) $z^3+3xyz=14$　　(2) $x+y+z=\mathrm{e}^{-(x+y+z)}$

(3) $x+2y+z-2\sqrt{xyz}=0$　　(4) $z^x=y^z$

3. 设 $x+z=yf(x^2-z^2)$,其中 f 可微,证明 $z\frac{\partial z}{\partial x}+y\frac{\partial z}{\partial y}=x$。

4. 设 $x^2+y^2+z^2=4z$,求$\frac{\partial^2 z}{\partial x^2}$。

*5. 设$\begin{cases}x+y+z=0\\x^2+y^2+z^2=1\end{cases}$，求$\dfrac{dx}{dz},\dfrac{dy}{dz}$。

第六节　多元函数的极值

人们的许多问题都离不开寻求最优答案。与一元函数相类似，多元函数的最大值、最小值与极大值、极小值有着密切的联系，下面主要讨论二元函数的极值、最值问题，对于 n 元函数则可以类推。

一、二元函数极值的定义和求法

定义 8-6　设二元函数 $z=f(x,y)$ 在点 (x_0,y_0) 的某个邻域内有定义，对该邻域内异于 (x_0,y_0) 的点 (x,y)，如果都适合不等式 $f(x,y)<f(x_0,y_0)$，则称函数在点 (x_0,y_0) 处有极大值 $f(x_0,y_0)$；如果都适合不等式 $f(x,y)>f(x_0,y_0)$，则称函数在点 (x_0,y_0) 处有极小值 $f(x_0,y_0)$。极大值和极小值统称为极值。使函数取得极值的点称为极值点。

类似地，可定义三元函数 $u=f(x,y,z)$ 的极大值和极小值。

例如，函数 $z=x^2+y^2$ 在点 $(0,0)$ 处有极小值；函数 $z=-(x^2+y^2)$ 在点 $(0,0)$ 处有极大值；函数 $z=x^2-y^2$ 在点 $(0,0)$ 处既无极大值也无极小值。

定理 8-12(必要条件)　设函数 $z=f(x,y)$ 在点 (x_0,y_0) 处可微分，且在点 (x_0,y_0) 处有极值，则在该点的偏导数必然为零，即

$$f_x(x_0,y_0)=0,\quad f_y(x_0,y_0)=0 \tag{8-18}$$

证　若 $z=f(x,y)$ 在点 (x_0,y_0) 处取极值，则一元函数 $f(x,y_0)$，$f(x_0,y)$ 分别在 $x=x_0$，$y=y_0$ 处取极值，所以

$$\frac{d}{dx}f(x,y_0)\Big|_{x=x_0}=0,\quad \frac{d}{dy}f(x_0,y)\Big|_{y=y_0}=0$$

即

$$f_x(x_0,y_0)=0,\quad f_y(x_0,y_0)=0$$

该定理对自变量多于两个的多元函数仍然成立。如三元函数 $u=f(x,y,z)$ 在点 (x_0,y_0,z_0) 处可微分，则它在点 (x_0,y_0,z_0) 处具有极值的必要条件为

$$f_x(x_0,y_0,z_0)=0,\quad f_y(x_0,y_0,z_0)=0,\quad f_z(x_0,y_0,z_0)=0$$

注意：仿照一元函数，凡是能使 $f_x(x,y)=0$，$f_y(x,y)=0$ 同时成立的点 (x_0,y_0) 称为函数 $z=f(x,y)$ 的驻点。由定理 8-12 可知，可微分的函数的极值点一定是驻点。反之，驻点不一定是极值点[如 $z=x^2-y^2$ 在点 $(0,0)$ 处]。

怎样判定驻点是否是极值点？下面的定理回答了这个问题。

定理 8-13(充分条件)　设函数 $z=f(x,y)$ 在点 (x_0,y_0) 的某邻域内具有一阶及二阶连续偏导数，又 $f_x(x_0,y_0)=0$，$f_y(x_0,y_0)=0$，令

$$f_{xx}(x_0,y_0)=A,\quad f_{xy}(x_0,y_0)=B,\quad f_{yy}(x_0,y_0)=C \tag{8-19}$$

则函数 $z=f(x,y)$ 在点 (x_0,y_0) 处取得极值的条件如下。

(1) 当 $AC-B^2>0$ 时具有极值,且当 $A<0$ 时有极大值,当 $A>0$ 时有极小值。

(2) 当 $AC-B^2<0$ 时没有极值。

(3) 当 $AC-B^2=0$ 时可能有极值,也可能没有极值,还需另作讨论。

根据定理 8-12 和定理 8-13,求函数 $z=f(x,y)$ 的极值的方法可归纳如下。

(1) 解方程组

$$\begin{cases} f_x(x,y)=0 \\ f_y(x,y)=0 \end{cases}$$

求得一切实数解(即求得一切驻点)。

(2) 对于每个驻点 (x_0,y_0),求出二阶偏导数的值 A,B,C。

(3) 求出 $AC-B^2$ 的值,按定理 8-13 的结论,判定 $f(x_0,y_0)$ 是否为极值,是极大值还是极小值。

(4) 求出极值点上的函数值,即为所求的极值。

【例 8-42】 求二元函数 $z=x^3+y^3-3xy$ 的极值。

解 先解方程组

$$\begin{cases} f_x(x,y)=3x^2-3y=0 \\ f_y(x,y)=3y^2-3x=0 \end{cases}$$

求得驻点为(0,0)和(1,1)。因为

$$f_{xx}(x,y)=6x, \quad f_{xy}(x,y)=-3, \quad f_{yy}(x,y)=6y$$

在点(0,0)处,$AC-B^2=-9<0$,即点(0,0)不是极值点。在点(1,1)处,$A=6,B=-3,C=6$,而 $AC-B^2=27>0$,且 $A=6>0$,即函数在点(1,1)处取得极小值,极小值为 $f(1,1)=-1$。

【例 8-43】 求由方程 $x^2+y^2+z^2-2x+2y-4z-10=0(z>0)$ 确定的函数 $z=f(x,y)$ 的极值。

解 将方程两边分别对 x,y 求偏导

$$\begin{cases} 2x+2z\cdot z_x-2-4z_x=0 \\ 2y+2z\cdot z_y+2-4z_y=0 \end{cases}$$

由函数取极值的必要条件 $z_x=0,z_y=0$ 代入方程组得,驻点为 $P(1,-1)$。

将上述方程组再分别对 x,y 求偏导数,则

$$A=z_{xx}|_P=\frac{1}{2-z}, \quad B=z_{xy}|_P=0, \quad C=z_{yy}|_P=\frac{1}{2-z}$$

故

$$AC-B^2=\frac{1}{(2-z)^2}>0 \quad (z\neq 2)$$

将(1,−1)代入原方程,有 $z=6$,此时 $A=-\frac{1}{4}<0$,所以 $z=f(1,-1)=6$ 为极大值。

与一元函数类似,不是驻点的点也可能是极值点。例如,函数 $z=-\sqrt{x^2+y^2}$ 在点(0,0)处有极大值,但(0,0)不是函数的驻点。因此,在考虑函数的极值问题时,除了考虑函数的驻点外,如果有偏导数不存在的点,那么对这些点也应当考虑。

二、二元函数的最大值与最小值

与一元函数类似，我们可以利用函数的极值来求函数的最大值和最小值，如果函数 $f(x,y)$ 在有界闭区域 D 上连续，则函数 $f(x,y)$ 在 D 上必定能取得最大值和最小值。这种使函数取得最大值或最小值的点既可能在 D 的内部，也可能在 D 的边界上。因此，求最值的一般方法是将函数在区域 D 内各驻点处的函数值和该函数在边界上的最大值和最小值加以比较，在这些函数值中最大者和最小者就是所求的最大值和最小值。特别地，若可微函数在区域 D 内取得极大值或极小值，且在 D 内该函数只有一个驻点，那么就可以断定该驻点处的函数值就是所给函数在该区域 D 上的最大值和最小值。

【例 8-44】 设函数 $z=x^3-3x^2-3y^2$，求函数的极值和函数在区域 $D:x^2+y^2\leqslant 16$ 上的最大值。

解 (1) 先求函数 $z=x^3-3x^2-3y^2$ 的驻点。

由 $\begin{cases}\dfrac{\partial z}{\partial x}=3x^2-6x=0\\ \dfrac{\partial z}{\partial y}=-6y=0\end{cases}$ 解得驻点 $(0,0)$，$(2,0)$。

因为 $\dfrac{\partial^2 z}{\partial x^2}=6x-6$，$\dfrac{\partial^2 z}{\partial x\partial y}=0$，$\dfrac{\partial^2 z}{\partial y^2}=-6$，所以在点 $(0,0)$ 处 $A=-6$，$B=0$，$C=-6$，$AC-B^2=36>0$，且 $A<0$，点 $(0,0)$ 为函数的极大值点，极大值为 $f(0,0)=0$；在点 $(2,0)$ 处 $A=6$，$B=0$，$C=-6$，$AC-B^2=-36<0$，点 $(2,0)$ 不是极值点。

所以，函数只有极大值 $f(0,0)=0$。

(2) 求函数 $z=x^3-3x^2-3y^2$ 在边界上，即在圆周 $x^2+y^2=16$ 上的最大值。

将 $x^2+y^2=16$ 即 $y^2=16-x^2$ 代入函数中得 $z=x^3-48(-4\leqslant x\leqslant 4)$。对于函数 $z=x^3-48$ 有 $\dfrac{\mathrm{d}z}{\mathrm{d}x}=3x^2\geqslant 0$，所以 $z=x^3-48$ 在 $(-4\leqslant x\leqslant 4)$ 上的最大值为 $z|_{x=4}=16$。

比较函数极大值与边界 $(x^2+y^2=16)$ 上的最大值，可得函数在 $D:x^2+y^2\leqslant 16$ 上的最大值为 $z_{\max}=16$。

所以在求函数最值时，先求出函数“可疑”的极值点的函数值；再求出函数在边界上的值；最后将上面所得的函数值进行比较，最大(小)者为最大(小)值。

利用上述方法，由于要求出 $f(x,y)$ 在 D 的边界上的最大值和最小值，所以往往相当复杂，在实际问题中，通常会遇到这种情况：已知函数 $f(x,y)$ 的最大值和最小值一定在 D 的内部取得，而函数在 D 内只有一个驻点，那么可以肯定该点处的函数值就是函数 $f(x,y)$ 在 D 上的最大值或最小值。

【例 8-45】 用铁板做一个容积为 4 立方米的有盖长方体水箱，问长、宽、高为多少时才能使用料最省？

解 设长为 x 米，宽为 y 米，则高为 $\dfrac{4}{xy}$ 米，于是所用材料的面积为

$$S=2\left(xy+\frac{4}{x}+\frac{4}{y}\right)\quad(x>0,y>0)$$

解方程组

$$\begin{cases} S_x=2\left(y-\dfrac{4}{x^2}\right)=0 \\ S_y=2\left(x-\dfrac{4}{y^2}\right)=0 \end{cases}$$

得唯一驻点$(\sqrt[3]{4},\sqrt[3]{4})$。

由问题的实际意义可知最小值一定存在,唯一的驻点就是最小值点。所以当长、宽、高都为$\sqrt[3]{4}$米时用料最省。

【例 8-46】 某工厂生产 A 和 B 两种型号的产品,A 产品的售价为 1 100 元/件,B 产品的售价为 800 元/件,生产 x 件 A 产品和 y 件 B 产品的总成本为 $30\,000+200x+300y+3x^2+xy+3y^2$ 元,求 A 和 B 两种产品各生产多少件时利润最大?

解 设 $L(x,y)$为生产 x 件 A 产品和 y 件 B 产品时获得的总利润,则

$$\begin{aligned} L(x,y)&=1\,100x+800y-(30\,000+200x+300y+3x^2+xy+3y^2) \\ &=-3x^2-xy-3y^2+900x+500y-30\,000 \end{aligned}$$

令

$$\begin{cases} L_x(x,y)=-6x-y+900=0 \\ L_y(x,y)=-x-6y+500=0 \end{cases}$$

解方程组得 $x=140,y=60$。

又由 $L_{xx}(x,y)=-6<0,L_{xy}(x,y)=-1,L_{yy}(x,y)=-6$ 可知

$$AC-B^2=35>0$$

由定理 8-13 知,函数在唯一驻点(140,60)处取得极大值,即获得最大利润。

因此,当 A 和 B 两种产品分别生产 140 件和 60 件时,利润最大,且最大利润为

$$L(140,60)=48\,000$$

三、条件极值

在讨论极值问题时,对于函数的自变量除了限制在函数的定义域内以外,没有其他附加条件。但在一些实际的问题中,函数的自变量还要受到某些条件的限制。

例如,设计一个容积为 V 的长方体形开口水箱。确定长、宽和高,使水箱的表面积最小。分别以 x,y 和 z 表示水箱的长、宽和高,该例可表述为在约束条件 $xyz=V$ 之下求函数 $S(x,y,z)=2(xz+yz)+xy$ 的最小值。

像这种对自变量有约束条件的极值称作条件极值,前面讨论的极值叫作无条件极值。约束条件有等式和不等式两种,现只讨论等式约束条件的极值问题。

有些条件极值问题可化为无条件极值,然后用前面求无条件极值的方法求出极值。但在很多情形下,将条件极值化为无条件极值比较困难,下面我们来介绍一种有效的直接求条件极值的方法——拉格朗日乘数法。

二元函数 $z=f(x,y)$在约束条件 $\varphi(x,y)=0$ 下的极值问题,可按下列步骤求解。

第一步:构造拉格朗日函数

$$L(x,y)=f(x,y)+\lambda\varphi(x,y)$$

式中，λ 称为拉格朗日乘数。

第二步：联立方程组

$$\begin{cases}L_x(x,y)=f'_x(x,y)+\lambda\varphi'_x(x,y)=0\\L_y(x,y)=f'_y(x,y)+\lambda\varphi'_y(x,y)=0\\\varphi(x,y)=0\end{cases}\tag{8-20}$$

解出满足方程组的 x_0,y_0,λ_0。

第三步：点 (x_0,y_0) 就是函数 $z=f(x,y)$ 在条件 $\varphi(x,y)=0$ 下可能的极值点。判定 $f(x_0,y_0)$ 是否为函数的极值。

该方法还可以推广到自变量多于两个而约束条件多于一个的情形。例如，要求函数

$$u=f(x,y,z,t)$$

在约束条件

$$\varphi(x,y,z,t)=0,\quad \psi(x,y,z,t)=0$$

下的极值，可以先作拉格朗日函数

$$F(x,y,z,t)=f(x,y,z,t)+\lambda_1\varphi(x,y,z,t)+\lambda_2\psi(x,y,z,t)$$

式中，λ_1,λ_2 均为常数，可由偏导数为零及条件解出 x,y,z,t，即得可能极值点的坐标。

至于如何确定所求的点是否是极值点，在实际问题中往往可根据问题本身的性质来判定。

【例 8-47】 用拉格朗日乘数法重新解决：求容积为 V 的长方体形开口水箱的最小表面积。

解 这时所求问题的拉格朗日函数是

$$L(x,y,z,\lambda)=2(xz+yz)+xy+\lambda(xyz-V)$$

对 L 求偏导数，并令它们都等于 0

$$\begin{cases}L_x=2z+y+\lambda yz=0\\L_y=2z+x+\lambda xz=0\\L_z=2(x+y)+\lambda xy=0\\xyz-V=0\end{cases}$$

求上述方程组的解，得

$$x=y=2z=\sqrt[3]{2V},\quad \lambda=-\frac{4}{\sqrt[3]{2V}}$$

依题意，所求水箱的表面积在所给条件下确实存在最小值。由上可知，当高为 $\frac{\sqrt[3]{2V}}{2}$，长与宽为高的 2 倍时，表面积最小。表面积的最小值 $S=3(2V)^{2/3}$。

【例 8-48】 某公司通过报纸和电视传媒做某种产品的促销广告，根据统计资料，销售收入 R 与报纸广告费 x 及电视广告费 y（单位：万元）之间的关系有如下经验公式：$R=15+13x+31y-8xy-2x^2-10y^2$，在限定广告费为 1.5 万元的情况下，求相应的最优广告策略。

解 设拉格朗日函数为

$$F(x,y,\lambda)=15+13x+31y-8xy-2x^2-10y^2+\lambda(x+y-1.5)$$

对 F 求偏导数，并令它们都等于 0

$$\begin{cases}F_x=13-8y-4x+\lambda=0\\F_y=31-8x-20y+\lambda=0\\F_\lambda=x+y-1.5=0\end{cases}$$

化简得

$$\begin{cases}2x+6y=9\\x+y=1.5\end{cases}$$

求出唯一解：$x=0,y=1.5$。

又由题意，存在最优策略，所以将1.5万元全部投到电视广告的方案最好。

*【例 8-49】 抛物面 $z=x^2+y^2$ 被平面 $x+y+z=1$ 截成一个椭圆，求原点到该椭圆的最长和最短距离。

解 设椭圆上的点为(x,y,z)，则原点到椭圆上的点的距离的平方为 $d^2=x^2+y^2+z^2$，x,y,z 满足 $z=x^2+y^2$，$x+y+z=1$。

作拉格朗日函数

$$L=x^2+y^2+z^2+\lambda(z-x^2-y^2)+\mu(x+y+z-1)$$

令

$$\begin{cases}L_x=2x-2\lambda x+\mu=0\\L_y=2y-2\lambda y+\mu=0\\L_z=2z+\lambda+\mu=0\end{cases}$$

得

$$(1-\lambda)(x-y)=0$$

故有 $\lambda=1$ 或 $x=y$，由 $\lambda=1\Rightarrow\mu=0$，$z=-\dfrac{1}{2}$，不合题意，舍去；将 $x=y$ 代入 $z=x^2+y^2$，$x+y+z=1$，得 $z=2x^2$，$2x+z=1\Rightarrow 2x^2+2x-1=0$，解得

$$x=y=\frac{-1\pm\sqrt{3}}{2},\quad z=2\mp\sqrt{3}$$

于是得到两个驻点：

$$M_1\left(\frac{-1+\sqrt{3}}{2},\frac{-1+\sqrt{3}}{2},2-\sqrt{3}\right),\quad M_2\left(\frac{-1-\sqrt{3}}{2},\frac{-1-\sqrt{3}}{2},2+\sqrt{3}\right)$$

再进行判定，求得最长和最短距离：

$$d_{\min}=d_{M_1}=\sqrt{9-5\sqrt{3}},\quad d_{\max}=d_{M_2}=\sqrt{9+5\sqrt{3}}$$

习题 8-6

1. 求下列函数的极值点和极值。

(1) $z=e^{2x}(x+2y+y^2)$

(2) $z=x^3-4x^2+2xy-y^2$

(3) $z=4(x-y)-x^2-y^2$

(4) $z=x^2+xy+y^2+x-y+1$

(5) $z=xy(a-x-y)$

(6) $z=(2ax-x^2)(2by-y^2)$

2. 求内接于椭球面$\dfrac{x^2}{a^2}+\dfrac{y^2}{b^2}+\dfrac{z^2}{c^2}=1$ 的最大长方体的体积。

3. 在椭圆 $x^2+4y^2=4$ 上求一点，使其到直线 $2x+3y-6=0$ 的距离最近。

4. 求下列函数在指定条件下取得极值的点。

(1) $u=x-2y+2z$，条件 $x^2+y^2+z^2=1$。

(2) $z=xy$，条件 $x+y=1$。

(3) $z=x^2+y^2$，条件$\dfrac{x}{a}+\dfrac{y}{b}=1$。

(4) $u=x+y+z$，条件$\dfrac{1}{x}+\dfrac{1}{y}+\dfrac{1}{z}=1, x>0, y>0, z>0$。

第七节　多元函数微分学的几何应用

一、空间曲线的切线与法平面

在一元函数微分法中，由一元函数导数的几何意义，可求出平面曲线 $y=f(x)$的切线方程和法线方程。与平面曲线的切线概念类似，先给出空间曲线的切线与法平面的概念。

空间曲线的切线同样定义为曲线割线的极限位置，而过切点且垂直于切线的平面叫作曲线的法平面。

1. 曲线方程为参数式

设空间曲线 Γ 的参数方程为

$$x=\varphi(t),\quad y=\psi(t),\quad z=\omega(t) \tag{8-21}$$

假定(8-21)式中的三个函数均可导(图 8-11)。考虑 Γ 上对应于 $t=t_0$ 的一点 $M(x_0,y_0,z_0)$及对应于 $t=t_0+\Delta t$ 的邻近一点 $M'(x_0+\Delta x, y_0+\Delta y, z_0+\Delta z)$，其割线 MM'的方程为

$$\frac{x-x_0}{\Delta x}=\frac{y-y_0}{\Delta y}=\frac{z-z_0}{\Delta z}$$

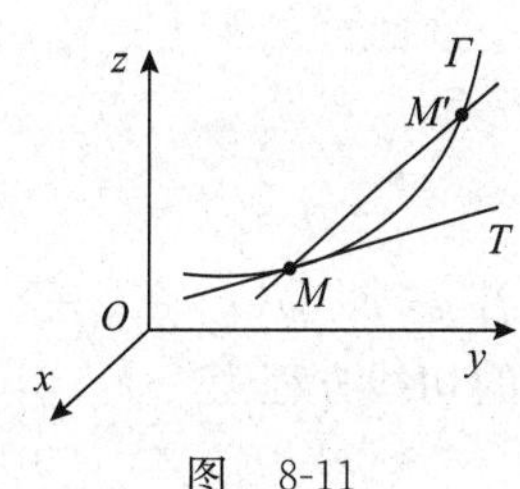

图　8-11

对等式分母同时除以 Δt 得

$$\frac{x-x_0}{\frac{\Delta x}{\Delta t}}=\frac{y-y_0}{\frac{\Delta y}{\Delta t}}=\frac{z-z_0}{\frac{\Delta z}{\Delta t}}$$

当 $\Delta t\to 0$ 时，$MM'\to MT$，曲线 Γ 在点 M 处的切线方程为

$$\frac{x-x_0}{\varphi'(t_0)}=\frac{y-y_0}{\psi'(t_0)}=\frac{z-z_0}{\omega'(t_0)} \tag{8-22}$$

这里假定了 $\varphi'(t_0),\psi'(t_0),\omega'(t_0)$不能都为零。

切线的方向向量称为曲线的切向量，向量

$$T=(\varphi'(t_0),\psi'(t_0),\omega'(t_0))$$

就是曲线 Γ 在点 M 处的一个切向量。

过点 M 与切线垂直的平面称为曲线 Γ 在点 M 处的法平面，它是过点 $M(x_0,y_0,z_0)$，以 T 为法向量的平面，此法平面方程为

$$\varphi'(t_0)(x-x_0)+\psi'(t_0)(y-y_0)+\omega'(t_0)(z-z_0)=0 \tag{8-23}$$

【例 8-50】 求曲线 $\Gamma: x=t-\sin t, y=1-\cos t, z=4\sin\frac{t}{2}$ 在点 $\left(\frac{\pi}{2}-1,1,2\sqrt{2}\right)$ 处的切线及法平面方程。

解 由题意得 $x'(t)=1-\cos t, y'(t)=\sin t, z'(t)=2\cos\frac{t}{2}$，点 $\left(\frac{\pi}{2}-1,1,2\sqrt{2}\right)$ 处对应的参数为 $t=\frac{\pi}{2}$，故在点 $\left(\frac{\pi}{2}-1,1,2\sqrt{2}\right)$ 处切线的方向向量为 $(1,1,\sqrt{2})$。由式(8-22)得切线方程为

$$\frac{x-\frac{\pi}{2}+1}{1}=\frac{y-1}{1}=\frac{z-2\sqrt{2}}{\sqrt{2}}$$

由式(8-23)得法平面方程为

$$\left(x-\frac{\pi}{2}+1\right)+(y-1)+\sqrt{2}(z-2\sqrt{2})=0$$

或

$$x+y+\sqrt{2}z-\frac{\pi}{2}-4=0$$

2. 曲线方程为两个曲面的交线形式

(1) 曲线为两柱面的交线的特殊情形。

空间曲线以 $\Gamma:\begin{cases} y=\varphi(x) \\ z=\psi(x) \end{cases}$ 形式给出，此方程可看作

$$\Gamma:\begin{cases} x=x \\ y=\varphi(x) \\ z=\psi(x) \end{cases}$$

若 $\varphi(x),\psi(x)$ 在 $x=x_0$ 处可导，则 $T=\{1,\varphi'(x_0),\psi'(x_0)\}$，曲线 Γ 在点 $M(x_0,y_0,z_0)$ 处的切线方程为

$$\frac{x-x_0}{1}=\frac{y-y_0}{\varphi'(x_0)}=\frac{z-z_0}{\psi'(x_0)} \tag{8-24}$$

曲线 Γ 在点 $M(x_0,y_0,z_0)$ 处的法平面方程为

$$(x-x_0)+\varphi'(x_0)(y-y_0)+\psi'(x_0)(z-z_0)=0 \tag{8-25}$$

(2) 一般情形。

若曲线由一般方程 $\Gamma:\begin{cases} F(x,y,z)=0 \\ G(x,y,z)=0 \end{cases}$ 给出，$M(x_0,y_0,z_0)$ 是曲线上的一点，此函数方程组可确定 y,z 是 x 的隐函数，即曲线可用(隐式)方程 $\begin{cases} y=\varphi(x) \\ z=\psi(x) \end{cases}$ 来表示，有 $\frac{\mathrm{d}y}{\mathrm{d}x}=\frac{\begin{vmatrix} F_z & F_x \\ G_z & G_x \end{vmatrix}}{\begin{vmatrix} F_y & F_z \\ G_y & G_z \end{vmatrix}}$，

$\dfrac{dz}{dx}=\dfrac{\begin{vmatrix} F_x & F_y \\ G_x & G_y \end{vmatrix}}{\begin{vmatrix} F_y & F_z \\ G_y & G_z \end{vmatrix}}$，则曲线在点 M 处的切向量为 $\left(1,\dfrac{dy}{dx},\dfrac{dz}{dx}\right)_M$；也可取向量

$$\widetilde{T}=\begin{vmatrix} F_y & F_z \\ G_y & G_z \end{vmatrix}\cdot T=\left(\begin{vmatrix} F_y & F_z \\ G_y & G_z \end{vmatrix},\begin{vmatrix} F_z & F_x \\ G_z & G_x \end{vmatrix},\begin{vmatrix} F_x & F_y \\ G_x & G_y \end{vmatrix}\right)_M$$

即

$$\widetilde{T}=\begin{vmatrix} \boldsymbol{i} & \boldsymbol{j} & \boldsymbol{k} \\ F_x & F_y & F_z \\ G_x & G_y & G_z \end{vmatrix}$$

曲线的切线方程为

$$\frac{x-x_0}{\begin{vmatrix} F_y & F_z \\ G_y & G_z \end{vmatrix}}=\frac{y-y_0}{\begin{vmatrix} F_z & F_x \\ G_z & G_x \end{vmatrix}}=\frac{z-z_0}{\begin{vmatrix} F_x & F_y \\ G_x & G_y \end{vmatrix}} \tag{8-26}$$

曲线的法平面方程为

$$\begin{vmatrix} F_y & F_z \\ G_y & G_z \end{vmatrix}(x-x_0)+\begin{vmatrix} F_z & F_x \\ G_z & G_x \end{vmatrix}(y-y_0)+\begin{vmatrix} F_x & F_y \\ G_x & G_y \end{vmatrix}(z-z_0)=0 \tag{8-27}$$

当然，上述推导需要一些条件，F,G 具有一阶连续偏导数，且 $\begin{vmatrix} F_y & F_z \\ G_y & G_z \end{vmatrix}$，$\begin{vmatrix} F_z & F_x \\ G_z & G_x \end{vmatrix}$，$\begin{vmatrix} F_x & F_y \\ G_x & G_y \end{vmatrix}$ 中至少有一个不为零。

【例 8-51】 求曲线 Γ：$\begin{cases} x^2+y^2+z^2=6 \\ x+y+z=0 \end{cases}$ 在点 $M(1,-2,1)$ 处的切线方程与法平面方程。

解 设 $F(x,y,z)=x^2+y^2+z^2-6$，$G(x,y,z)=x+y+z$，则

$$\begin{aligned}\widetilde{T} &= \begin{vmatrix} \boldsymbol{i} & \boldsymbol{j} & \boldsymbol{k} \\ F_x & F_y & F_z \\ G_x & G_y & G_z \end{vmatrix}=\begin{vmatrix} \boldsymbol{i} & \boldsymbol{j} & \boldsymbol{k} \\ 2x & 2y & 2z \\ 1 & 1 & 1 \end{vmatrix}_M=\begin{vmatrix} \boldsymbol{i} & \boldsymbol{j} & \boldsymbol{k} \\ 2 & -4 & 2 \\ 1 & 1 & 1 \end{vmatrix} \\ &= \begin{vmatrix} -4 & 2 \\ 1 & 1 \end{vmatrix}\cdot\boldsymbol{i}-\begin{vmatrix} 2 & 2 \\ 1 & 1 \end{vmatrix}\cdot\boldsymbol{j}+\begin{vmatrix} 2 & -4 \\ 1 & 1 \end{vmatrix}\cdot\boldsymbol{k} \\ &= -6\boldsymbol{i}+6\boldsymbol{k}\end{aligned}$$

曲线在点 $M(1,-2,1)$ 处的切线方程为

$$\frac{x-1}{-6}=\frac{y+2}{0}=\frac{z-1}{6}$$

即

$$\begin{cases} y=-2 \\ x+z=2 \end{cases}$$

曲线在点 $M(1,-2,1)$ 处的法平面方程为

$$-6(x-1)+6(z-1)=0$$

即
$$x=z$$

二、曲面的切平面与法线

1. 曲面方程是隐函数的形式

若曲面方程由 $F(x,y,z)=0$ 给出,假设函数 $F(x,y,z)$的偏导数在该点连续且不同时为零。

在曲面上,过点 M 任意引一条曲线 Γ(图 8-12),设它的参数方程为

$$x=\varphi(t),\quad y=\psi(t),\quad z=\omega(t)$$

$M(x_0,y_0,z_0)$对应于参数 $t=t_0$,$\varphi'(t_0)$,$\psi'(t_0)$,$\omega'(t_0)$存在且不全为零,则曲线 Γ 在点 M 处的切线方程为

$$\frac{x-x_0}{\varphi'(t_0)}=\frac{y-y_0}{\psi'(t_0)}=\frac{z-z_0}{\omega'(t_0)}$$

因为曲线 Γ 在曲面上,故有

$$F[\varphi(t),\psi(t),\omega(t)]\equiv 0$$

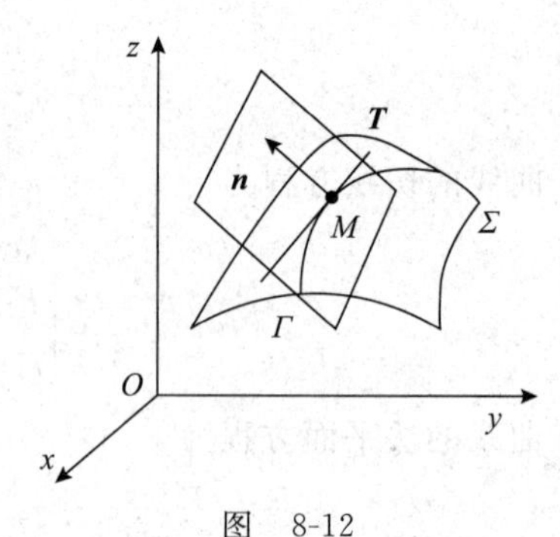

图 8-12

据假设有 $\left.\frac{\mathrm{d}F}{\mathrm{d}t}\right|_{t=t_0}=0$,即

$$F_x(x_0,y_0,z_0)\varphi'(x_0)+F_y(x_0,y_0,z_0)\psi'(y_0)+F_z(x_0,y_0,z_0)\omega'(z_0)=0 \quad (8\text{-}28)$$

引入向量

$$\boldsymbol{n}=(F_x(x_0,y_0,z_0),F_y(x_0,y_0,z_0),F_z(x_0,y_0,z_0))$$
$$\boldsymbol{T}=(\varphi'(t_0),\psi'(t_0),\omega'(t_0))$$

式(8-28)表明 $\boldsymbol{n}\perp\boldsymbol{T}$。

因为 Γ 是过点 M 且在曲面上的任意一条曲线,它们在点 M 处的切线均垂直于同一非零向量 $\boldsymbol{n}$,所以,曲面上过点 M 的一切曲线在点 M 处的切线都位于同一个平面上。

这个平面称为曲面在点 M 处的切平面,其切平面方程为

$$F_x(x_0,y_0,z_0)(x-x_0)+F_y(x_0,y_0,z_0)(y-y_0)+F_z(x_0,y_0,z_0)(z-z_0)=0 \quad (8\text{-}29)$$

过点 $M(x_0,y_0,z_0)$而垂直于该切平面的直线称为曲面在该点的法线,其法线方程为

$$\frac{x-x_0}{F_x(x_0,y_0,z_0)}=\frac{y-y_0}{F_y(x_0,y_0,z_0)}=\frac{z-z_0}{F_z(x_0,y_0,z_0)} \quad (8\text{-}30)$$

曲面在一点的切平面的法向量称为曲面在该点的法向量,因此,向量

$$\boldsymbol{n}=(F_x(x_0,y_0,z_0),F_y(x_0,y_0,z_0),F_z(x_0,y_0,z_0))$$

便是曲面在点 M 处的一个法向量。

【例 8-52】 求曲面 $z-\mathrm{e}^z+2xy=3$ 在点(1,2,0)处的切平面及法线方程。

解 令 $F(x,y,z)=z-\mathrm{e}^z+2xy-3$,则

$$F_x'\big|_{(1,2,0)}=2y\big|_{(1,2,0)}=4,\quad F_y'\big|_{(1,2,0)}=2x\big|_{(1,2,0)}=2,\quad F_z'\big|_{(1,2,0)}=1-\mathrm{e}^z\big|_{(1,2,0)}=0$$

$$\boldsymbol{n}=(F_x(x_0,y_0,z_0),F_y(x_0,y_0,z_0),F_z(x_0,y_0,z_0))=(4,2,0)$$

切平面方程为

$$4(x-1)+2(y-2)+0\cdot(z-0)=0$$

即

$$2x+y-4=0$$

法线方程为

$$\frac{x-1}{2}=\frac{y-2}{1}=\frac{z-0}{0}$$

即

$$\begin{cases}x-2y=-3\\z=0\end{cases}$$

*【例 8-53】 求曲面 $x^2+y^2+z^2-xy-3=0$ 上同时垂直于平面 $z=0$ 与 $x+y+1=0$ 的切平面方程。

解 设 $F(x,y,z)=x^2+y^2+z^2-xy-3$,则

$$F_x=2x-y,\quad F_y=2y-x,\quad F_z=2z$$

曲面在点 (x_0,y_0,z_0) 处的法向量为

$$\boldsymbol{n}=(2x_0-y_0,2y_0-x_0,2z_0)$$

由于平面 $z=0$ 的法向量 $\boldsymbol{n}_1=\{0,0,1\}$,平面 $x+y+1=0$ 的法向量 $\boldsymbol{n}_2=\{1,1,0\}$,因为 $\boldsymbol{n}$ 同时垂直于 $\boldsymbol{n}_1$ 与 $\boldsymbol{n}_2$,所以 $\boldsymbol{n}$ 平行于 $\boldsymbol{n}_1\times\boldsymbol{n}_2$,由

$$\boldsymbol{n}_1\times\boldsymbol{n}_2=\begin{vmatrix}\boldsymbol{i}&\boldsymbol{j}&\boldsymbol{k}\\0&0&1\\1&1&0\end{vmatrix}=-\boldsymbol{i}+\boldsymbol{j}$$

所以存在数 λ,使得

$$(2x_0-y_0,2y_0-x_0,2z_0)=\lambda(-1,1,0)$$

即

$$2x_0-y_0=-\lambda,\quad 2y_0-x_0=\lambda,\quad 2z_0=0$$

解得 $x_0=-y_0,z_0=0$,将其代入题设曲面方程,得切点为 $M_1(1,-1,0)$ 和 $M_2(-1,1,0)$,从而所求的切平面方程为

$$-(x-1)+(y+1)=0$$

即

$$x-y-2=0$$

和

$$-(x+1)+(y-1)=0$$

即

$$x-y+2=0$$

2. 曲面方程是显函数的形式

若曲面由方程 $z=f(x,y)$ 给出,令 $F(x,y,z)=f(x,y)-z=0$,则

$$F_x=f_x,\quad F_y=f_y,\quad F_z=-1$$

当偏导数 $f_x(x,y)$,$f_y(x,y)$ 在点 (x_0,y_0) 处连续时,曲面在点 $M(x_0,y_0,z_0)$ 处的切平面方程为

$$f_x(x_0,y_0)(x-x_0)+f_y(x_0,y_0)(y-y_0)-(z-z_0)=0 \tag{8-31}$$

曲面的法向量为

$$\boldsymbol{n}=(f_x(x_0,y_0),f_y(x_0,y_0),-1)$$

记 α,β,γ 为曲面在点 M 处的法向量的方向角，且法向量朝上，则其方向余弦为 $\cos\alpha=\dfrac{-f_x}{\sqrt{1+f_x^2+f_y^2}},\cos\beta=\dfrac{-f_y}{\sqrt{1+f_x^2+f_y^2}},\cos\gamma=\dfrac{1}{\sqrt{1+f_x^2+f_y^2}}$。

由 $\cos\gamma>0$ 知，法向量与 z 轴正向的夹角应为锐角，故此法向量的指向是朝上的。自然地，另一个法向量的指向是朝下的。

特别地，当 $f_x(x_0,y_0)=f_y(x_0,y_0)=0$ 时，曲面在点 (x_0,y_0,z_0) 处的切平面为 $z-z_0=0$，此切平面平行于 xOy 坐标面，即曲面在点 (x_0,y_0) 处具有水平的切平面。

【例 8-54】 求旋转抛物面 $z=x^2+y^2-1$ 在点(2,1,4)处的切平面及法线方程。

解 设 $f(x,y)=x^2+y^2-1$，则

$$\boldsymbol{n}=(f_x,f_y,-1)=(2x,2y,-1)$$

$$\boldsymbol{n}\big|_{(2,1,4)}=(4,2,-1)$$

所以在点(2,1,4)处的切平面方程为

$$4(x-2)+2(y-1)-(z-4)=0$$

即

$$4x+2y-z-6=0$$

法线方程为

$$\frac{x-2}{4}=\frac{y-1}{2}=\frac{z-4}{-1}$$

习题 8-7

1. 求曲线的切线与法平面方程。

(1) 求曲线 $x=t^2,y=1-t,z=t^3$ 在点(1,0,1)处的切线与法平面方程。

(2) 求曲线 Γ: $x=\int_0^t e^u\cos u\,du$, $y=2\sin t+\cos t$, $z=1+e^{3t}$ 在 $t=0$ 处的切线和法平面方程。

(3) 求曲线 $\begin{cases}x^2+y^2+z^2-3x=0\\2x-3y+5z-4=0\end{cases}$ 在点(1,1,1)处的切线方程与法平面方程。

2. 在曲线 $x=t,y=t^2,z=t^3$ 上求一点，使在此点的切线平行于平面 $x+2y+z=4$。

3. 求下列曲面在指定点处的切平面与法线方程。

(1) $z=x^2+y^2$，在点(1,2,5)处。

(2) $z=x^2+y^2-1$，在点(2,1,4)处。

(3) $3x^2+y^2-z^2=27$，在点(3,1,1)处。

4. 证明：球面 $x^2+y^2+z^2=a^2$ 上任一点 (x_0,y_0,z_0) 处的法线均过球心。

知识结构图、本章小结与学习指导

知识结构图

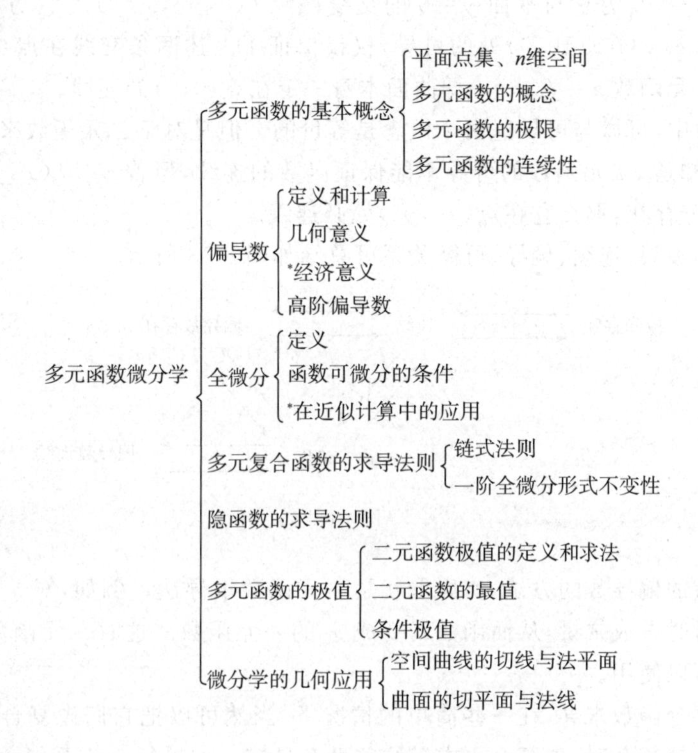

本章小结

本章学习了多元函数的极限与连续、偏导数与全微分、多元函数极值的应用等几部分内容。多元函数微分学是在一元函数微分学的基础上发展起来的，是一元函数微分法的推广与发展。在研究多元函数的有关问题时，常常把它转化为一元函数的问题，但又与一元函数的问题有本质上的不同，因此在学习过程中应注意它们的区别和联系。

1. 关于多元函数的极限与连续性的小结

二元函数微分学与一元函数微分学相比，其根本区别在于自变量点 P 的变化从一维区间发展成二维区域。在区间上 P 的变化只能有左右两个方向；对区域来说，点的变化则可以有无限多个方向。这就是研究二元函数所产生的一切新问题的根源。

例如，考察二元函数的极限与连续性时，应特别注意的是极限的存在性，应包含各个方向的逼近过程，而不再是一元函数的一个单方向，或至多是两个单侧极限。从这里我们可以体会到，从一维跨入二维后情况会变得多么复杂。

2. 关于偏导数与全微分的小结

对于这一部分来说，最本质的问题是弄清楚偏导数、全微分及它们之间的关系，以及它们与连续性之间的关系。

如在一元函数中，我们知道函数在可导点处必定连续，但是对于二元函数来说，这一结论并不一定成立。多元可导函数与一元可导函数的这一重大差异可能使初学者感到诧异，其实仔细想一想是可以理解的。因为偏导数 $f_x'(0,0)$实质上是一元函数 $f(x,0)$在 $x=0$ 处关于 x 的导数。它的存在只保证了一元函数 $f(x,0)$在点$(0,0)$处的连续。同理，偏导数 $f_y'(0,0)$的存在保证了 $f(0,y)$在点$(0,0)$处的连续，从几何意义来看，$z=f(x,y)$是一张曲面，$z=f(x,0)$，$y=0$ 为它与平面 $y=0$ 的交线；$z=f(0,y)$，$x=0$ 为它与平面 $x=0$ 的交线。函数 $z=f(x,y)$在点$(0,0)$处的可导，仅仅保证了上述两条交线在点$(0,0)$处连续，当然不足以说明二元函数 $z=f(x,y)$即曲面本身一定在点$(0,0)$处连续。

在一元函数中，可微与可导这两个概念是等价的。但是对于二元函数来说，可微性要比可导性强，我们知道，二元函数的可导不能保证函数的连续，但若 $z=f(x,y)$在点(x_0,y_0)处可微，即全微分存在，那么它在点(x_0,y_0)处必连续。

二元函数的极限、连续、偏导、可微关系可总结如图 8-13 所示。

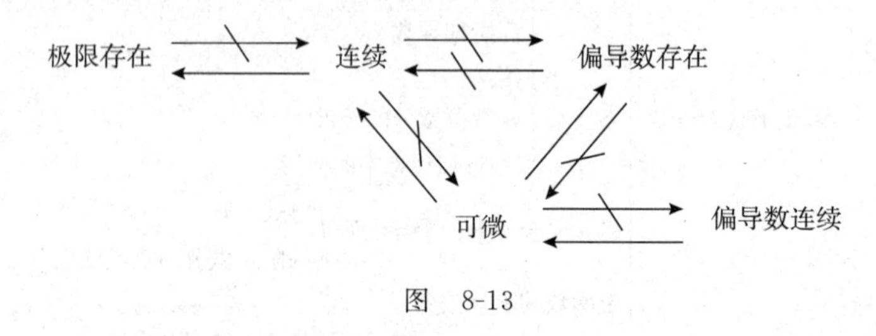

图 8-13

求多元函数的偏导数的方法，实质上就是一元函数求导法。例如，对 x 求偏导，就是把其余自变量都暂时看成常量，从而函数就变成 x 的一元函数。这时一元函数的所有求导公式和法则统统可以使用。

对于多元复合函数求导，在一些简单的情况下，当然可以把它们先复合再求偏导数，但是当复合关系比较复杂时，先复合再求导往往繁杂易错。如果复合关系中含有抽象函数，先复合的方法有时就行不通。这时，复合函数的求导的链式法则便显示了其优越性。在利用链式法则求偏导数时，要把握复合函数的复合关系以及哪些是中间变量、哪些是自变量，利用函数结构的链式图，正确地写出复合函数求导公式。根据函数结构图写出复合函数求导公式的过程归纳成口诀为：分线相加，连线相乘；分清变量，逐层求导。由于函数复合关系可以多种多样，在使用求导公式时应仔细分析，灵活运用。

在求高阶偏导数时，要特别注意的是函数对中间变量的偏导数仍然是复合函数，而且与原来函数有相同的复合结构。这样就会避免求导时出现漏项的错误。

最后，多元函数与一元函数的一个共同特点是都具有微分形式不变性。

3. 关于多元函数与微分学应用的小结

正如所有的应用部分的内容一样，这一部分涉及很多的公式，如切线、法线方程，切平面、法平面方程等。我们应当熟记并理解这些式子的含义，利用公式直接求解。

在实际问题中，我们还需要解决求给定函数在特定区域中的最大值或最小值问题。最大值、最小值是全局性概念，而极值却是局部性概念，它们有区别也有联系。如果连续函数的最大值、最小值在区域内部取得，那么它一定就是此函数的极大值、极小值。又若函数在区域内可导，那么最值点一定在驻点处取得。由于从实际问题建立的函数往往都是连续可导函数，而且最大(最小)值的存在性是显然的。因此，求最大值、最小值的步骤通常可简化为三步。

(1) 根据实际问题建立函数关系,确定定义域。

(2) 求驻点。

(3) 结合实际意义判定最大值、最小值。

对于条件极值问题,我们往往使用拉格朗日乘数法。用拉格朗日乘数法求出的点可能是极值点,到底是否为极值点还是要用极值存在的充分条件或其他方法判别。但是,若讨论的目标函数是从实际问题中得来的,且实际问题确有极值,通过拉格朗日乘数法求得的可能极值点只有一个,则此点就是极值点,无须再判断。

有时我们也把条件极值化成无条件极值来处理,并不是化成原来函数的无条件极值,而是代入条件后化成减少了自变量的新函数的无条件极值。

学习指导

1. 本章要求

(1) 理解多元函数的概念和二元函数的几何意义。

(2) 了解二元函数的极限与连续性的概念,以及有界闭区域上的连续函数的性质。

(3) 理解多元函数偏导数和全微分的概念,会求全微分,了解全微分存在的必要条件和充分条件,了解一阶全微分形式的不变性。

(4) 掌握多元复合函数偏导数的求法。

(5) 会求隐函数(包括由方程组确定的隐函数)的偏导数。

(6) 了解曲线的切线和法平面及曲面的切平面和法线的概念,会求它们的方程。

(7) 理解多元函数极值和条件极值的概念,掌握多元函数极值存在的必要条件,了解二元函数极值存在的充分条件,会求二元函数的极值,会用拉格朗日乘数法求条件极值,会求简单多元函数的最大值和最小值,并会解决一些简单的应用问题。

2. 学习重点

(1) 二元函数的极限与连续性。

(2) 函数的偏导数和全微分。

(3) 多元复合函数偏导数。

(4) 隐函数的偏导数。

(5) 曲线的切线和法平面及曲面的切平面和法线。

(6) 多元函数极值和条件极值的求法。

3. 学习难点

(1) 二元函数的极限与连续性的概念。

(2) 全微分形式的不变性。

(3) 复合函数偏导数的求法。

(4) 隐函数(包括由方程组确定的隐函数)的偏导数。

(5) 拉格朗日乘数法。

4. 学习建议

(1) 学习多元函数,应先回忆一元函数的有关内容,因为多元函数的许多概念和方法不仅与一元函数类似,而且是在一元函数的基础上推广而得到的,因而在学习时,要注意两者之间的对比，注意其异同和推广的思路。这样，将有助于深入理解概念，掌握和记忆重要方法。这是学习多元函数首先要注意的。

(2) 学习二元函数时，一定要把一些名词的含义弄清楚：区域、边界、边界点、开区域、闭区域、有界区域、无界区。

(3) 要弄清楚二重极限定义中变点是以任意方式趋于固定点的。

(4) 复合函数的求导法则是多元函数微分学的重点，务必彻底弄懂，牢固掌握，并能熟练应用。求解时关键在于弄清复合函数的结构，其中哪些是自变量，哪些是中间变量，特别是有些自变量兼作中间变量的情形，在运用时要加倍小心。

(5) 在偏导数的应用中，求函数的极大值、极小值和最大值、最小值是一个重要的方面，在解这类实际问题时，建立目标函数是关键，读者要注重培养自己在这方面的能力。求曲面的切平面与法线，曲线的切线与法平面是偏导数应用的另一个重要方面，不论曲线和曲面的方程以何种形式给出，都要牢固地掌握它们的求法。

扩展阅读

数学的三大流派

数学基础从产生的初期便分成相互对立的三大流派：最早出现的是以罗素为代表的逻辑主义，它强调逻辑而排斥直觉，主张逻辑是整个数学的唯一基础；继之而起的是以布劳威尔为代表的直觉主义，它强调直觉而排斥逻辑，主张直觉才是数学的唯一基础；最后兴起的是以希尔伯特为代表的形式主义，它不像前两个学派那样极端尖锐，而是显得比较谦和，但仍然认为逻辑具有先验的真理性以及数学整个地具有逻辑的特征，它主张通过逻辑的相容性即无矛盾性来辩护数学的真理性和合法性。三大流派之间的热烈辩论成为现代数学史上著名的数学基础大论战。1930 年，奥地利数理逻辑学家哥德尔不完备性定理的证明暴露了各派的弱点(数学家的思维被错误的哲学支配了，他们无视数学的历史发展，追求所谓“绝对严格”的、“一劳永逸”的数学逻辑基石，而缺乏“严格只能是相对的”辩证唯物主义观点)，哲学的争论才冷淡下来。现今的数学家和数学哲学家，极少有人属于某一个固定的流派，他们不将兴趣表现于哲学立场，不再死死地苛求为数学提供一个绝对严格的基础。数学为什么必须是绝对严格的呢？难免有漏洞，允许修正、具有暂时性和相对性并不断发展，这些同时为别的科学所具备的特征，不是更符合数学的实际面貌吗？他们宁愿采取辩证路线，取各派之长，遵循不越出知识边界这样一个方法论准则，继续寻求数学基础及数理逻辑发展的规律。

1. 逻辑主义

逻辑主义学派的论题是，数学可以还原为逻辑学，因此，数学只不过是逻辑学的一部分。他们认为，数学概念可以通过显定义而从逻辑概念推导出来，数学定理可以通过纯粹的逻辑演绎法而从逻辑公理推导出来。罗素说：“逻辑学是数学的青年时代，而数学是逻辑学的壮年时代。”按照罗素的主张，数学只不过是由命题 p 推出命题 q 的这种演绎的总和。他甚至说：“数学是这样一门学科，在其中我们永远不会知道我们所讲的是什么，也不会知道我们所说的是否为真。”在巨著《数学原理》中，罗素和怀特黑德通过显定义来产生一些具有实数的通常性质(根据这些定义)的逻辑构造。逻辑主义认为引进实数这种方法的关键在于，实数不是假定的，而是构造的。他们用类似的构造方法引进了分析学中的收敛、极限、连续性、微商、微分积分等概念，以及集合论中的超穷基数、序数等概念。罗素使用一套符号语言，从逻辑的基本法则出发，建立了自然数理论、实数理论和解析几何。这种“构造主义”的方法构成逻辑主义的本质部分。

2. 直觉主义

直觉主义学派走向另一个极端。它的基本哲学立场是把数学看成人类心智固有的一种创造活动，是人脑一种自由的、生气勃勃的思维(精神)活动的产物。它主张数学的对象及真理不能脱离数学的理性或直觉而独立存在，数学理论的真伪只能通过人的直觉来判断。

3. 形式主义

希尔伯特是反对直觉主义最有力的形式主义学派的领导人，而且是当之无愧的最伟大的现代数学家。希尔伯特像是数学世界的亚历山大，在整个数学版图上，留下了他那巨大显赫的名字。正如《自然》杂志所指出的，那里有希尔伯特空间、希尔伯特不等式、希尔伯特变换、希尔伯特不变积分、希尔伯特不可约性定理、希尔伯特基定理、希尔伯特公理、希尔伯特子群、希尔伯特类域。希尔伯特以及以他为代表的哥廷根学派的巨大成就，培育了一代新数学，不仅为19世纪末20世纪初的数学发展开辟了道路，而且至今依然产生着强大而神奇的影响。

希尔伯特提出了大部分形式主义观点。形式主义主张逻辑和数学必须同时加以研究，两者的公理系统的基本概念都是没有意义的。数学思维的对象是符号本身，符号就是本质。公理也只是一行行符号，无所谓真假，只要能证明该公理系统是相容即不互相矛盾的，那么该公理系统便获得承认。因此，数学本身是一堆形式演绎系统的集合，每个形式系统都包含自己的逻辑、概念、公理、定理及其推导法则。数学的任务就是发展出每一个由公理系统所规定的形式演绎系统，在每一个系统中，通过一系列程序来证明定理，只要这种推演过程不产生矛盾，便获得一种真理。无矛盾性就是数学的真理所在，而不在于能否构造出来。

总复习题八

1. 填空题。

(1) 函数 $z=\arcsin\dfrac{x-y}{3}+\ln(y-x)$ 的定义域是________。

(2) 设 $z=(1+x)^{xy}$，则 $\dfrac{\partial z}{\partial y}=$________。

(3) 设 $f(x,y)=ye^{xy}+\arcsin\dfrac{x-1}{\sqrt{xy}}$，则 $f_y(1,1)=$________。

(4) 设 $z=\arctan\dfrac{y}{x}$，则 $\dfrac{\partial^2 z}{\partial x\partial y}=$________。

(5) $z=\dfrac{y^2}{x}$，则 $dz|_{(2,1)}=$________。

(6) 曲线 $x=a\cos t, y=a\sin t, z=bt$ 在 $t=\frac{\pi}{2}$ 处的切线方程为__________。

(7) $z=u^2\ln v, u=\frac{x}{y}, v=3x-2y$，则 $\frac{\partial z}{\partial x}=$________。

(8) $f(x,y)=\begin{cases}1, & xy=0\\ 0, & xy\neq 0\end{cases}$ 在点(0,0)处的偏导数________(是否)存在，在点(0,0)处________(是否)连续。

(9) 设 $xy-yz=0$ 确定了函数 $z=f(x,y)$，则 $\frac{\partial z}{\partial x}=$________，$\frac{\partial z}{\partial y}=$________。

(10) 曲面 $z-e^z+2xy=3$ 在点(1,2,0)处的切平面方程为________。

2. 选择题。

(1) 函数 $f(x,y)=\frac{\sqrt{4x-y^2}}{\ln(1-x^2-y^2)}$ 的定义域是(　　)。

A. $D=\{(x,y)\mid y^2\leqslant 4x$ 且 $x^2+y^2<1\}$
B. $D=\{(x,y)\mid y^2\leqslant 4x$ 且 $0<x^2+y^2<1\}$
C. $D=\{(x,y)\mid y^2<4x$ 且 $x^2+y^2\leqslant 1\}$
D. $D=\{(x,y)\mid y^2<4x$ 且 $0<x^2+y^2\leqslant 1\}$

(2) 设 $z=\sin^2(ax+by)$，则 $\frac{\partial^2 z}{\partial x^2}=$(　　)。

A. $2a^2\sin 2(ax+by)$　　B. $2a^2\cos 2(ax+by)$
C. $2a^2\sin(ax+by)$　　D. $2a^2\cos(ax+by)$

(3) 设 $z=xy$，则 $dz=$(　　)。

A. $y\,dx+x\,dy$　　B. $x\,dx+y\,dy$
C. $x(dx+dy)$　　D. $dx+dy$

(4) 设 $f(x,y)=\ln\left(xy+\frac{1}{x+y}\right)+\frac{x^2+y^2}{xy-1}$，则 $f_x(1,0)=$(　　)。

A. 1　　B. 0　　C. -1　　D. -3

(5) 设 $z=\varphi(x^2+y^2), u=x^2+y^2$，下面四个式子中写法正确的是(　　)。

A. $\frac{\partial z}{\partial x}=\frac{\partial \varphi}{\partial u}$　　B. $\frac{\partial z}{\partial x}=\frac{d\varphi}{du}\cdot\frac{du}{dx}$
C. $\frac{\partial z}{\partial x}=\frac{d\varphi}{du}\cdot\frac{\partial u}{\partial x}$　　D. $\frac{\partial z}{\partial x}=\frac{\partial \varphi}{\partial u}\cdot\frac{du}{dx}$

(6) 对于二元函数 $z=f(x,y)$，下面的结论中正确的是(　　)。

A. 偏导数存在的点一定是连续点
B. 可微点一定是连续点
C. 极值点一定是驻点
D. 驻点一定是极值点

(7) 设 $z=\ln(\sqrt{x}+\sqrt{y})$，则 $x\frac{\partial z}{\partial x}+y\frac{\partial z}{\partial y}=$(　　)。

A. $-\frac{1}{2}$　　B. $\frac{1}{2}$　　C. 1　　D. -1

(8) 设函数 $z=f(x,y)$ 具有二阶连续偏导数，在点 $P_0(x_0,y_0)$ 处，有 $f_x(P_0)=0$，$f_y(P_0)=0$，$f_{xx}(P_0)=f_{yy}(P_0)=0$，$f_{xy}(P_0)=f_{yx}(P_0)=2$，则(　　)。

A. 点 P_0 是函数 z 的极大值点

B. 点 P_0 是函数 z 的极小值点

C. 点 P_0 非函数 z 的极值点

D. 条件不够，无法判定

(9) 对于函数 $f(x,y)=x^2-y^2$，点 $(0,0)$(　　)。

A. 不是驻点　　B. 是驻点而非极值点

C. 是极大值点　　D. 是极小值点

(10) $\lim\limits_{(x,y)\to(0,0)}\dfrac{\sin(x^2+y^2)}{x^2+y^2}$ 为(　　)。

A. 0　　B. 不存在

C. -1　　D. 1

3. 解答题。

(1) 求 $u=\sqrt{1-(x^2+y^2)^2}$ 的定义域。

(2) 设 $g(x,y)=\begin{cases}\dfrac{xy}{x^2+y^2} & (x^2+y^2\neq 0)\\ 0 & (x^2+y^2=0)\end{cases}$，求 $g_x(0,0)$，$g_y(0,0)$。

(3) 求下列函数的一阶偏导数。

① $z=(1+xy)^y$　　② $z=\ln\sin(x-2y)$

③ $z=(\sin x)^{\cos y}$

(4) 设函数 $z=\sin(x^2-2y)$，求 $\dfrac{\partial^2 z}{\partial x\partial y}$。

(5) 设 $z=x^2y-xy^2$，$x=u\cos v$，$y=u\sin v$，求 $\dfrac{\partial z}{\partial u}$，$\dfrac{\partial z}{\partial v}$。

(6) 求函数 $z=\ln(x+\ln y)$ 的全微分。

(7) 求由方程 $x^3+y^3+z^3+xyz-6=0$ 所确定的隐函数 z 在点 $(1,2,-1)$ 处的偏导数 $\dfrac{\partial z}{\partial x}$，$\dfrac{\partial z}{\partial y}$。

(8) 求 $x=t-\sin t$，$y=1-\cos t$，$z=4\sin\dfrac{t}{2}$ 在 $t=\dfrac{\pi}{2}$ 处的切线和法平面方程。

(9) 问球面 $x^2+y^2+z^2=104$ 上哪一点的切平面与平面 $3x+4y+z=2$ 平行？求此切平面方程。

(10) 求函数 $f(x,y)=e^{2x}(x+y^2+2y)$ 的极值。

4. 证明题。

(1) 证明 $\lim\limits_{(x,y)\to(0,0)}\dfrac{x^2y}{x^4+y^2}$ 极限不存在。

(2) 设 $z=xe^{\frac{y}{x}}$，证明：$x\dfrac{\partial z}{\partial x}+y\dfrac{\partial z}{\partial y}=z$。

考研真题

1. 填空题。

(1) 设函数 $y=f(x)$ 由方程 $e^{2x+y}-\cos(xy)=e-1$ 所确定，则曲线 $y=f(x)$ 在点 $(0,1)$ 处的法线方程为________。

(2) 曲面 $z=x^2+y^2$ 与平面 $2x+4y-z=0$ 平行的切平面的方程是________。

(3) 函数 $f(u,v)$ 由关系式 $f[xg(y),y]=x+g(y)$ 确定，其中函数 $g(y)$ 可微，且 $g(y)\neq 0$，则 $\dfrac{\partial^2 f}{\partial u\partial v}=$________。

(4) 设二元函数 $z=xe^{x+y}+(x+1)\ln(1+y)$，则 $dz\big|_{(1,0)}=$________。

2. 选择题。

(1) 设有三元方程 $xy-z\ln y+e^{xz}=1$，根据隐函数存在定理，存在点 $(0,1,1)$ 的一个邻域，在此邻域内该方程(　　)。

A. 只能确定一个具有连续偏导数的隐函数 $z=z(x,y)$

B. 可确定两个具有连续偏导数的隐函数 $x=x(y,z)$ 和 $z=z(x,y)$

C. 可确定两个具有连续偏导数的隐函数 $y=y(x,z)$ 和 $z=z(x,y)$

D. 可确定两个具有连续偏导数的隐函数 $x=x(y,z)$ 和 $y=y(x,z)$

(2) 设 $f(x,y)$ 与 $\varphi(x,y)$ 均为可微函数，且 $\varphi_y(x,y)\neq 0$，已知 (x_0,y_0) 是 $f(x,y)$ 在约束条件 $\varphi(x,y)=0$ 下的一个极值点，下列选项中正确的是(　　)。

A. 若 $f_x(x_0,y_0)=0$，则 $f_y(x_0,y_0)=0$

B. 若 $f_x(x_0,y_0)=0$，则 $f_y(x_0,y_0)\neq 0$

C. 若 $f_x(x_0,y_0)\neq 0$，则 $f_y(x_0,y_0)=0$

D. 若 $f_x(x_0,y_0)\neq 0$，则 $f_y(x_0,y_0)=0$

(3) 设可微函数 $f(x,y)$ 在点 (x_0,y_0) 处取得极小值，则下列结论中正确的是(　　)。

A. $f(x_0,y)$ 在 $y=y_0$ 处的导数等于零

B. $f(x_0,y)$ 在 $y=y_0$ 处的导数大于零

C. $f(x_0,y)$ 在 $y=y_0$ 处的导数小于零

D. $f(x_0,y)$ 在 $y=y_0$ 处的导数不存在

(4) 已知函数 $f(x,y)$ 在点 $(0,0)$ 的某个邻域内连续，且 $\lim\limits_{(x,y)\to(0,0)}\dfrac{f(x,y)-xy}{(x^2+y^2)^2}=1$，则(　　)。

A. 点 $(0,0)$ 不是 $f(x,y)$ 的极值点

B. 点 $(0,0)$ 是 $f(x,y)$ 的极大值点

C. 点 $(0,0)$ 是 $f(x,y)$ 的极小值点

D. 根据所给条件无法判断点 $(0,0)$ 是否为 $f(x,y)$ 的极值点

(5) 考虑二元函数 $f(x,y)$ 的下面 4 条性质。

① $f(x,y)$ 在点 (x_0,y_0) 处连续；

② $f(x,y)$在点(x_0,y_0)处的两个偏导数连续；

③ $f(x,y)$在点(x_0,y_0)处可微；

④ $f(x,y)$在点(x_0,y_0)处的两个偏导数存在。

若用“$P\Rightarrow Q$”表示可由性质 P 推出性质 Q，则有(　　)。

A. ②⇒③⇒①　　B. ③⇒②⇒①　　C. ③⇒④⇒①　　D. ③⇒①⇒④

3. 计算题。

(1) 设函数 $f(u)$在$(0,+\infty)$内具有二阶导数，且 $z=f(\sqrt{x^2+y^2})$满足等式

$$\frac{\partial^2 z}{\partial x^2}+\frac{\partial^2 z}{\partial y^2}=0$$

要求：

① 验证 $f''(u)+\frac{f'(u)}{u}=0$；

② 若 $f(1)=0, f'(1)=1$，求函数 $f(u)$的表达式。

(2) 设 $f(u,v)$具有二阶连续偏导数，且满足$\frac{\partial^2 f}{\partial u^2}+\frac{\partial^2 f}{\partial v^2}=1$，又 $g(x,y)=f\left[xy,\frac{1}{2}(x^2-y^2)\right]$，求$\frac{\partial^2 g}{\partial x^2}+\frac{\partial^2 g}{\partial y^2}$。

第九章 重 积 分

一元函数的积分学，对非均匀分布在某区间上的一些几何量、物理量(如曲边梯形的面积、变力沿直线做功等)进行了计算，引入了定积分的概念，并用微元法介绍了定积分的应用。在实际生活中，还有许多问题，如一般立体的体积、非均匀薄片和曲线型构件的质量、质点沿曲线做功等，用一元函数的定积分是无法解决的，需要对一元函数的定积分进行推广。本章将重点介绍重积分(二重积分和三重积分)的概念、计算方法及它们的一些应用。

第一节 二重积分

一、二重积分的概念

1. 曲顶柱体的体积

设有一立体，它的底是 xOy 面上的闭区域 D，它的侧面是以 D 的边界曲线为准线而母线平行于 z 轴的柱面，它的顶是曲面 $z=f(x,y)$，令 $f(x,y)\geqslant 0$ 且在 D 上连续(图 9-1)。这种立体叫作曲顶柱体。现在我们来讨论如何计算曲顶柱体的体积。

我们知道平顶柱体的高是不变的，它的体积可以用：

$$\text{体积}=\text{底面积}\times\text{高}$$

来计算。但曲顶柱体的高是变化的，不能按上述公式来计算体积。我们可以仿效曲边梯形面积的解决方式，通过分割、近似代替、求和、取极限的方法来处理。

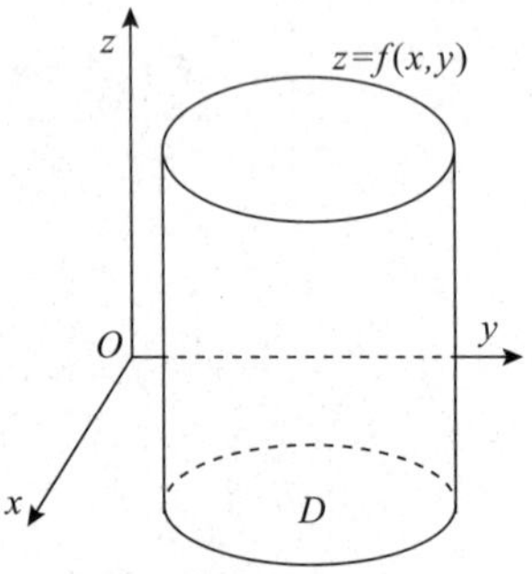

图 9-1

(1) 分割：用一组曲线网把区域 D 任意分成 n 个小闭区域 $\Delta\sigma_1,\Delta\sigma_2,\cdots,\Delta\sigma_n$，同时用 $\Delta\sigma_i$ 表示第 i 个小闭区域的面积。以每个小闭区域的边界为准线作母线平行于 z 轴的柱面，从而立体就被分成了分别以这些小闭区域为底的 n 个小曲顶柱体。

(2) 近似代替：用 λ_i 表示第 i 个小闭区域上任意两点之间的距离的最大值(也称为第 i 个小区域的直径)，并记 $\lambda=\max\{\lambda_1,\lambda_2,\cdots,\lambda_n\}$，当分割得很细密，即 $\lambda\to 0$ 时，由于 $z=f(x,y)$是连续变化的，在每个小区域上，各点高度变化不大，可以近似看作平顶柱体。因而可在 $\Delta\sigma_i$ 内任取一点(ξ_i,η_i)，以 $f(\xi_i,\eta_i)$为高而底为 $\Delta\sigma_i$ 的小平顶柱体(图 9-2)的体积 $f(\xi_i,\eta_i)\Delta\sigma_i$ 作为第 i 个小曲顶柱体体积 ΔV_i 的近似值，即

$$\Delta V_i\approx f(\xi_i,\eta_i)\Delta\sigma_i\quad(i=1,2,\cdots,n)$$

(3) 求和：这 n 个小平顶柱体的体积之和可以认为是整个曲顶柱体体积的近似值，即

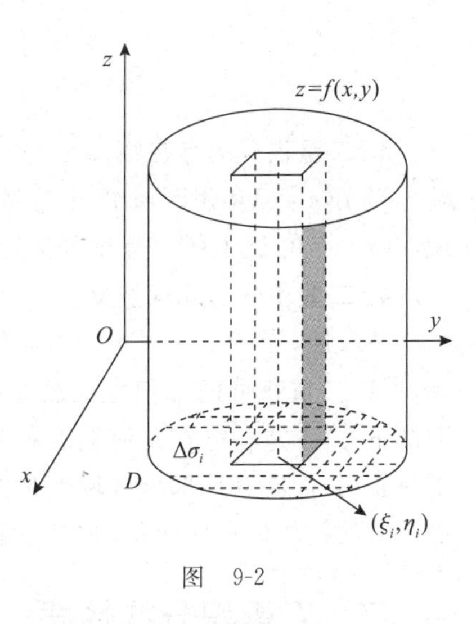

图　9-2

$$V=\sum_{i=1}^{n}\Delta V_i \approx \sum_{i=1}^{n} f(\xi_i,\eta_i)\Delta\sigma_i$$

(4) 取极限：显然区域 D 分得越细密，$f(\xi_i,\eta_i)\Delta\sigma_i$ 越接近 ΔV_i，当 $\lambda\to 0$ 时，$\lim\limits_{\lambda\to 0}\sum\limits_{i=1}^{n} f(\xi_i,\eta_i)\Delta\sigma_i$ 就是给定曲顶柱体的体积，即

$$V=\lim_{\lambda\to 0}\sum_{i=1}^{n} f(\xi_i,\eta_i)\Delta\sigma_i$$

2. 二重积分的定义

在物理、力学、几何和工程技术中，有许多物理量或几何量归结为求这一形式的和的极限，因此，我们撇开这些具体问题的实际意义，从中抽象概括出共同的数学本质，得出二重积分的定义。

定义 9-1　设函数 $f(x,y)$是有界闭区域 D 上的有界函数，将闭区域 D 任意分成n 个小闭区域 $\Delta\sigma_1,\Delta\sigma_2,\cdots,\Delta\sigma_n$，其中 $\Delta\sigma_i$ 表示第 i 个小闭区域，也表示它的面积。在每个 $\Delta\sigma_i$ 上任取一点(ξ_i,η_i)，作乘积 $f(\xi_i,\eta_i)\Delta\sigma_i$，并作和 $\sum\limits_{i=1}^{n} f(\xi_i,\eta_i)\Delta\sigma_i$。如果当各个小闭区域的直径中的最大值 λ 趋于零时，该和的极限总存在，且其值不依赖于区域 D 的分法，也不依赖于点(ξ_i,η_i)的取法，则称此极限为函数 $f(x,y)$在闭区域 D 上的二重积分，记作$\iint\limits_D f(x,y)\mathrm{d}\sigma$，即

$$\iint\limits_D f(x,y)\mathrm{d}\sigma=\lim_{\lambda\to 0}\sum_{i=1}^{n} f(\xi_i,\eta_i)\Delta\sigma_i \tag{9-1}$$

式中，$f(x,y)$叫作被积函数；$f(x,y)\mathrm{d}\sigma$ 叫作被积表达式；$\mathrm{d}\sigma$ 叫作面积元素；x 与 y 叫作积分变量；D 叫作积分区域；$\sum\limits_{i=1}^{n} f(\xi_i,\eta_i)\Delta\sigma_i$ 叫作积分和。

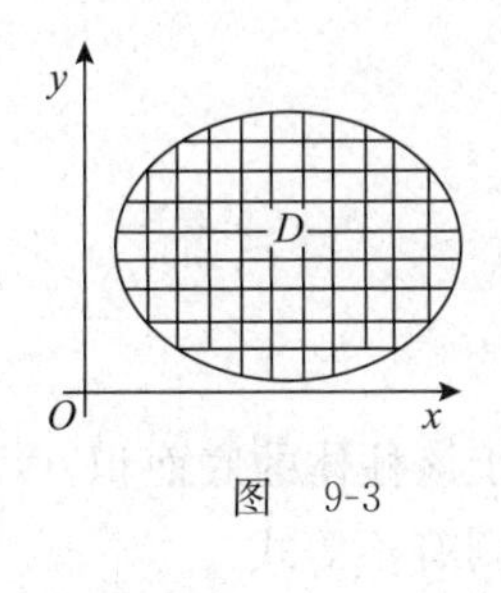

图　9-3

注意：上述定义中，对 D 的分割以及对 $\Delta\sigma_i$ 上点(ξ_i,η_i)的取法都是任意的，即二重积分的存在与区域 D 的分法无关，与(ξ_i,η_i)的取法也无关。这个极限值只与被积函数 $f(x,y)$及其积分区域 D 有关。如果在直角坐标系中用平行于坐标轴的直线族把 D 分成一些小区域，这些小区域除去靠 D 的边界的一些不规则小区域外，绝大部分都是小矩形(图 9-3)。设矩形闭区域 $\Delta\sigma_i$ 的边长为 Δx_i 和 Δy_i，则 $\Delta\sigma_i=\Delta x_i\Delta y_i$。因此在直角坐标系中，有时也把面积元素 $\mathrm{d}\sigma$ 记作 $\mathrm{d}x\mathrm{d}y$，故二重积分记为

$$\iint\limits_D f(x,y)\mathrm{d}\sigma=\iint\limits_D f(x,y)\mathrm{d}x\mathrm{d}y$$

式中，$\mathrm{d}x\mathrm{d}y$ 叫作直角坐标系中的面积元素。

根据二重积分的定义，前面提到的曲顶柱体的体积就是曲顶上点的竖坐标 $f(x,y)$在底 D 上的二重积分，即

$$V=\iint\limits_{D} f(x,y)\mathrm{d}x\mathrm{d}y$$

3. 二重积分的存在性

当 $f(x,y)$在闭区域 D 上连续时,可以证明式(9-1)右端的和的极限必定存在,也就是说 $f(x,y)$在 D 上的二重积分必定存在。

4. 二重积分的几何意义

一般地,当 $f(x,y)\geqslant 0$ 时,被积函数 $f(x,y)$可解释为曲顶柱体的顶点(x,y)处的竖坐标,所以二重积分的几何意义就是曲顶柱体的体积;当 $f(x,y)<0$ 时,曲顶柱体就在 xOy 面的下方,二重积分在几何上表示曲顶柱体的体积的负值;若 $f(x,y)$在 D 的若干部分区域上是正的,而在其他部分区域上是负的,因此可以把 xOy 面上方的柱体体积取成正,把 xOy 面下方的柱体体积取成负,则二重积分就表示这些部分区域上的曲顶柱体的体积的代数和。

二、二重积分的性质

由于二重积分与定积分都是和式的极限,因此二重积分与定积分有类似的性质,并且其证明也与定积分性质的证明类似,下面我们不加证明的叙述如下。

性质 1 常数因子可提到积分号之外:

$$\iint\limits_{D} cf(x,y)\mathrm{d}\sigma=c\iint\limits_{D} f(x,y)\mathrm{d}\sigma \quad (c\ 为常数)$$

性质 2 有限个函数的和(或差)的二重积分等于各个函数的二重积分的和(或差):

$$\iint\limits_{D}[f(x,y)\pm g(x,y)]\mathrm{d}\sigma=\iint\limits_{D} f(x,y)\mathrm{d}\sigma\pm\iint\limits_{D} g(x,y)\mathrm{d}\sigma$$

性质 3 积分对区域的可加性:如果闭区域 D 被有限条曲线分为有限个部分闭区域,则在 D 上的二重积分等于在各部分闭区域上的二重积分的和。

例如,D 分为两个闭区域 D_1 与 D_2,则

$$\iint\limits_{D} f(x,y)\mathrm{d}\sigma=\iint\limits_{D_1} f(x,y)\mathrm{d}\sigma+\iint\limits_{D_2} f(x,y)\mathrm{d}\sigma$$

性质 4 如果在 D 上,$f(x,y)\equiv 1$,σ 为区域 D 的面积,则

$$\iint\limits_{D} 1\mathrm{d}\sigma=\iint\limits_{D}\mathrm{d}\sigma=\sigma$$

此性质的几何意义很明显,高为 1 的平顶柱体的体积在数值上就等于该柱体的底面积。

性质 5 积分保持不等号的性质:如果在 D 上,$f(x,y)\leqslant\varphi(x,y)$,则有不等式

$$\iint\limits_{D} f(x,y)\mathrm{d}\sigma\leqslant\iint\limits_{D}\varphi(x,y)\mathrm{d}\sigma$$

特殊地,由于$-|f(x,y)|\leqslant f(x,y)\leqslant|f(x,y)|$,故由上式可以推出

$$\left|\iint\limits_{D} f(x,y)\mathrm{d}\sigma\right|\leqslant\iint\limits_{D}|f(x,y)|\mathrm{d}\sigma$$

性质 5 常用于比较两个二重积分的大小。

性质 6(二重积分的估值定理) 设 M,m 分别是 $f(x,y)$在闭区域 D 上的最大值和最

小值，σ 是 D 的面积，则有

$$m\sigma \leqslant \iint_D f(x,y)\mathrm{d}\sigma \leqslant M\sigma$$

性质 6 常用于估计积分的值。

性质 7(二重积分的中值定理)　设函数 $f(x,y)$ 在闭区域 D 上连续，σ 是 D 的面积，则在 D 上至少存在一点 (ξ,η)，使得

$$\iint_D f(x,y)\mathrm{d}\sigma = f(\xi,\eta)\sigma$$

二重积分的中值定理的几何意义：在 D 上至少存在一点 (ξ,η)，使以曲面 $z=f(x,y)$ 为曲顶，以 D 为底的曲顶柱体的体积，等于 D 上以 $f(\xi,\eta)$ 为高的平顶柱体的体积。

【例 9-1】　(1) 利用二重积分性质比较积分 $\iint_D (x+y)^2\mathrm{d}\sigma$ 与 $\iint_D (x+y)^3\mathrm{d}\sigma$ 的大小，其中 D 由 x 轴，y 轴及直线 $x+y=1$ 所围成。

(2) 估计二重积分的值 $\iint_D (2x^2+2y^2+9)\mathrm{d}\sigma$，其中 D 是圆形闭区域 $x^2+y^2\leqslant 4$。

解　(1) 因为当点 $(x,y)\in D$ 时，有 $(x+y)^2\geqslant(x+y)^3$，于是由性质 5 得

$$\iint_D (x+y)^2\mathrm{d}\sigma \geqslant \iint_D (x+y)^3\mathrm{d}\sigma$$

(2) 因为 $0\leqslant x^2+y^2\leqslant 4$，故 $9\leqslant 2x^2+2y^2+9\leqslant 17$，于是由性质 6 得

$$36\pi \leqslant \iint_D (2x^2+2y^2+9)\mathrm{d}\sigma \leqslant 68\pi$$

习题 9-1

1. 用二重积分表示下列曲顶柱体的体积，并用不等式组表示曲顶柱体在 xOy 坐标面上的底。

(1) 由平面 $x+y+z=1$ 及 $x=0,y=0,z=0$ 所围成的立体 V。

(2) 由椭圆抛物面 $z=2-(4x^2+y^2)$ 及平面 $z=0$ 所围成的立体 V。

2. 利用二重积分的几何意义，不经计算，直接给出下列二重积分的值。

(1) $\iint_D 2\mathrm{d}\sigma, D: x^2+y^2\leqslant 4$

(2) $\iint_D \sqrt{9-x^2-y^2}\,\mathrm{d}\sigma, D: x^2+y^2\leqslant 9$

3. 证明二重积分的性质 1 和性质 6。

4. 利用二重积分的性质，比较下列积分的大小。

(1) $\iint_D (x+y)^2\mathrm{d}\sigma$ 与 $\iint_D (x+y)^3\mathrm{d}\sigma$，其中 D 由 x 轴，y 轴以及直线 $x+y=1$ 所围成。

(2) $\iint_D (x+y)\mathrm{d}\sigma$ 与 $\iint_D \ln(x+y)\mathrm{d}\sigma$，其中 D 由 x 轴，y 轴，直线 $x+y=\frac{1}{2}$ 及 $x+y=1$ 所围成。

(3) $\iint\limits_D (x+y)^2 \mathrm{d}\sigma$ 与 $\iint\limits_D (x+y)^3 \mathrm{d}\sigma$，其中 D 由圆周 $(x-2)^2+(y-1)^2=2$ 所围成。

(4) $\iint\limits_D \ln(x+y) \mathrm{d}\sigma$ 与 $\iint\limits_D \ln^2(x+y) \mathrm{d}\sigma$，其中 D 是三角形闭区域，三顶点分别为(1,0)，(1,1)，(2,0)。

5. 利用二重积分的性质，估计下列积分的值。

(1) $I=\iint\limits_D (x+y) \mathrm{d}\sigma$，其中 D 为正方形区域：$0 \leqslant x \leqslant 1, 0 \leqslant y \leqslant 1$。

(2) $I=\iint\limits_D xy \mathrm{d}\sigma$，其中 D 为长方形区域：$1 \leqslant x \leqslant 2, 2 \leqslant y \leqslant 4$。

(3) $I=\iint\limits_D \sin^2 x \sin^2 y \mathrm{d}\sigma$，其中 D 为正方形区域：$0 \leqslant x \leqslant \pi, 0 \leqslant y \leqslant \pi$。

(4) $I=\iint\limits_D \frac{1}{100+\cos^2 x+\cos^2 y} \mathrm{d}\sigma$，其中 D 为正方形区域：$|x|+|y| \leqslant 10$。

第二节　二重积分的计算

二重积分与定积分都是和式的极限，我们知道，按定义去计算定积分是很困难的。因此在二重积分存在时，一般可根据它的几何意义，将二重积分化为两次定积分，即累次积分的形式进行计算。由于二重积分与积分区域有关，因此当讨论二重积分的计算时，总是先从积分区域着手，而对于积分区域的不同类型，则分别采用不同的坐标系来处理。

一、利用直角坐标计算二重积分

假定 $f(x,y) \geqslant 0$，设积分区域 D 可用不等式

$$\varphi_1(x) \leqslant y \leqslant \varphi_2(x), \quad a \leqslant x \leqslant b$$

来表示(图 9-4)，其中函数 $\varphi_1(x)$，$\varphi_2(x)$ 在区间 $[a,b]$ 上连续。

根据二重积分的几何意义，$\iint\limits_D f(x,y) \mathrm{d}\sigma$ 的值等于以曲面 $z=f(x,y)$ 为顶、以区域 D 为底的曲顶柱体(图 9-5)的体积。下面我们应用“平行截面面积为已知的立体的体积”的计算方法来计算这个曲顶柱体的体积。

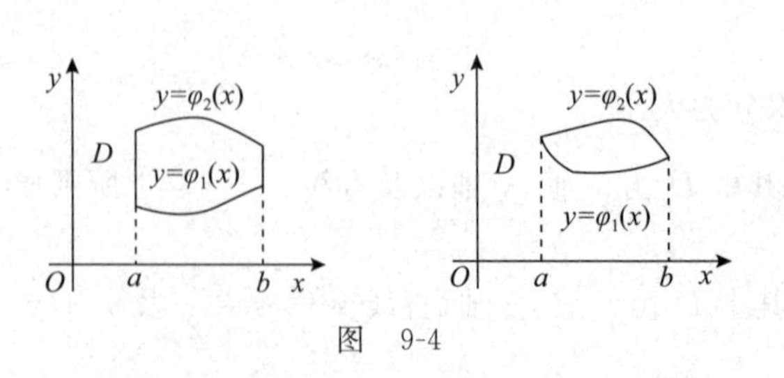

图 9-4

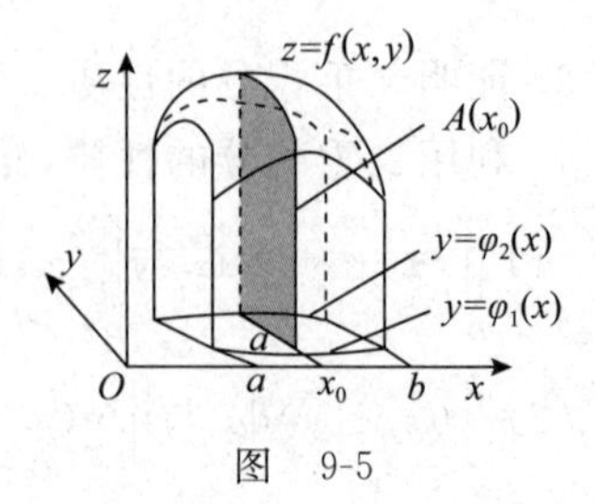

图 9-5

为计算截面面积,在区间$[a,b]$上任意取一点x_0,作平行于yOz面的平面$x=x_0$。该平面截曲顶柱体所得的截面面积记为$A(x_0)$,而该截面是一个以区间$[\varphi_1(x_0),\varphi_2(x_0)]$为底边、曲线$z=f(x_0,y)$为曲边的曲边梯形(图9-5中阴影部分),因此

$$A(x_0)=\int_{\varphi_1(x_0)}^{\varphi_2(x_0)}f(x_0,y)\mathrm{d}y$$

一般地,过区间$[a,b]$上任一点x且平行于yOz面的平面截曲顶柱体所得的面的面积为

$$A(x)=\int_{\varphi_1(x)}^{\varphi_2(x)}f(x,y)\mathrm{d}y$$

于是,得曲顶柱体的体积为

$$V=\int_a^b A(x)\mathrm{d}x=\int_a^b\left[\int_{\varphi_1(x)}^{\varphi_2(x)}f(x,y)\mathrm{d}y\right]\mathrm{d}x$$

这个体积也就是所求二重积分的值,从而有等式

$$\iint_D f(x,y)\mathrm{d}\sigma=\int_a^b\left[\int_{\varphi_1(x)}^{\varphi_2(x)}f(x,y)\mathrm{d}y\right]\mathrm{d}x \tag{9-2}$$

注意: $\int_a^b\left[\int_{\varphi_1(x)}^{\varphi_2(x)}f(x,y)\mathrm{d}y\right]\mathrm{d}x$的本质不是重积分,而是先对$y$后对$x$的两次定积分,称之为二次积分,也叫作累次积分。为使对应关系明了,它也常记作

$$\int_a^b\mathrm{d}x\int_{\varphi_1(x)}^{\varphi_2(x)}f(x,y)\mathrm{d}y$$

因此,等式(9-2)也写成

$$\iint_D f(x,y)\mathrm{d}\sigma=\int_a^b\mathrm{d}x\int_{\varphi_1(x)}^{\varphi_2(x)}f(x,y)\mathrm{d}y \tag{9-3}$$

在上述讨论中,假定$f(x,y)\geqslant 0$,但实际上式(9-3)的成立并不受此条件限制。

类似地,如果积分区域D可用不等式

$$\psi_1(y)\leqslant x\leqslant\psi_2(y),\quad c\leqslant y\leqslant d$$

来表示(图9-6),其中函数$\psi_1(y),\psi_2(y)$在区间$[c,d]$上连续,那么就有

$$\iint_D f(x,y)\mathrm{d}\sigma=\int_c^d\left[\int_{\psi_1(y)}^{\psi_2(y)}f(x,y)\mathrm{d}x\right]\mathrm{d}y \tag{9-4}$$

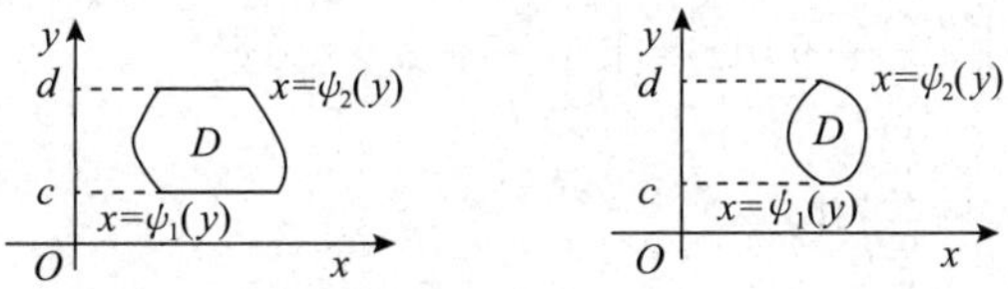

图　9-6

式(9-4)右端的积分叫作先对x、后对y的二次积分,这个积分也常记作

$$\int_c^d\mathrm{d}y\int_{\psi_1(y)}^{\psi_2(y)}f(x,y)\mathrm{d}x$$

因此,式(9-4)也写成

$$\iint_D f(x,y)\mathrm{d}\sigma=\int_c^d\mathrm{d}y\int_{\psi_1(y)}^{\psi_2(y)}f(x,y)\mathrm{d}x \tag{9-5}$$

我们称式(9-2)中所涉及的积分区域为X型区域,其特点是穿过区域D且平行于y轴

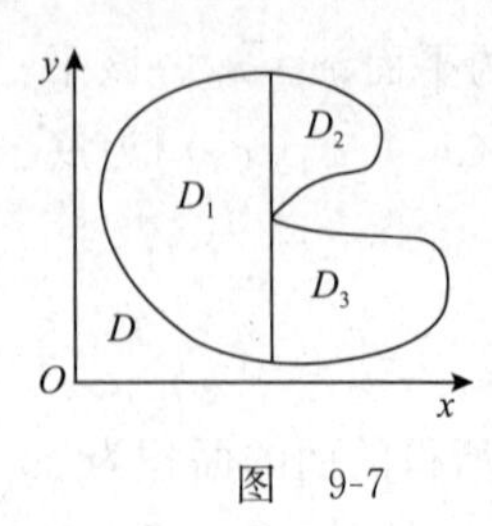

图　9-7

的直线与 D 的边界相交不多于两点;式(9-4)中所涉及的积分区域为 Y 型区域,其特点是穿过区域 D 且平行于 x 轴的直线与 D 的边界相交不多于两点。对不同的区域,可以应用不同的公式。如果积分区域 D 既不是 X 型的,也不是 Y 型的,我们可以把 D 分成几个部分(图 9-7),使每个部分是 X 型区域或是 Y 型区域。如果积分区域 D 既是 X 型的,又是 Y 型的,则由式(9-3)及式(9-5)得

$$\int_a^b \mathrm{d}x\int_{\varphi_1(x)}^{\varphi_2(x)} f(x,y)\mathrm{d}y=\int_c^d \mathrm{d}y\int_{\psi_1(y)}^{\psi_2(y)} f(x,y)\mathrm{d}x$$

上式表明,这两个不同次序的二次积分相等,因为它们都等于同一个二重积分 $\iint\limits_D f(x,y)\mathrm{d}\sigma$。

在直角坐标系下,求二重积分可按以下步骤。

(1) 先画出 D 的图形。

(2) 确定 D 是否为 X 型区域或 Y 型区域,如果既不是 X 型区域又不是 Y 型区域,则要将 D 划分成几个 X 型区域或 Y 型区域,并用不等式表示每个 X 型区域、Y 型区域。

(3) 用式(9-3)或式(9-5)化二重积分为二次积分。

(4) 计算二次积分的值。

【例 9-2】 计算 $\iint\limits_D (x+y)\mathrm{d}\sigma$,其中 D 是由直线 $x=0,x=1,y=0,y=1$ 所围成的正方形闭区域。

解　首先画出积分区域 D(图 9-8)。

方法一:可把 D 看成 X 型区域:$0\leqslant y\leqslant 1,0\leqslant x\leqslant 1$,应用式(9-3)得

$$\iint\limits_D (x+y)\mathrm{d}\sigma=\int_0^1 \mathrm{d}x\int_0^1 (x+y)\mathrm{d}y=\int_0^1 \left[xy+\frac{y^2}{2}\right]_0^1 \mathrm{d}x$$
$$=\int_0^1 \left(x+\frac{1}{2}\right)\mathrm{d}x=1$$

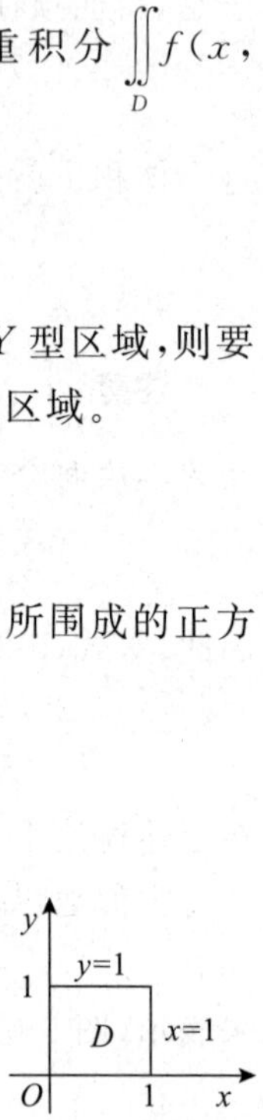

图　9-8

方法二:可把 D 看成是 Y 型区域:$0\leqslant x\leqslant 1,0\leqslant y\leqslant 1$,应用式(9-5)得

$$\iint\limits_D (x+y)\mathrm{d}\sigma=\int_0^1 \mathrm{d}y\int_0^1 (x+y)\mathrm{d}x=\int_0^1 \left[\frac{x^2}{2}+xy\right]_0^1 \mathrm{d}y$$
$$=\int_0^1 \left(y+\frac{1}{2}\right)\mathrm{d}y=1$$

注意:若积分区域 D 是一个矩形,即 D 域是 $a\leqslant x\leqslant b,c\leqslant y\leqslant d$,则二重积分先对 x 积分或是先对 y 积分都是可行的。

【例 9-3】 计算 $\iint\limits_D xy\mathrm{d}\sigma$,其中 D 是由直线 $y=1,x=2$ 及 $y=x$ 所围成的闭区域。

解　首先画出积分区域 D。

方法一:把积分区域看成 X 型区域,即 $1\leqslant y\leqslant x,1\leqslant x\leqslant 2$(图 9-9),应用式(9-3)得

$$\iint\limits_D xy\mathrm{d}\sigma=\int_1^2 \mathrm{d}x\int_1^x xy\mathrm{d}y=\int_1^2 \left[x\cdot\frac{1}{2}y^2\right]_1^x \mathrm{d}x=\frac{1}{2}\int_1^2 (x^3-x)\mathrm{d}x=\frac{1}{2}\left[\frac{x^4}{4}-\frac{x^2}{2}\right]_1^2=\frac{9}{8}$$

方法二:把积分区域看成 Y 型区域,即 $y\leqslant x\leqslant 2,1\leqslant y\leqslant 2$(图 9-10),应用式(9-5)得

$$\iint_D xy\,d\sigma=\int_1^2 dy\int_y^2 xy\,dx=\int_1^2\left[y\cdot\frac{1}{2}x^2\right]_y^2 dy=\int_1^2\left(2y-\frac{y^3}{2}\right)dy=\left[y^2-\frac{y^4}{8}\right]_1^2=\frac{9}{8}$$

注意：一般来说，后积分的变量，积分上、下限均为常数；先积分的变量，积分上、下限或者为常数或者为后积分变量的函数。

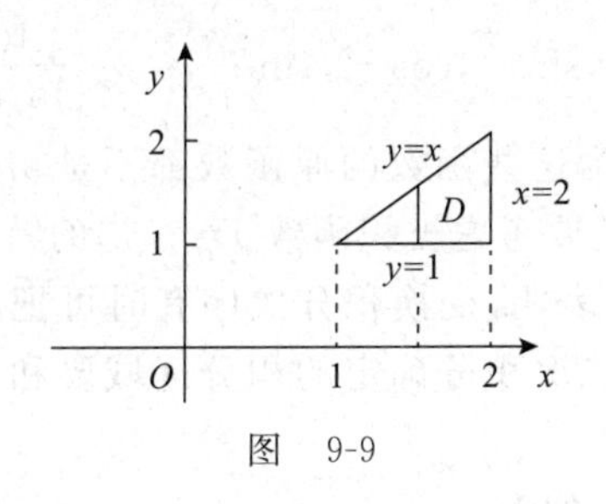

图　9-9

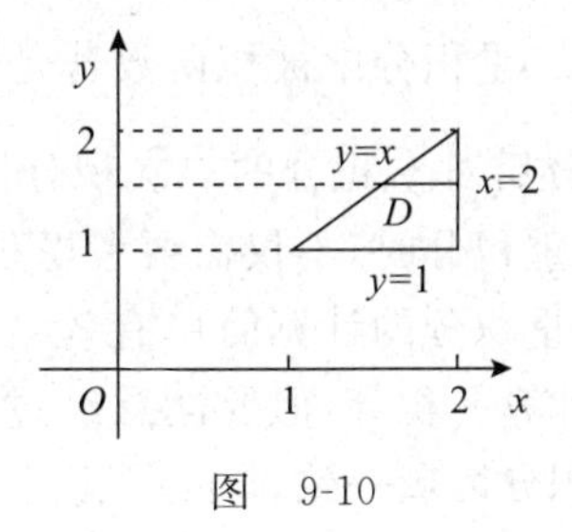

图　9-10

【例 9-4】　计算 $\iint_D \frac{x^2}{y^2}dx\,dy$，其中 D 是由曲线 $xy=1$ 及直线 $x=2$，$y=x$ 所围成的闭区域。

解　画出积分区域 D(图 9-11)。

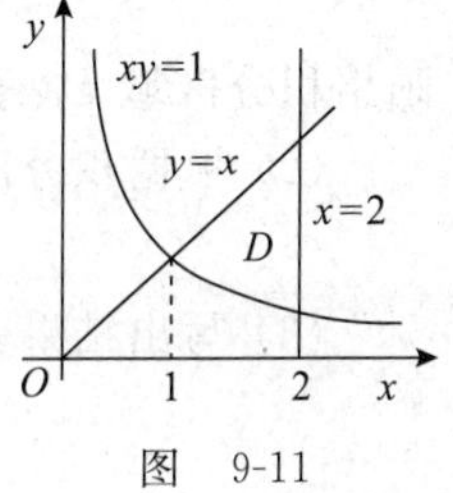

图　9-11

方法一：把积分区域看成 X 型区域，应用式(9-3)得

$$\iint_D \frac{x^2}{y^2}dx\,dy=\int_1^2 dx\int_{\frac{1}{x}}^x \frac{x^2}{y^2}dy=\int_1^2\left[-\frac{1}{y}x^2\right]_{\frac{1}{x}}^x dx$$

$$=\int_1^2(-x+x^3)dx=\frac{9}{4}$$

方法二：把积分区域看成 Y 型区域，若利用式(9-5)来计算，由于区域 D 的左边界是由两条曲线所组成的，它们的方程分别为 $xy=1$ 及 $y=x$，此时应将积分区域分成两部分来计算，即有

$$\iint_D \frac{x^2}{y^2}dx\,dy=\int_{\frac{1}{2}}^1 dy\int_{\frac{1}{y}}^2 \frac{x^2}{y^2}dx+\int_1^2 dy\int_y^2 \frac{x^2}{y^2}dx=\frac{9}{4}$$

显然，此题将积分区域看成 X 型区域的计算过程比将积分区域看成两个 Y 型区域的计算过程简单，虽然最后的结果是一样的。

在计算二重积分时，选择合适的积分次序是相当重要的。而且，有时尽管积分区域既是 X 型的又是 Y 型的，但在计算中将它看成其中一种时，可能计算不出结果，这时我们需要考虑改变积分次序。

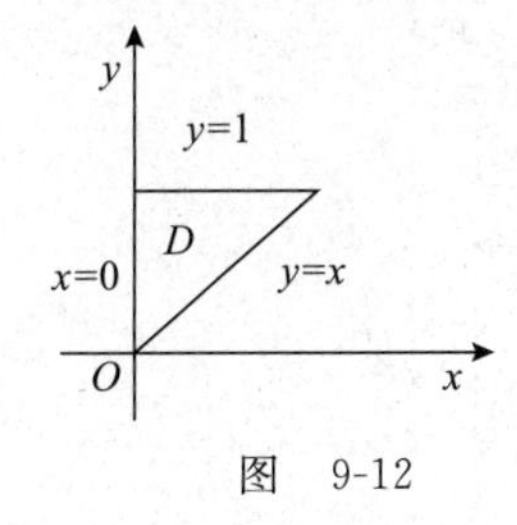

图　9-12

【例 9-5】　计算 $\iint_D e^{-y^2}dx\,dy$，其中 D 是由 $x=0$，$y=1$ 以及 $y=x$ 所围成的闭区域。

解　此题的积分区域既可以看作 X 型的，也可以看作 Y 型的(图 9-12)。

若将其看作 X 型积分区域，则

$$\iint_D e^{-y^2}dx\,dy=\int_0^1 dx\int_x^1 e^{-y^2}dy$$

按照这个顺序积分是计算不出结果的，因为 e^{-y^2} 的原函数是非初等函数，目前我们还

求不出来,因此积分难以进行下去,这时,我们需要考虑改变积分次序,将积分区域看作 Y 型区域,则应用式(9-5)得

$$\iint_D e^{-y^2}\,dx\,dy=\int_0^1 dy\int_0^y e^{-y^2}\,dx=\int_0^1 y e^{-y^2}\,dy=\frac{1}{2}\left(1-\frac{1}{e}\right)$$

事实上,二重积分中被积函数若是 $\frac{\sin x}{x}$,$\frac{\cos x}{x}$,$\sin x^2$,$\cos x^2$,$\sin\frac{y}{x}$,e^{-x^2},$\frac{1}{\ln x}$等,均不能用先对 x 积分后对 y 积分的二次积分来求解,因为这些函数的原函数都不是初等函数。所以,在计算二重积分时,不仅需要考虑积分区域,还要考虑被积函数 $f(x,y)$的特点。只有这样,才能使二重积分的计算简单有效。另外,上例表明,变换积分次序有时可把不可计算的积分化为可计算的积分,但要注意经过变换后的二次积分确定的积分区域要和原来的二次积分确定的积分区域一致。

一般地,变换给定二次积分的积分次序的步骤如下。

(1) 对于给定的二次积分 $\int_a^b dx\int_{\varphi_1(x)}^{\varphi_2(x)} f(x,y)\,dy$,先根据其积分限

$$a\leqslant x\leqslant b,\quad \varphi_1(x)\leqslant y\leqslant \varphi_2(x)$$

画出积分区域 D(图 9-13)。

(2) 根据积分区域的形状,按新的次序确定积分区域 D 的积分限

$$c\leqslant y\leqslant d,\quad \psi_1(y)\leqslant x\leqslant \psi_2(y)$$

(3) 写出结果

$$\int_a^b dx\int_{\varphi_1(x)}^{\varphi_2(x)} f(x,y)\,dy=\int_c^d dy\int_{\psi_1(y)}^{\psi_2(y)} f(x,y)\,dx$$

【例 9-6】 交换二次积分 $\int_0^1 dx\int_{x^2}^x f(x,y)\,dy$ 的积分次序。

解 按题意可知二次积分的积分限为 $0\leqslant x\leqslant 1$,$x^2\leqslant y\leqslant x$,画出各分区域 D(图 9-14)。重新确定积分区域的积分限:

$$0\leqslant y\leqslant 1,\quad y\leqslant x\leqslant \sqrt{y}$$

所以

$$\int_0^1 dx\int_{x^2}^x f(x,y)\,dy=\int_0^1 dy\int_y^{\sqrt{y}} f(x,y)\,dx$$

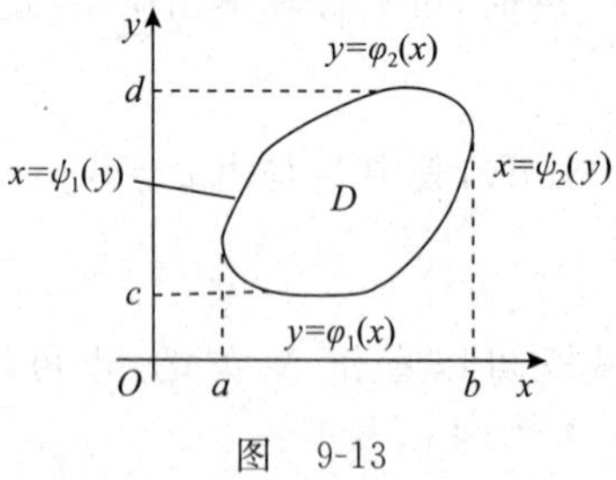

图 9-13

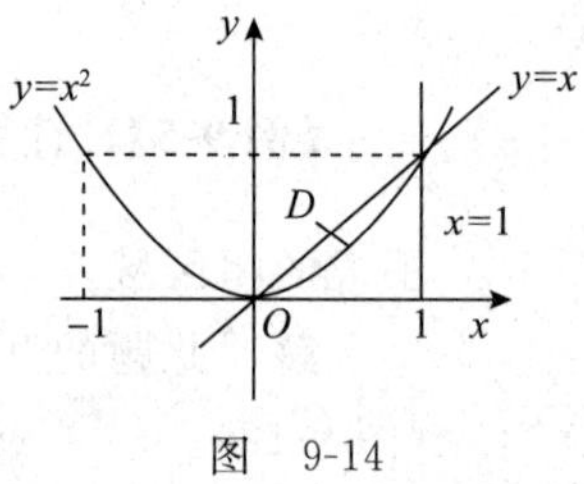

图 9-14

二、利用极坐标计算二重积分

有些二重积分,积分区域 D 的边界曲线用极坐标方程来表示比较方便,且被积函数用极坐

标变量 ρ,θ 表示比较简单。这时,我们就可以考虑利用极坐标来计算二重积分 $\iint\limits_D f(x,y)\mathrm{d}\sigma$。

在解析几何中,平面上任意一点的极坐标(ρ,θ)与它的直角坐标(x,y)的变换公式为

$$x=\rho\cos\theta,\quad y=\rho\sin\theta$$

设函数 $f(x,y)$在闭区域 D 上连续,区域 D 边界可表示为

$$\rho=\varphi_1(\theta),\quad \rho=\varphi_2(\theta)\quad (\alpha\leqslant\theta\leqslant\beta)$$

在极坐标系下用从极点 O 出发的一族射线及以极点为中心的一族同心圆构成的曲线网将区域D 分为n 个小闭区域 $\Delta\sigma_i(i=1,2,\cdots,n)$(图 9-15),第 i 个小闭区域 $\Delta\sigma_i(i=1,2,\cdots,n)$的面积为

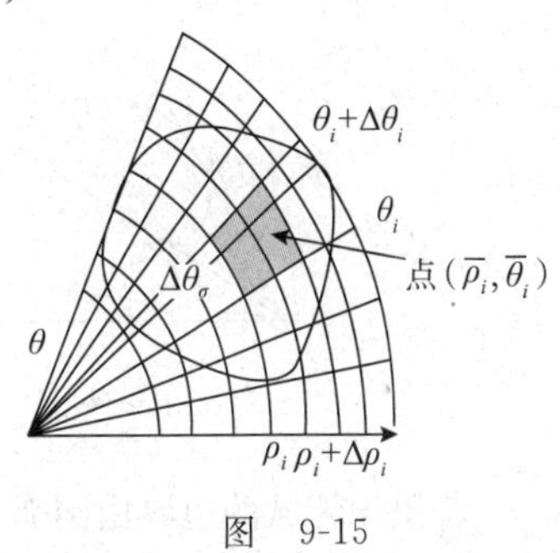

图　9-15

$$\begin{aligned}\Delta\sigma_i&=\frac{1}{2}(\rho_i+\Delta\rho_i)^2\cdot\Delta\theta_i-\frac{1}{2}\cdot\rho_i^2\cdot\Delta\theta_i\\&=\frac{1}{2}(2\rho_i+\Delta\rho_i)\Delta\rho_i\cdot\Delta\theta_i\\&=\frac{\rho_i+(\rho_i+\Delta\rho_i)}{2}\cdot\Delta\rho_i\cdot\Delta\theta_i=\bar{\rho}_i\Delta\rho_i\Delta\theta_i\end{aligned}$$

式中,$\bar{\rho}_i$ 表示相邻两圆弧的半径的平均值。

在 $\Delta\sigma_i$ 内任取一点$(\bar{\rho}_i,\bar{\theta}_i)$,设其直角坐标为$(\xi_i,\eta_i)$,则有

$$\xi_i=\bar{\rho}_i\cos\bar{\theta}_i,\quad \eta_i=\bar{\rho}_i\sin\bar{\theta}_i$$

于是按二重积分的定义有

$$\iint\limits_D f(x,y)\mathrm{d}\sigma=\lim_{\lambda\to0}\sum_{i=1}^{n}f(\xi_i,\eta_i)\Delta\sigma_i=\lim_{\lambda\to0}\sum_{i=1}^{n}f(\bar{\rho}_i\cos\bar{\theta}_i,\bar{\rho}_i\sin\bar{\theta}_i)\bar{\rho}_i\Delta\rho_i\Delta\theta_i$$

即

$$\iint\limits_D f(x,y)\mathrm{d}\sigma=\iint\limits_D f(\rho\cos\theta,\rho\sin\theta)\rho\mathrm{d}\rho\mathrm{d}\theta\tag{9-6}$$

这就是二重积分的变量从直角坐标变换为极坐标的变换公式,其中 $\rho\mathrm{d}\rho\mathrm{d}\theta$ 就是极坐标系中的面积元素。

极坐标系下的二重积分同样可以化为二次积分来计算。一般来说,是化为先对 ρ 后对 θ 的二次积分。下面分三种情况来讨论。

(1) 如果极点在区域 D 的外部(图 9-16):这时区域 D 在两条射线 $\theta=\alpha$ 与 $\theta=\beta$ 之间,D 的边界曲线被分为 AEB 与 AFB 两段,设其方程分别为 $\rho=\varphi_1(\theta)$,$\rho=\varphi_2(\theta)$,在区间$[\alpha,\beta]$上任意取定一个 θ 值,则对应于这个 θ 值的射线先后与 D 的边界 $\rho=\varphi_1(\theta)$,$\rho=\varphi_2(\theta)$相交,可见极角为 θ 的点,其极径满足 $\varphi_1(\theta)\leqslant\rho\leqslant\varphi_2(\theta)$,而 $\alpha\leqslant\theta\leqslant\beta$,故积分区域 D 可表示为 $\varphi_1(\theta)\leqslant\rho\leqslant\varphi_2(\theta)$,$\alpha\leqslant\theta\leqslant\beta$,于是得

$$\iint\limits_D f(\rho\cos\theta,\rho\sin\theta)\rho\mathrm{d}\rho\mathrm{d}\theta=\int_\alpha^\beta\mathrm{d}\theta\int_{\varphi_1(\theta)}^{\varphi_2(\theta)}f(\rho\cos\theta,\rho\sin\theta)\rho\mathrm{d}\rho\tag{9-7}$$

(2) 如果极点在区域 D 的边界上(图 9-17):设 D 的边界曲线方程为$\rho=\varphi(\theta)(\alpha\leqslant\theta\leqslant\beta)$,这时可以把它看作图 9-16 中的 $\varphi_1(\theta)=0$,$\varphi_2(\theta)=\varphi(\theta)$的特殊情形。故积分区域 D 可表示为 $0\leqslant\rho\leqslant\varphi(\theta)$,$\alpha\leqslant\theta\leqslant\beta$,于是得

$$\iint_D f(\rho\cos\theta,\rho\sin\theta)\rho\mathrm{d}\rho\mathrm{d}\theta=\int_\alpha^\beta\mathrm{d}\theta\int_0^{\varphi(\theta)}f(\rho\cos\theta,\rho\sin\theta)\rho\mathrm{d}\rho$$

(3) 如果极点在区域 D 的内部(图 9-18):这时可以看作图 9-17 中 $\alpha=0,\beta=2\pi$ 时的特殊情形。故积分区域 D 可表示为 $0\leqslant\rho\leqslant\varphi(\theta),0\leqslant\theta\leqslant2\pi$,于是得

$$\iint_D f(\rho\cos\theta,\rho\sin\theta)\rho\mathrm{d}\rho\mathrm{d}\theta=\int_0^{2\pi}\mathrm{d}\theta\int_0^{\varphi(\theta)}f(\rho\cos\theta,\rho\sin\theta)\rho\mathrm{d}\rho$$

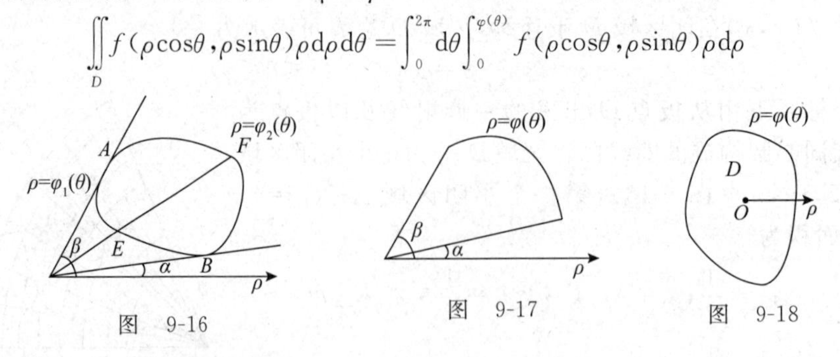

图 9-16　　图 9-17　　图 9-18

若积分区域的边界由圆弧、射线构成,被积函数也易用极坐标表示,则可考虑用极坐标计算。

利用极坐标系计算二重积分的一般步骤如下。

(1) 画出积分区域,并将区域边界曲线的直角坐标方程改写成极坐标方程。

(2) 将区域用关于极坐标 ρ、θ 的一组不等式来表示。

(3) 将积分表示成极坐标系下的二重积分,并根据(2)中的不等式化为二次积分,然后对 ρ、θ 逐次计算积分。

【例 9-7】 计算 $\iint\limits_D(x^2+y^2+1)\mathrm{d}\sigma$,其中 D 是由圆 $x^2+y^2=1$ 所围成的闭区域。

解 画出积分区域 D(图 9-19)。圆 $x^2+y^2=1$ 的极坐标方程为 $\rho=1$,故积分区域 D 可表示为 $0\leqslant\rho\leqslant1,0\leqslant\theta\leqslant2\pi$。于是由式(9-6)及式(9-7)得

$$\begin{aligned}\iint_D(x^2+y^2+1)\mathrm{d}\sigma&=\iint_D(\rho^2+1)\rho\,\mathrm{d}\rho\,\mathrm{d}\theta=\int_0^{2\pi}\mathrm{d}\theta\int_0^1(\rho^2+1)\rho\,\mathrm{d}\rho\\&=\int_0^{2\pi}\left[\frac{\rho^4}{4}+\frac{\rho^2}{2}\right]_0^1\mathrm{d}\theta=\frac{3}{2}\pi\end{aligned}$$

【例 9-8】 计算 $\iint\limits_D y^2\mathrm{d}\sigma$,其中 D 是两个圆 $x^2+y^2=1$ 与 $x^2+y^2=4$ 之间的环形区域。

解 画出积分区域 D(图 9-20)。圆 $x^2+y^2=1$ 与 $x^2+y^2=4$ 的极坐标方程分别为 $\rho=1$ 与 $\rho=2$,故积分区域 D 可表示为

$$1\leqslant\rho\leqslant2,\quad 0\leqslant\theta\leqslant2\pi$$

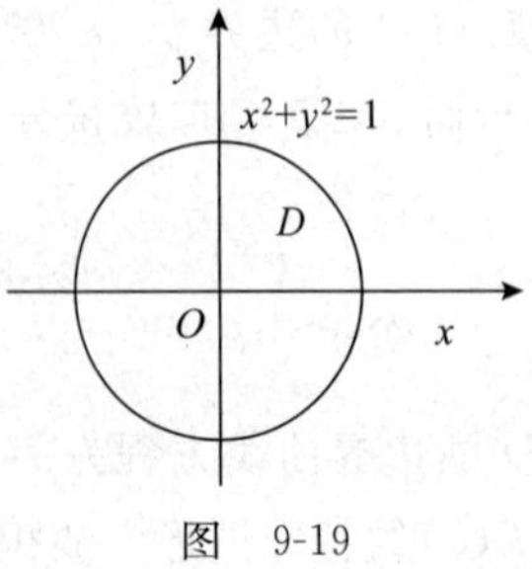

图 9-19 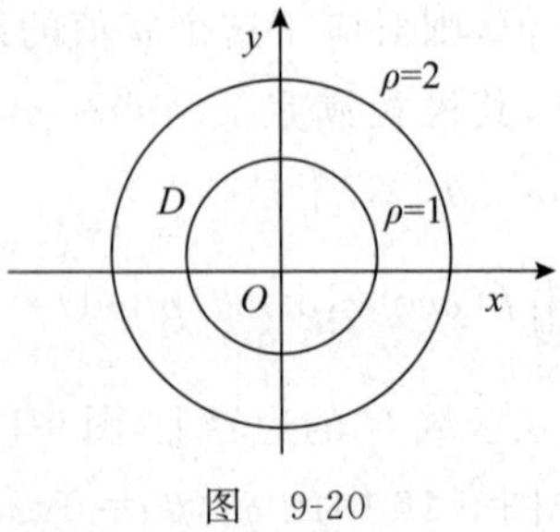　　图 9-20

于是由式(9-6)及式(9-7)得

$$\iint_D y^2 \mathrm{d}\sigma = \iint_D \rho^2 \sin^2\theta \cdot \rho \mathrm{d}\rho \mathrm{d}\theta$$
$$= \int_0^{2\pi} \sin^2\theta \mathrm{d}\theta \int_1^2 \rho^3 \mathrm{d}\rho = \frac{15}{4}\int_0^{2\pi} \sin^2\theta \mathrm{d}\theta = \frac{15}{4}\pi$$

【例 9-9】 计算 $\iint_D \mathrm{e}^{-x^2-y^2}\mathrm{d}\sigma$,其中 D 为圆 $x^2+y^2=a^2$ 所围成的在第一象限中的闭区域。

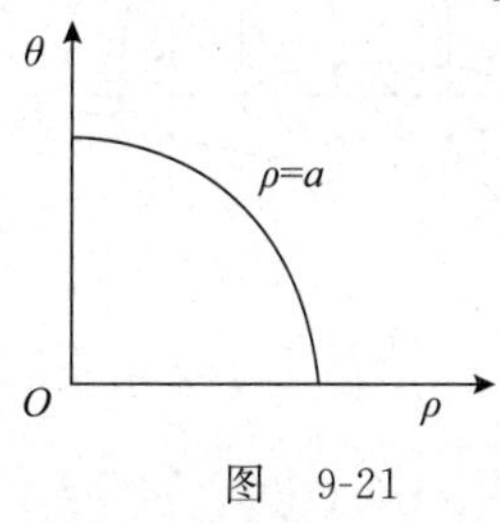

图 9-21

解 画出积分区域 D(图 9-21)。在极坐标系中,积分区域 D 可表示为

$$0 \leqslant \rho \leqslant a, \quad 0 \leqslant \theta \leqslant \frac{\pi}{2}$$

于是由式(9-6)及(9-7)得

$$\iint_D \mathrm{e}^{-x^2-y^2}\mathrm{d}\sigma = \iint_D \mathrm{e}^{-\rho^2}\rho\mathrm{d}\rho\mathrm{d}\theta = \int_0^{\frac{\pi}{2}}\mathrm{d}\theta\int_0^a \mathrm{e}^{-\rho^2}\rho\mathrm{d}\rho$$
$$= \frac{\pi}{2}\cdot\frac{1}{2}(1-\mathrm{e}^{-a^2}) = \frac{\pi}{4}(1-\mathrm{e}^{-a^2})$$

***【例 9-10】** 计算反常积分 $\int_0^{+\infty}\mathrm{e}^{-x^2}\mathrm{d}x$。

解 因为 e^{-x^2} 的原函数不是初等函数,所以不能直接用反常积分的方法计算这个积分的值。下面用例 9-9 的结果来计算它。

设

$$D_1 = \{(x,y) \mid x^2+y^2 \leqslant R^2, x \geqslant 0, y \geqslant 0\}$$
$$D_2 = \{(x,y) \mid x^2+y^2 \leqslant 2R^2, x \geqslant 0, y \geqslant 0\}$$
$$S = \{(x,y) \mid 0 \leqslant x \leqslant R, 0 \leqslant y \leqslant R\}$$

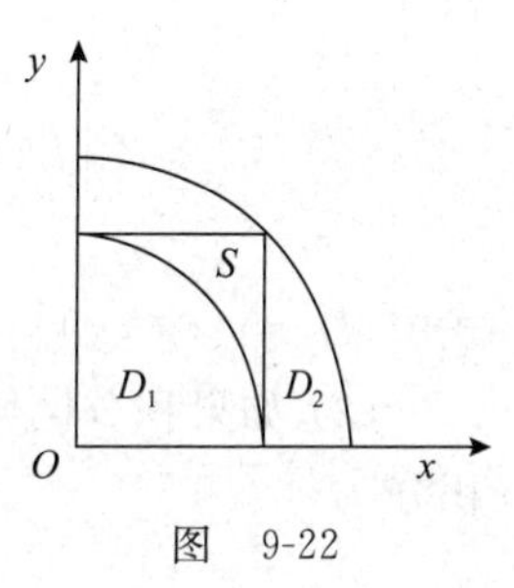

图 9-22

显然 $D_1 \subset S \subset D_2$(图 9-22)。由于 $\mathrm{e}^{-x^2-y^2}>0$,从而在这些闭区域上的二重积分之间有不等式

$$\iint_{D_1}\mathrm{e}^{-x^2-y^2}\mathrm{d}x\mathrm{d}y < \iint_S \mathrm{e}^{-x^2-y^2}\mathrm{d}x\mathrm{d}y < \iint_{D_2}\mathrm{e}^{-x^2-y^2}\mathrm{d}x\mathrm{d}y$$

因为

$$\iint_S \mathrm{e}^{-x^2-y^2}\mathrm{d}x\mathrm{d}y = \int_0^R \mathrm{e}^{-x^2}\mathrm{d}x \cdot \int_0^R \mathrm{e}^{-y^2}\mathrm{d}y = \left(\int_0^R \mathrm{e}^{-x^2}\mathrm{d}x\right)^2$$

又由例 9-9 知

$$\iint_{D_1}\mathrm{e}^{-x^2-y^2}\mathrm{d}x\mathrm{d}y = \frac{\pi}{4}\left(1-\mathrm{e}^{-R^2}\right), \qquad \iint_{D_2}\mathrm{e}^{-x^2-y^2}\mathrm{d}x\mathrm{d}y = \frac{\pi}{4}\left(1-\mathrm{e}^{-2R^2}\right)$$

于是上面的不等式可写成

$$\frac{\pi}{4}\left(1-\mathrm{e}^{-R^2}\right) < \left(\int_0^R \mathrm{e}^{-x^2}\mathrm{d}x\right)^2 < \frac{\pi}{4}\left(1-\mathrm{e}^{-2R^2}\right)$$

令 $R \to +\infty$,由夹逼定理得

$$\left(\int_0^{+\infty}\mathrm{e}^{-x^2}\mathrm{d}x\right)^2 = \frac{\pi}{4}$$

即
$$\int_0^{+\infty} e^{-x^2}dx=\frac{\sqrt{\pi}}{2}$$
这个积分为泊松分布,在概率统计中有重要作用。

【例 9-11】 求由曲面 $z=\sqrt{4-x^2-y^2}$,$x^2+y^2=1$ 及$z=0$所围成的立体的体积(图 9-23)。

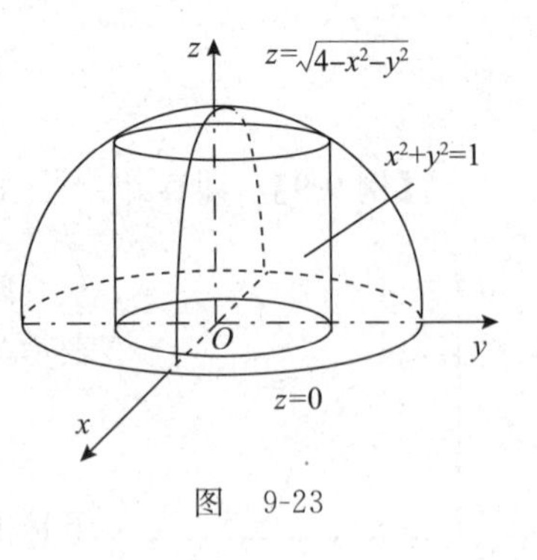

图　9-23

解　由曲面 $z=\sqrt{4-x^2-y^2}$,$x^2+y^2=1$ 及 $z=0$ 所围成的立体的体积,应是以球面 $z=\sqrt{4-x^2-y^2}$ 被圆柱面 $x^2+y^2=1$ 和 xOy 面所截的体积。由二重积分的几何意义知
$$V=\iint_D \sqrt{4-x^2-y^2}\,d\sigma$$
若选择极坐标系求积分,则积分区域为
$$D:0\leqslant\rho\leqslant 1,\quad 0\leqslant\theta\leqslant 2\pi$$
被积函数为$\sqrt{4-\rho^2}$,故所求体积为
$$V=\int_0^{2\pi}d\theta\int_0^1\rho\sqrt{4-\rho^2}\,d\rho=\frac{2}{3}\pi(8-3\sqrt{3})$$

三、二重积分的对称性

如果积分区间关于原点对称,利用被积函数的奇偶性可以简化定积分的计算。对于二重积分也有类似结论。

设函数 $f(x,y)$在区域 D 上连续,则有以下结论成立。

(1) 如果积分区域 D 关于 y 轴对称,被积函数 $f(x,y)$为 x 的奇函数或偶函数,则二重积分
$$\iint_D f(x,y)d\sigma=\begin{cases}0, & f(-x,y)=-f(x,y)\\ 2\iint_{D_1} f(x,y)d\sigma, & f(-x,y)=f(x,y)\end{cases}$$
式中,$D_1=\{(x,y)\mid(x,y)\in D,x\geqslant 0\}$。

(2) 如果积分区域 D 关于 x 轴对称,被积函数 $f(x,y)$为 y 的奇函数或偶函数,则二重积分
$$\iint_D f(x,y)d\sigma=\begin{cases}0, & f(x,-y)=-f(x,y)\\ 2\iint_{D_2} f(x,y)d\sigma, & f(x,-y)=f(x,y)\end{cases}$$
式中,$D_2=\{(x,y)\mid(x,y)\in D,y\geqslant 0\}$。

*(3) 如果积分区域 D 关于坐标原点 O 对称,被积函数 $f(x,y)$同时为 x,y 的奇函数或偶函数,则二重积分
$$\iint_D f(x,y)d\sigma=\begin{cases}0, & f(-x,-y)=-f(x,y)\\ 2\iint_{D_2} f(x,y)d\sigma, & f(-x,-y)=f(x,y)\end{cases}$$

式中，$D_2=\{(x,y)\mid(x,y)\in D,y\geqslant 0\}$或$D_2=\{(x,y)\mid(x,y)\in D,x\geqslant 0\}$。

*(4) 如果积分区域D关于直线$y=x$对称，则

$$\iint_D f(x,y)\mathrm{d}\sigma=\iint_D f(y,x)\mathrm{d}\sigma$$

【例 9-12】 计算$\iint_D(xy+2)\mathrm{d}\sigma$，其中$D:|x|\leqslant\pi,0\leqslant y\leqslant 1$。

解 画出积分区域D(图 9-24)。

$$\iint_D(xy+2)\mathrm{d}\sigma=\iint_D xy\mathrm{d}\sigma+2\iint_D\mathrm{d}\sigma$$

D关于y轴对称，而xy为x的奇函数，故

$$\iint_D xy\mathrm{d}\sigma=0$$

又$\iint_D\mathrm{d}\sigma=\sigma=2\pi\times 1$，于是$\iint_D(xy+2)\mathrm{d}\sigma=4\pi$。

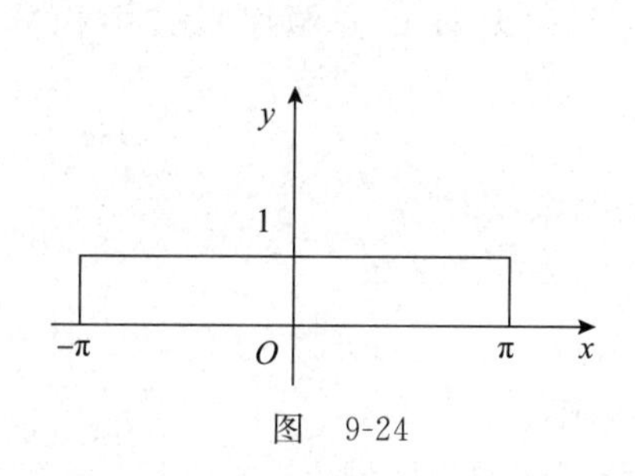

图 9-24

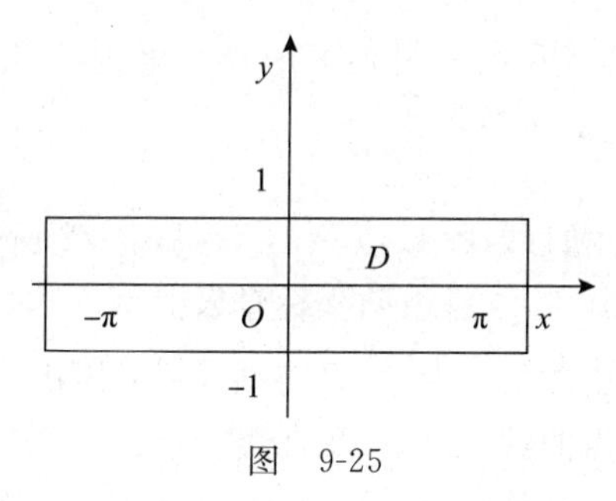

图 9-25

【例 9-13】 计算$\iint_D(xy^2-\sin y)\mathrm{d}\sigma$，其中$D:|x|\leqslant\pi,|y|\leqslant 1$。

解 画出积分区域D(图 9-25)。

$$\iint_D(xy^2-\sin y)\mathrm{d}\sigma=\iint_D xy^2\mathrm{d}\sigma-\iint_D\sin y\mathrm{d}\sigma$$

因D关于y轴对称，而xy^2为x的奇函数，故$\iint_D xy^2\mathrm{d}\sigma=0$，又因$D$关于$x$轴对称，而$\sin y$为$y$的奇函数，故$\iint_D\sin y\mathrm{d}\sigma=0$，于是

$$\iint_D(xy^2-\sin y)\mathrm{d}\sigma=0$$

***【例 9-14】** 计算$\iint_D y\left[1+x\mathrm{e}^{\frac{1}{2}(x^2+y^2)}\right]\mathrm{d}\sigma$，其中$D$是由直线$y=x,y=-1,x=1$所围成的闭区域。

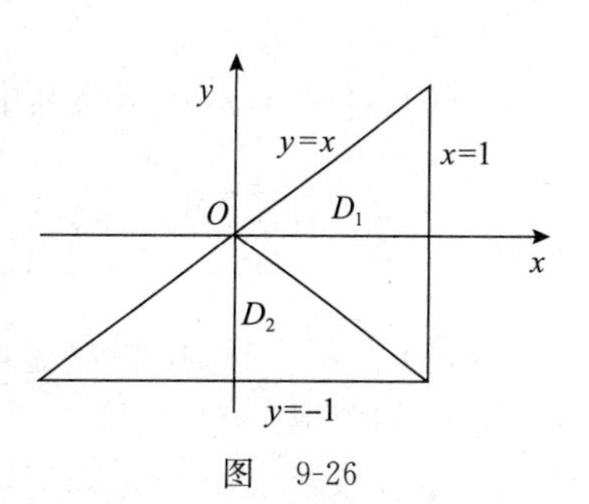

图 9-26

解 作直线$y=-x$，将闭区域D分成D_1和D_2两个部分(图 9-26)，其中

$$D_1:-x\leqslant y\leqslant x,\quad 0\leqslant x\leqslant 1$$

$$D_2:y\leqslant x\leqslant -y,\quad -1\leqslant y\leqslant 0$$

于是

$$\iint_D y\left[1+x\mathrm{e}^{\frac{1}{2}(x^2+y^2)}\right]\mathrm{d}\sigma=\iint_{D_1} y\left[1+x\mathrm{e}^{\frac{1}{2}(x^2+y^2)}\right]\mathrm{d}\sigma+\iint_{D_2} y\left[1+x\mathrm{e}^{\frac{1}{2}(x^2+y^2)}\right]\mathrm{d}\sigma$$

$$=\iint_{D_2} y\,\mathrm{d}\sigma=\int_{-1}^{0}\mathrm{d}y\int_{y}^{-y}y\,\mathrm{d}x=-\frac{2}{3}$$

注意：

(1) 利用二重积分积分区域 D 的对称性及被积函数 $f(x,y)$的奇偶性，一方面可减少计算量，另一方面可避免出差错。

(2) 仅当积分区域 D 的对称性及被积函数 $f(x,y)$的奇偶性两者兼得时才能用二重积分的对称性质。

习题 9-2

1. 把二重积分 $\iint_D f(x,y)\mathrm{d}\sigma$ 化为二次积分(写出两种积分顺序)，其中积分区域 D 如下。

(1) 由直线 $x=1,x=2,y=1,y=2$ 所围成的闭区域。

(2) 其中 D 是由两坐标轴及直线 $x+y=2$ 所围成的闭区域。

(3) 由曲线 $y=\sqrt{x}$ 及直线 $y=x$ 所围成的闭区域。

(4) 由曲线 $y=x^2$ 及直线 $y=1$ 所围成的闭区域。

(5) 由直线 $y=x+1$，直线 $y=1-x$ 及 x 轴所围成的闭区域。

2. 在直角坐标系下计算下列二重积分。

(1) $\iint_D \mathrm{e}^{x+y}\mathrm{d}\sigma$，其中 $D:|x|\leqslant 1,|y|\leqslant 1$。

(2) $\iint_D (3x+2y)\mathrm{d}\sigma$，其中 D 是由两坐标轴及直线 $x+y=2$ 所围的闭区域。

(3) $\iint_D (x^2+y^2-x)\,\mathrm{d}\sigma$，其中 D 是由直线 $y=2,y=x$ 及 $y=2x$ 所围的闭区域。

(4) $\iint_D (x^2+y^2)\mathrm{d}\sigma$，其中 D 是由 $y=x^2,x=1,y=0$ 所围的闭区域。

(5) $\iint_D xy\,\mathrm{d}\sigma$，其中 D 是由直线 $y=x-4$ 及抛物线 $y^2=2x$ 所围的闭区域。

(6) $\iint_D (y^2-x)\mathrm{d}x\,\mathrm{d}y$，其中 D 是由直线 $y=2,y=x$ 及 $y=2x$ 所围的闭区域。

(7) $\iint_D x\cos(x+y)\,\mathrm{d}\sigma$，其中 D 是顶点分别为$(0,0)$，$(\pi,0)$和(π,π)的三角形区域。

(8) $\iint_D \frac{\sin y}{y}\mathrm{d}\sigma$，其中 D 是由 $y=x,x=0,y=\frac{\pi}{2},y=\pi$ 所围的闭区域。

3. 改变下列二次积分的顺序。

(1) $\int_1^2 dy\int_0^{2-y} f(x,y)dx$　　(2) $\int_0^1 dy\int_y^{\sqrt{y}} f(x,y)dx$

(3) $\int_0^1 dx\int_0^{\sqrt{2x+x^2}} f(x,y)dy$　　(4) $\int_a^{2a} dx\int_{2a-x}^{\sqrt{2ax-x^2}} f(x,y)dy$

(5) $\int_0^a dy\int_{\sqrt{a^2-y^2}}^{y+a} f(x,y)dx$

4. 利用二重积分的对称性计算下列二重积分。

(1) $\iint\limits_D \left(1-\frac{x}{4}-\frac{y}{3}\right)d\sigma$，其中 $D:|x|\leqslant 2,|y|\leqslant 1$。

(2) $\iint\limits_D xy^2 d\sigma$，其中 D 是由圆周 $x^2+y^2=4$ 及 x 轴所围成的上半闭区域。

*(3) $\iint\limits_D x[1+yf(x^2+y^2)]dxdy$，其中 D 由 $y=x^3,y=1,x=-1$ 围成。

5. 改变下列二次积分的顺序,并求其值。

(1) $\int_0^1 dx\int_x^1 x^2 e^{-y^2}dy$　　(2) $\int_0^1 dy\int_y^1 \frac{\sin x}{x}dx$

(3) $\int_0^1 dy\int_{\sqrt{y}}^1 \sqrt{x^3+1}\,dx$

6. 画出下列积分区域 D，把二重积分 $\iint\limits_D f(x,y)d\sigma$ 化为极坐标系中的二次积分(先积 ρ，后积 θ)，其中积分区域 D 如下。

(1) $x^2+y^2\leqslant a^2$。　　(2) $x^2+y^2\leqslant 2ay$。

(3) D 由 $y=\sqrt{R^2-x^2},y=\pm x$ 围成。

7. 把下列积分化为极坐标形式。

(1) $\int_0^a dx\int_0^x f(x,y)dy$　　(2) $\int_0^2 dx\int_0^{\sqrt{2x-x^2}} f(x,y)dy$

(3) $\int_0^1 dy\int_0^{\sqrt{1-y^2}} f(x,y)dy$

8. 在极坐标系下计算下列二重积分。

(1) $\iint\limits_D (x^2+y^2+10)dxdy$,其中 $D=\{(x,y):x^2+y^2\leqslant 1\}$。

(2) $\iint\limits_D (x^2+y^2)^{\frac{3}{2}}d\sigma$,其中 D 是由 $x^2+y^2=1$ 所围成第一象限部分。

(3) $\iint\limits_D \frac{d\sigma}{\sqrt{x^2+y^2}}$,其中 D 是圆环域 $1\leqslant x^2+y^2\leqslant 4$。

(4) $\iint\limits_D \sqrt{x^2+y^2}\,dxdy$,其中 $D:x^2+y^2\leqslant 2x$。

9. 选择适当的坐标系计算下列二重积分。

(1) $\iint\limits_D (1+x)\sin y\,d\sigma$，其中 D 是顶点分别为(0,0),(1,0),(1,2)和(0,1)的梯形闭区域。

(2) $\iint\limits_D (x^2+y^2)\mathrm{d}\sigma$,其中 D:$|x|+|y|\leqslant 1$。

(3) $\iint\limits_D (x^2+y^2)\mathrm{d}x\mathrm{d}y$,其中 D:$x^2+y^2\leqslant 2y$。

(4) $\iint\limits_D \mathrm{d}x\mathrm{d}y$,其中区域 D 由曲线 $y=1-x^2$ 与 $y=x^2-1$ 围成。

(5) $\iint\limits_D \ln(1+x^2+y^2)\mathrm{d}\sigma$,其中 D:$x^2+y^2\leqslant 4, x\geqslant 0, y\geqslant 0$。

(6) $\iint\limits_D \frac{1}{2}(2-x-y)\mathrm{d}x\mathrm{d}y$,其中 D 是由抛物线 $y=x^2$ 及直线 $y=x$ 所围成的闭区域。

10. 求下列曲面所围成的立体的体积。

(1) $z=4-x^2-\frac{y^2}{4}, z=0$　　(2) $z=\frac{1}{4}(x^2+y^2), x^2+y^2=8x, z=0$

11. 求区域 $a\leqslant r\leqslant a(1+\cos\theta)$ 的面积。

12. 求由圆柱面 $x^2+y^2=1$,抛物柱面 $z=x^2$ 及平面 $z=0$ 所围成的曲顶柱体的体积。

13. 设 $f(x)$ 在区间$[0,1]$上连续,证明

$$\int_0^1 \mathrm{d}y\int_0^{\sqrt{y}} \mathrm{e}^y f(x)\mathrm{d}x=\int_0^1 (\mathrm{e}-\mathrm{e}^{x^2})f(x)\mathrm{d}x$$

第三节　二重积分的应用

有许多求总量的问题可以用定积分的元素法来处理,这种元素法也可推广到二重积分的应用中。本节将介绍二重积分在求几何体的体积、曲面的面积、平面薄片的质心、平面薄片的转动惯量等方面的应用。

一、立体体积

利用二重积分可以计算曲顶柱体的体积。下面讨论较一般的立体体积的求法。

设一立体,它占有空间区域 Ω,它在 xOy 面上的投影为有界闭区域 D,上、下顶面分别为连续曲面 $z=z_2(x,y)$,$z=z_1(x,y)$,侧面是以 D 的边界曲线为准线而母线平行于 z 轴的柱面(图 9-27),求此立体的体积 V。

在区域 D 内任取一个直径很小的小闭区域 $\mathrm{d}\sigma$(该小闭区域的面积也记作 $\mathrm{d}\sigma$),设(x,y)是 $\mathrm{d}\sigma$ 上任一点。以 $\mathrm{d}\sigma$ 的边界曲线为准线作母线平行于 z 轴的柱面,用它截得一个小柱形立体(图 9-28)。因为 $\mathrm{d}\sigma$ 的直径很小,$z_1(x,y)$,$z_2(x,y)$在 D 上连续,所以可用高为 $z_2(x,y)-z_1(x,y)$,底为 $\mathrm{d}\sigma$ 的小平顶柱体的体积作为小柱形立体体积的近似值。于是体积元素在 D 上积分便得立体的体积为

$$V=\iint\limits_D [z_2(x,y)-z_1(x,y)]\mathrm{d}\sigma \tag{9-8}$$

式中,$z=z_2(x,y)$和 $z=z_1(x,y)$分别是空间区域 Ω 的上顶曲面和下顶曲面的方程。

【例 9-15】 求由曲面 $z=x^2+y^2$ 及 $z=2-x^2-y^2$ 所围成的立体的体积。

解　此立体占有的空间区域(图 9-29),上顶曲面是 $z=2-x^2-y^2$,下顶曲面是 $z=x^2+y^2$,在 xOy 面上的投影区域 D 的边界曲线方程为 $x^2+y^2=1$,它是上顶曲面和下顶曲面的交线在 xOy 面上的投影,是从 $z=x^2+y^2$ 与 $z=2-x^2-y^2$ 中消去 z 而得到的。应用式(9-8)得到所求立体的体积为

$$
\begin{aligned}
V &= \iint_D [(2-x^2-y^2)-(x^2+y^2)]\mathrm{d}\sigma = 2\iint_D (1-x^2-y^2)\mathrm{d}\sigma \\
&= 2\int_0^{2\pi}\mathrm{d}\theta\int_0^1 (1-\rho^2)\rho\,\mathrm{d}\rho = 4\pi\left[\frac{\rho^2}{2}-\frac{\rho^4}{4}\right]_0^1 = \pi
\end{aligned}
$$

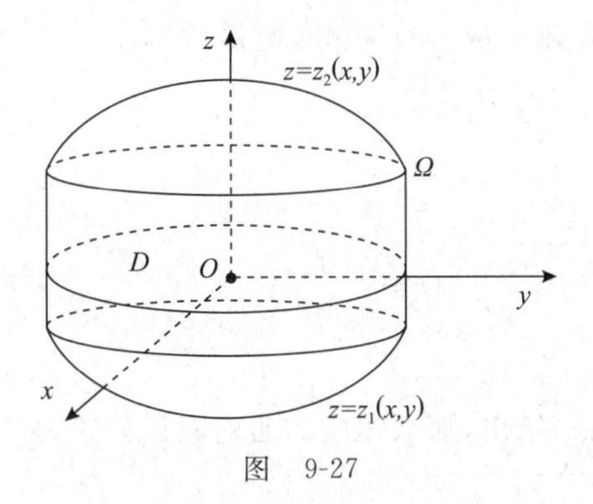

图　9-27

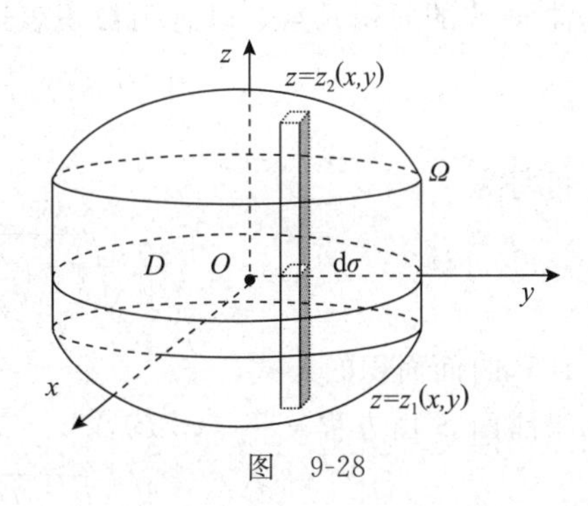

图　9-28

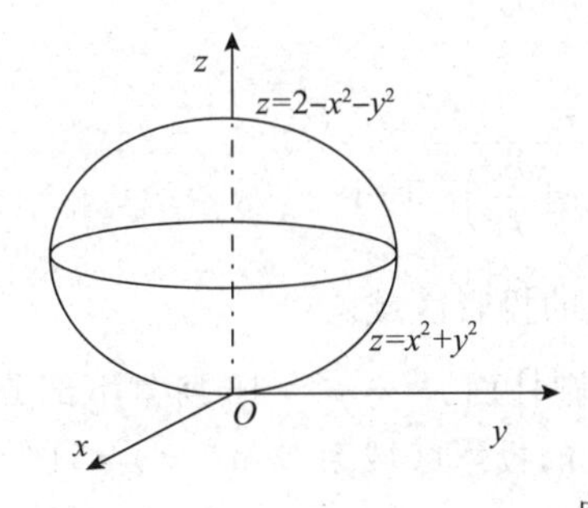

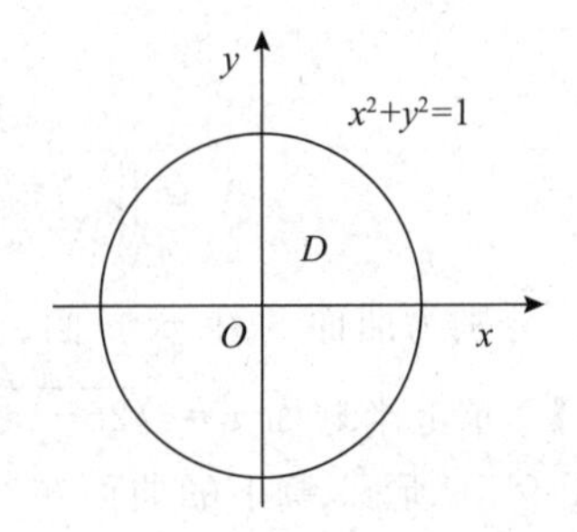

图　9-29

二、曲面的面积

设曲面 S 由方程 $z=f(x,y)$ 给出,D 为曲面 S 在 xOy 面上的投影区域,函数 $f(x,y)$ 在 D 上具有连续偏导数 $f_x(x,y)$ 和 $f_y(x,y)$。计算曲面 S 的面积 A。

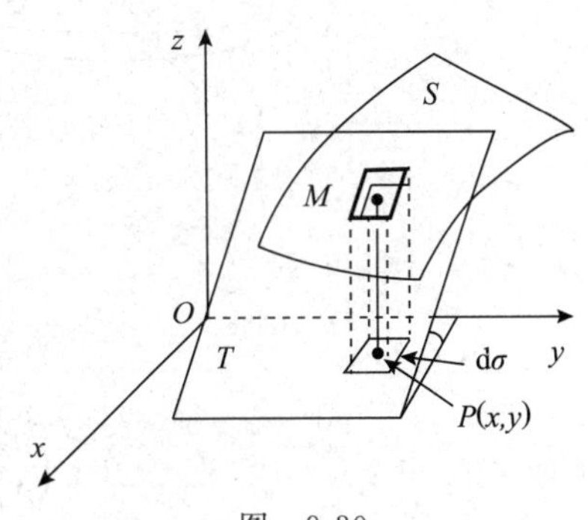

图　9-30

在闭区域 D 上任取一直径很小的闭区域 $\mathrm{d}\sigma$(该小闭区域的面积也记作 $\mathrm{d}\sigma$),在 $\mathrm{d}\sigma$ 上取一点 $P(x,y)$,对应地曲面 S 上有一点 $M(x,y,f(x,y))$,点 M 在 xOy 面上的投影即点 P,点 M 处曲面 S 的切平面设为 T(图 9-30)。以小闭区域 $\mathrm{d}\sigma$ 的边界为准线作母线平行于 z 轴的柱面,

该柱面在曲面 S 上截下一小片曲面,在切平面 T 上截下一小片平面。由于 $\mathrm{d}\sigma$ 的直径很小,切平面 T 上的一小片平面的面积 $\mathrm{d}A$ 可以近似代替相应的一小片曲面的面积 ΔA。设曲面 S 在点 M 处的法向量(指向朝上)与 z 轴正向的夹角为 γ,则

$$\Delta A\approx \mathrm{d}A=\frac{\mathrm{d}\sigma}{\cos\gamma}$$

因为

$$\cos\gamma=\frac{1}{\sqrt{1+f_x^2(x,y)+f_y^2(x,y)}}$$

所以

$$\mathrm{d}A=\sqrt{1+f_x^2(x,y)+f_y^2(x,y)}\,\mathrm{d}\sigma$$

这就是曲面 S 的面积元素。以它为被积表达式在闭区域 D 上积分,便得

$$A=\iint_D\sqrt{1+f_x^2(x,y)+f_y^2(x,y)}\,\mathrm{d}\sigma$$

上式也可写为

$$A=\iint_D\sqrt{1+\left(\frac{\partial z}{\partial x}\right)^2+\left(\frac{\partial z}{\partial y}\right)^2}\,\mathrm{d}x\mathrm{d}y \tag{9-9}$$

这就是计算曲面面积的公式。

如果曲面 S 由方程 $y=y(z,x)$ 或 $x=x(y,z)$ 给出,那么相应的曲面面积公式为

$$A=\iint_{D_{zx}}\sqrt{1+\left(\frac{\partial y}{\partial z}\right)^2+\left(\frac{\partial y}{\partial x}\right)^2}\,\mathrm{d}z\mathrm{d}x \tag{9-10}$$

或

$$A=\iint_{D_{yz}}\sqrt{1+\left(\frac{\partial x}{\partial y}\right)^2+\left(\frac{\partial x}{\partial z}\right)^2}\,\mathrm{d}y\mathrm{d}z \tag{9-11}$$

这里 D_{zx},D_{yz} 分别为曲面 S 在 xOz 面、yOz 面上的投影区域。

【例 9-16】 求上半球面 $z=\sqrt{25-x^2-y^2}$ 被圆柱面 $x^2+y^2=16$ 所割下部分的面积。

解 如图 9-31 所示,割下的曲面在 xOy 面上的投影区域为 D:$x^2+y^2\leqslant 16$。

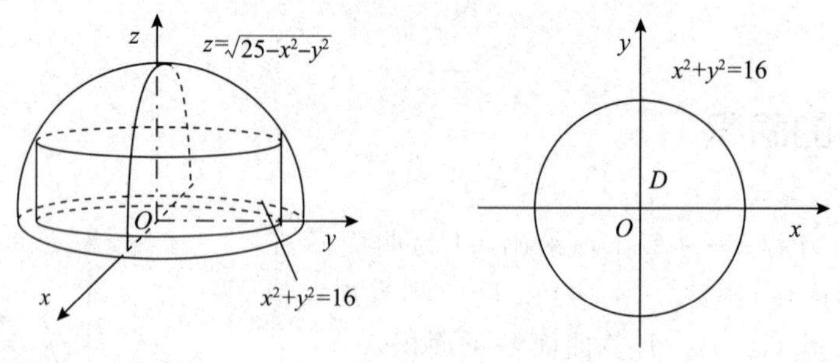

图 9-31

$$\frac{\partial z}{\partial x}=\frac{-x}{\sqrt{25-x^2-y^2}},\quad \frac{\partial z}{\partial y}=\frac{-y}{\sqrt{25-x^2-y^2}}$$

$$1+\left(\frac{\partial z}{\partial x}\right)^2+\left(\frac{\partial z}{\partial y}\right)^2=\frac{25}{25-x^2-y^2}$$

应用式(9-9)得到所求面积为

$$A=\iint\limits_D\sqrt{1+\left(\frac{\partial z}{\partial x}\right)^2+\left(\frac{\partial z}{\partial y}\right)^2}\,\mathrm{d}\sigma=\iint\limits_D\frac{5}{\sqrt{25-x^2-y^2}}\mathrm{d}\sigma$$

$$=\int_0^{2\pi}\mathrm{d}\theta\int_0^4\frac{5\rho}{\sqrt{25-\rho^2}}\mathrm{d}\rho=-10\pi\left[\sqrt{25-\rho^2}\right]_0^4=20\pi$$

三、平面薄片的转动惯量

由力学知识可知，位于点(x,y)处质量为m的质点对于x轴、y轴及通过原点O且垂直于xOy平面的轴的转动惯量依次为

$$I_x=y^2m,\quad I_y=x^2m,\quad I_O=(x^2+y^2)m$$

而一质点系的转动惯量为各个质点的转动惯量之和。

设有一平面薄片，占有xOy面上的闭区域D，在点(x,y)处的面密度为$\rho(x,y)$，假定$\rho(x,y)$在D上连续，现在要求该薄片关于x轴、y轴和原点的转动惯量I_x,I_y,I_O。

应用元素法，在闭区域D上任取一直径很小的闭区域$\mathrm{d}\sigma$(该小闭区域的面积也记作$\mathrm{d}\sigma$)，(x,y)是该小闭区域上的一个点。由于$\mathrm{d}\sigma$的直径很小，且$\rho(x,y)$在D上连续，所以薄片中相应于$\mathrm{d}\sigma$部分的质量近似等于$\rho(x,y)\mathrm{d}\sigma$，这部分质量可近似看作集中在点$(x,y)$上，于是可写出薄片关于$x$轴、$y$轴和原点的转动惯量元素为

$$\mathrm{d}I_x=y^2\rho(x,y)\mathrm{d}\sigma,\quad \mathrm{d}I_y=x^2\rho(x,y)\mathrm{d}\sigma,\quad \mathrm{d}I_O=(x^2+y^2)\rho(x,y)\mathrm{d}\sigma$$

以这些元素为被积表达式，在闭区域D上积分，便得

$$I_x=\iint\limits_D y^2\rho(x,y)\mathrm{d}\sigma,\quad I_y=\iint\limits_D x^2\rho(x,y)\mathrm{d}\sigma,\quad I_O=\iint\limits_D(x^2+y^2)\rho(x,y)\mathrm{d}\sigma \tag{9-12}$$

【例 9-17】 设一薄片由曲线$y=x^2$，$x=1$及$y=0$围成，且其面密度$\rho=xy$，求该薄片关于x轴和y轴的转动惯量(图 9-32)。

解 由式(9-12)得该薄片关于x轴和y轴的转动惯量分别为

$$I_x=\iint\limits_D y^2\rho(x,y)\mathrm{d}\sigma=\iint\limits_D xy^3\mathrm{d}\sigma=\int_0^1x\,\mathrm{d}x\int_0^{x^2}y^3\mathrm{d}y=\frac{1}{40}$$

$$I_y=\iint\limits_D x^2\rho(x,y)\mathrm{d}\sigma=\iint\limits_D x^3y\,\mathrm{d}\sigma=\int_0^1x^3\mathrm{d}x\int_0^{x^2}y\,\mathrm{d}y=\frac{1}{16}$$

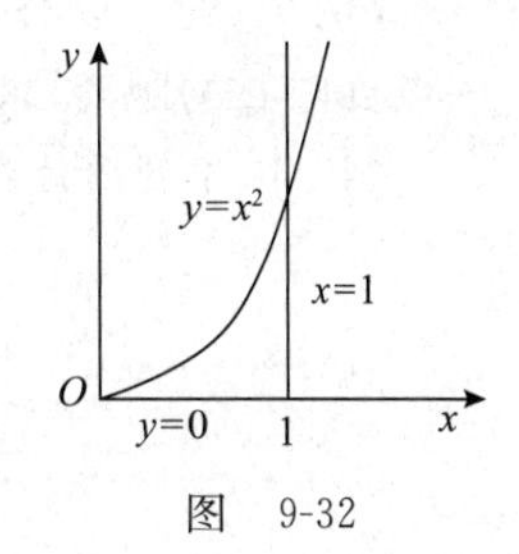

图 9-32

四、平面薄片的质心

设xOy面上有n个质点，分别位于(x_i,y_i)处，质量分别为$m_i(i=1,2,\cdots,n)$，由力学知识可知，此质点系的质心坐标为

$$\bar{x}=\frac{M_y}{M}=\frac{\sum\limits_{i=1}^n x_im_i}{\sum\limits_{i=1}^n m_i},\quad \bar{y}=\frac{M_x}{M}=\frac{\sum\limits_{i=1}^n y_im_i}{\sum\limits_{i=1}^n m_i}$$

设有一平面薄片，占有xOy面上的闭区域D，在点(x,y)处的面密度为$\rho(x,y)$，假定

$\rho(x,y)$在 D 上连续,现在求该薄片的质心坐标。

应用元素法,在闭区域 D 上任取一直径很小的闭区域 $\mathrm{d}\sigma$(该小闭区域的面积也记作 $\mathrm{d}\sigma$),(x,y)是该小闭区域上的一个点。由于 $\mathrm{d}\sigma$ 的直径很小,且 $\rho(x,y)$在 D 上连续,所以薄片中相应于 $\mathrm{d}\sigma$ 部分的质量近似等于

$$\mathrm{d}M=\rho(x,y)\mathrm{d}\sigma$$

这部分质量可近似看作集中在点(x,y)上,于是可分别写出 M_y 和 M_x 的元素

$$\mathrm{d}M_y=x\,\mathrm{d}M=x\rho(x,y)\mathrm{d}\sigma$$

$$\mathrm{d}M_x=y\,\mathrm{d}M=y\rho(x,y)\mathrm{d}\sigma$$

以这些元素为被积表达式,在闭区域 D 上积分,便得

$$M=\iint_D\rho(x,y)\mathrm{d}\sigma,\quad M_y=\iint_D x\rho(x,y)\mathrm{d}\sigma,\quad M_x=\iint_D y\rho(x,y)\mathrm{d}\sigma$$

于是薄片的质心坐标为

$$\bar{x}=\frac{M_y}{M}=\frac{\iint\limits_D x\rho(x,y)\mathrm{d}\sigma}{\iint\limits_D\rho(x,y)\mathrm{d}\sigma},\quad \bar{y}=\frac{M_x}{M}=\frac{\iint\limits_D y\rho(x,y)\mathrm{d}\sigma}{\iint\limits_D\rho(x,y)\mathrm{d}\sigma}\tag{9-13}$$

如果薄片是均匀的,即面密度为常量,则上式中可把 ρ 提到积分号外面并从分子、分母中约去,这样便得到均匀薄片质心的坐标为

$$\bar{x}=\frac{\iint\limits_D x\,\mathrm{d}\sigma}{\iint\limits_D\mathrm{d}\sigma},\quad \bar{y}=\frac{\iint\limits_D y\,\mathrm{d}\sigma}{\iint\limits_D\mathrm{d}\sigma}\tag{9-14}$$

这时薄片的质心完全由闭区域 D 的形状所决定,我们把均匀平面薄片的质心叫作该平面薄片所占平面图形的形心。因此,平面图形 D 的形心就可用式(9-13)计算。

【例 9-18】 设有一圆心在原点、半径为 1 的半圆形薄片,它在点(x,y)处的面密度等于该点到圆心的距离,求此薄片的质心(图 9-33)。

解 由于此薄片在 xOy 面所占的闭区域与 y 轴对称,所以质心必在 y 轴上,即 $\bar{x}=0$。而

$$M=\iint_D\rho(x,y)\mathrm{d}\sigma=\iint_D\sqrt{x^2+y^2}\,\mathrm{d}\sigma=\int_0^\pi\mathrm{d}\theta\int_0^1\rho^2\mathrm{d}\rho=\frac{\pi}{3}$$

$$M_x=\iint_D y\rho(x,y)\mathrm{d}\sigma=\iint_D y\sqrt{x^2+y^2}\,\mathrm{d}\sigma=\int_0^\pi\sin\theta\mathrm{d}\theta\int_0^1\rho^3\mathrm{d}\rho=\frac{1}{2}$$

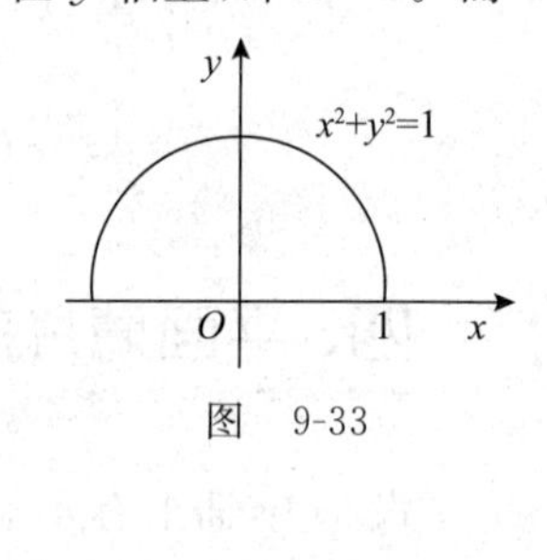

图 9-33

应用式(9-13)得

$$\bar{y}=\frac{M_x}{M}=\frac{\frac{1}{2}}{\frac{\pi}{3}}=\frac{3}{2\pi}$$

故所求薄片的质心为$\left(0,\dfrac{3}{2\pi}\right)$。

习题 9-3

1. 求由曲面 $z=6-x^2-y^2$ 及 $z=\sqrt{x^2+y^2}$ 所围成的立体的体积。
2. 求由曲面 $z=x^2+y^2$ 与平面 $z=4$ 所围成的立体的体积。
3. 求由球面 $x^2+y^2+z^2=4$ 和柱面 $x^2+y^2=2x$ 所围成的且在柱面内部的体积。
4. 求由平面 $z=x-y$, $z=0$ 与柱面 $x^2+y^2=ax(a>0)$ 所围成的立体的体积。
5. 求球面 $x^2+y^2+z^2=25$ 被平面 $z=3$ 所分成的上半部分曲面的面积。
6. 求锥面 $z=\sqrt{x^2+y^2}$ 被柱面 $z^2=2x$ 所割下部分的面积。
7. 求平面 $\dfrac{x}{a}+\dfrac{y}{b}+\dfrac{z}{c}=1$ 被三坐标面所割出的有限部分的面积。
8. 求由圆 $x^2+y^2=a^2$ 及 $x^2+y^2=b^2(b>a)$ 所围成的均匀薄片关于它的直径的转动惯量。
9. 由圆 $r=2\cos\theta$, $r=4\cos\theta$ 所围成的均匀薄片，面密度 ρ 为常数，求它关于坐标原点 O 的转动惯量。
10. 求由抛物线 $y^2=4x$，直线 $y=2$ 及 y 轴所围成的均匀薄片的质心。
11. 设平面上半径为 a 的圆形薄片，其上任一点处的密度与该点到圆心的距离的平方成正比，比例系数为 k，求该圆形薄片的质量。

*第四节　三重积分

一、三重积分的概念

1. 求物体的质量 M

设有一物体占有空间闭区域 Ω，它在点(x,y,z)处的密度为 $f(x,y,z)$，这里 $f(x,y,z)>0$ 且在 Ω 上连续。现在讨论如何计算该物体的质量 M。

如果物体是均匀的，即在每一点的密度都一样[$f(x,y,z)=\rho$ 是常数]，则物体的质量可以用公式 $M=\rho V$ 来计算，其中 V 是物体的体积。但现在物体上每一点的密度都不相同，如何求物体的质量 M 呢？我们用与求曲顶柱体体积类似的方法解决这个问题。

(1) 分割：用一组曲面将物体任意分成 n 个小物体 $\Delta v_1,\Delta v_2,\cdots,\Delta v_n$，第 i 个小物体的体积为 $\Delta v_i(i=1,2,\cdots,n)$。

(2) 近似代替：由于 $f(x,y,z)$连续，当第 i 个小物体的直径很小时，第 i 个小物体可近似看作是均匀分布的。在 Δv_i 上任取一点(ξ_i,η_i,ζ_i)，可用 $f(\xi_i,\eta_i,\zeta_i)$作为第 i 个小物体的密度。因此，第 i 个小物体质量的近似值为

$$\Delta M_i\approx f(\xi_i,\eta_i,\zeta_i)\Delta v_i\quad(i=1,2,\cdots,n)$$

(3) 求和:物体质量的近似值为

$$M=\sum_{i=1}^{n}M_i\approx\sum_{i=1}^{n}f(\xi_i,\eta_i,\zeta_i)\Delta v_i$$

(4) 取极限:当分割很细密时,即每个小物体的直径都很小时,上述近似式的误差是很小的。分割越细,误差越小。令 $\lambda=\max\{\lambda_1,\lambda_2,\cdots,\lambda_n\}$,则当 $\lambda\to 0$ 时,

$$\sum_{i=1}^{n}f(\xi_i,\eta_i,\zeta_i)\Delta v_i\to M$$

即

$$M=\sum_{i=1}^{n}M_i=\lim_{\lambda\to 0}\sum_{i=1}^{n}f(\xi_i,\eta_i,\zeta_i)\Delta v_i$$

2. 三重积分的定义

仿照二重积分的定义可类似给出三重积分的定义。

定义 9-2　设函数 $f(x,y,z)$是空间有界闭区域 Ω 上的有界函数。将 Ω 任意分成 n 个小闭区域 $\Delta v_1,\Delta v_2,\cdots,\Delta v_n$,其中 Δv_i 表示第 i 个小闭区域,也表示它的体积。在每个 Δv_i 上任取一点(ξ_i,η_i,ζ_i),作乘积 $f(\xi_i,\eta_i,\zeta_i)\Delta v_i\ (i=1,2,\cdots,n)$,并作和 $\sum\limits_{i=1}^{n}f(\xi_i,\eta_i,\zeta_i)\Delta v_i$。如果当各个小闭区域直径中的最大值 λ 趋于零时,该和式极限存在,且极限值不依赖于区域 D 的分法,也不依赖于点(ξ_i,η_i,ζ_i)的取法,则称此极限为函数 $f(x,y,z)$在闭区域 Ω 上的三重积分,记作$\iiint\limits_{\Omega}f(x,y,z)\mathrm{d}v$,即

$$\iiint\limits_{\Omega}f(x,y,z)\mathrm{d}v=\lim_{\lambda\to 0}\sum_{i=1}^{n}f(\xi_i,\eta_i,\zeta_i)\Delta v_i \tag{9-15}$$

式中,$f(x,y,z)$为被积函数,$f(x,y,z)\mathrm{d}v$ 为被积表达式,$\mathrm{d}v$ 为体积元素,x,y,z 为积分变量,Ω 为积分区域,$\sum\limits_{i=1}^{n}f(\xi_i,\eta_i,\zeta_i)\Delta v_i$ 为积分和。

由于在三重积分的定义中对闭区域 Ω 的划分是任意的,因此在直角坐标系中,如果用平行于坐标面的平面来划分 Ω,则 $\Delta v_i=\Delta x_i\Delta y_i\Delta z_i$,因此也把体积元素记为 $\mathrm{d}v=\mathrm{d}x\mathrm{d}y\mathrm{d}z$,三重积分记作

$$\iiint\limits_{\Omega}f(x,y,z)\mathrm{d}v=\iiint\limits_{\Omega}f(x,y,z)\mathrm{d}x\mathrm{d}y\mathrm{d}z$$

式中,$\mathrm{d}x\mathrm{d}y\mathrm{d}z$ 称为直角坐标系中的体积元素。

根据三重积分的定义,前面提到的物体质量就是密度 $f(x,y,z)$在物体所占有空间闭区域 Ω 上的三重积分,即

$$M=\iiint\limits_{\Omega}f(x,y,z)\mathrm{d}v$$

3. 三重积分的存在性

当函数 $f(x,y,z)$在有界闭区域 Ω 上连续时,式(9-15)右端的和式极限必定存在,即函数 $f(x,y,z)$在 Ω 上的三重积分一定存在。

4. 三重积分的性质

三重积分的性质与二重积分的性质类似,简述如下。

(1) $\iiint\limits_{\Omega}[c_1 f(x,y,z) \pm c_2 g(x,y,z)]\mathrm{d}v = c_1\iiint\limits_{\Omega} f(x,y,z)\mathrm{d}v \pm c_2\iiint\limits_{\Omega} g(x,y,z)\mathrm{d}v$（$c_1$，$c_2$ 为常数）

(2) $\iiint\limits_{\Omega_1+\Omega_2} f(x,y,z)\mathrm{d}v = \iiint\limits_{\Omega_1} f(x,y,z)\mathrm{d}v + \iiint\limits_{\Omega_2} f(x,y,z)\mathrm{d}v$

(3) $\iiint\limits_{\Omega}\mathrm{d}v = V$，其中 V 为区域 Ω 的体积。

二、三重积分的计算

计算三重积分的基本方法类似于计算二重积分的方法，即将三重积分化为三次积分进行计算。下面按不同坐标系来介绍将三重积分化为三次积分的方法。

1. 利用直角坐标系计算三重积分

假设积分区域 Ω 的形状如图 9-34 所示，即平行于 z 轴的直线与 Ω 的边界曲面至多有两个交点（母线平行于 z 轴的侧面除外）。

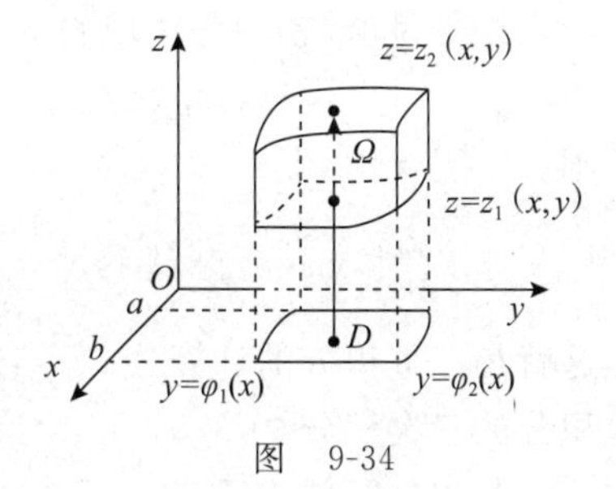

图　9-34

把闭区域 Ω 投影到 xOy 面上，得一平面闭区域

$$D: \varphi_1(x) \leqslant y \leqslant \varphi_2(x),\quad a \leqslant x \leqslant b$$

Ω 关于 xOy 面的投影柱面将 Ω 的边界曲面分为上下两部分 S_2 和 S_1，设其方程分别为

$$S_1: z = z_1(x,y),\quad S_2: z = z_2(x,y)$$

其中，$z_1(x,y)$，$z_2(x,y)$ 在 D 上连续，并且

$$z_1(x,y) \leqslant z_2(x,y)$$

过 D 内任意一点作平行于 z 轴的直线，它沿 z 轴的正向穿过区域 Ω，穿入点的竖坐标为 $z = z_1(x,y)$，穿出点的竖坐标为 $z = z_2(x,y)$。

如何计算三重积分 $\iiint\limits_{\Omega} f(x,y,z)\mathrm{d}v$ 呢？

不妨先考虑特殊情况 $f(x,y,z) \equiv 1$，则

$$\iiint\limits_{\Omega} f(x,y,z)\mathrm{d}v = \iiint\limits_{\Omega}\mathrm{d}v = \iint\limits_{D}[z_2(x,y) - z_1(x,y)]\mathrm{d}\sigma$$

即

$$\iiint\limits_{\Omega}\mathrm{d}v = \iint\limits_{D}\mathrm{d}x\mathrm{d}y\int_{z_1(x,y)}^{z_2(x,y)}\mathrm{d}z$$

一般情况下，类似地有

$$\iiint\limits_{\Omega} f(x,y,z)\mathrm{d}v = \iint\limits_{D}\mathrm{d}x\mathrm{d}y\int_{z_1(x,y)}^{z_2(x,y)} f(x,y,z)\mathrm{d}z$$

显然积分 $\int_{z_1(x,y)}^{z_2(x,y)} f(x,y,z)\mathrm{d}z$ 只是把 $f(x,y,z)$ 看作 z 的函数在区间 $[z_1(x,y), z_2(x,y)]$ 上对 z 求定积分，因此，其结果应是 x，y 的函数，记为

$$F(x,y)=\int_{z_1(x,y)}^{z_2(x,y)} f(x,y,z)\mathrm{d}z$$

那么

$$\iiint_{\Omega} f(x,y,z)\mathrm{d}v=\iint_{D} F(x,y)\mathrm{d}x\mathrm{d}y$$

如图 9-34 所示，区域 D 可表示为

$$\varphi_1(x)\leqslant y\leqslant\varphi_2(x),\quad a\leqslant x\leqslant b$$

从而

$$\iint_{D} F(x,y)\mathrm{d}x\mathrm{d}y=\int_a^b\mathrm{d}x\int_{\varphi_1(x)}^{\varphi_2(x)} F(x,y)\mathrm{d}y$$

综上讨论，若积分区域 Ω 可表示为

$$z_1(x,y)\leqslant z\leqslant z_2(x,y),\quad \varphi_1(x)\leqslant y\leqslant\varphi_2(x),\quad a\leqslant x\leqslant b$$

则

$$\iiint_{\Omega} f(x,y,z)\mathrm{d}v=\int_a^b\mathrm{d}x\int_{\varphi_1(x)}^{\varphi_2(x)}\mathrm{d}y\int_{z_1(x,y)}^{z_2(x,y)} f(x,y,z)\mathrm{d}z \tag{9-16}$$

这就是三重积分的计算公式。它将三重积分化成先对变量 z 积分，再对 y 积分，最后对 x 积分的三次积分。

若积分区域 Ω 可表示成

$$z_1(x,y)\leqslant z\leqslant z_2(x,y),\quad \psi_1(y)\leqslant x\leqslant\psi_2(y),\quad c\leqslant y\leqslant d$$

则

$$\iiint_{\Omega} f(x,y,z)\mathrm{d}v=\int_c^d\mathrm{d}y\int_{\psi_1(y)}^{\psi_2(y)}\mathrm{d}x\int_{z_1(x,y)}^{z_2(x,y)} f(x,y,z)\mathrm{d}z \tag{9-17}$$

如果平行于 x 轴或 y 轴的直线与 Ω 的边界曲面相交不多于两点，也可以把 Ω 投影到 yOz 面或 xOz 面上，得到相应的三重积分的计算公式。如果平行于坐标轴的直线与 Ω 的边界曲面的交点多于两个，可仿照二重积分计算中所采用的方法，将 Ω 分成若干部分(如 Ω_1，Ω_2)，使在 Ω 上的三重积分化为各部分区域 Ω_1，Ω_2 上的三重积分，当然各部分区域 Ω_1，Ω_2 应适合对区域的要求。

例如，计算 $\iiint_{\Omega} f(x,y,z)\mathrm{d}v$，其中 Ω 为 $1\leqslant x^2+y^2+z^2\leqslant 4$。将区域 Ω 分成上下两部分区域(图 9-35)：

$$\Omega_1=\{(x,y,z)\mid 1\leqslant x^2+y^2+z^2\leqslant 4, z\geqslant 0\}$$
$$\Omega_2=\{(x,y,z)\mid 1\leqslant x^2+y^2+z^2\leqslant 4, z\leqslant 0\}$$

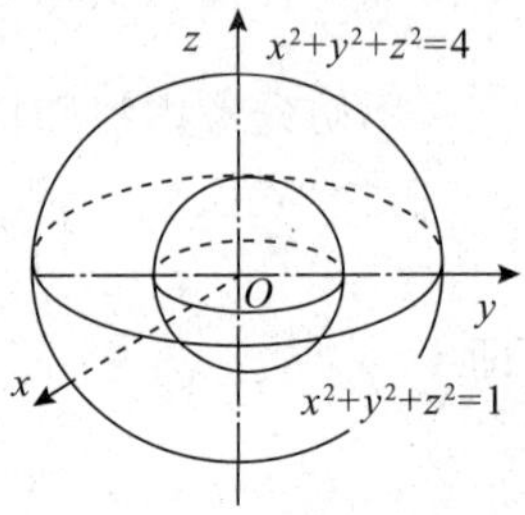

图 9-35

则

$$\iiint_{\Omega} f(x,y,z)\mathrm{d}v=\iiint_{\Omega_1} f(x,y,z)\mathrm{d}v+\iiint_{\Omega_2} f(x,y,z)\mathrm{d}v$$

【例 9-19】 计算三重积分 $\iiint_{\Omega} x\,\mathrm{d}v$，其中 Ω 是由三个坐标面和平面 $x+y+z=1$ 所围成的闭区域。

解 画出积分区域 Ω(图 9-36)，将 Ω 投影到 xOy 面上，得投影区域 D 为三角形 OAB，直线 OA，OB 及 AB 的方程依次为 $y=0$，$x=0$ 及 $x+y=1$，故 D 可表示为

$$0\leqslant y\leqslant 1-x,\quad 0\leqslant x\leqslant 1$$

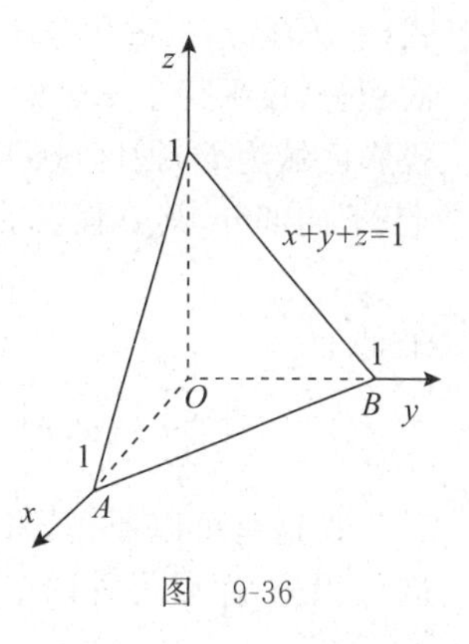

图　9-36

在 D 内任取一点，过此点作平行于 z 轴的直线，该直线通过平面 $z=0$ 穿入 Ω 内，然后从平面 $z=1-x-y$ 穿出 Ω 外。于是 Ω 可以用不等式表示为

$$0\leqslant z\leqslant 1-x-y,\quad 0\leqslant y\leqslant 1-x,\quad 0\leqslant x\leqslant 1$$

由式(9-16)得

$$\iiint\limits_{\Omega} x\,\mathrm{d}v=\int_0^1\mathrm{d}x\int_0^{1-x}\mathrm{d}y\int_0^{1-x-y}x\,\mathrm{d}z=\int_0^1\mathrm{d}x\int_0^{1-x}x(1-x-y)\,\mathrm{d}y$$

$$=\int_0^1\frac{1}{2}x(1-x)^2\,\mathrm{d}x=\left[\frac{1}{8}x^4-\frac{1}{3}x^3+\frac{1}{4}x^2\right]_0^1=\frac{1}{24}$$

2. 利用柱面坐标计算三重积分

利用极坐标可以简化二重积分的计算，同样，对于三重积分有时应用柱面坐标也可以简化计算。

设 $M(x,y,z)$ 为空间内的一点，该点在 xOy 面上的投影为点 P，点 P 的极坐标为 (ρ,θ)，则 M 也可由数组 (ρ,θ,z) 来表示(图 9-37)。因此称数组 (ρ,θ,z) 为点 M 的柱面坐标。ρ,θ,z 的变化范围分别为

$$0\leqslant\rho<+\infty,\quad 0\leqslant\theta\leqslant 2\pi,\quad -\infty<z<+\infty$$

显然，直角坐标与柱面坐标的关系为

$$\begin{cases}x=\rho\cos\theta\\ y=\rho\sin\theta\\ z=z\end{cases}$$

三组坐标面分别为以 ρ 为常数，即以 z 轴为轴的圆柱面；θ 为常数，即过 z 轴的半平面；z 为常数，即与 xOy 面平行的平面。

现在要把三重积分 $\iiint\limits_{\Omega}f(x,y,z)\,\mathrm{d}v$ 中的变量变换为柱面坐标。为此用三组坐标面 ρ 为常数，θ 为常数，z 为常数把空间区域 Ω 分成若干小闭区域，这样得到的小闭区域中，除了含 Ω 的边界点的一些小闭区域外其他都是有规则的小区域，即柱体(图 9-38)。

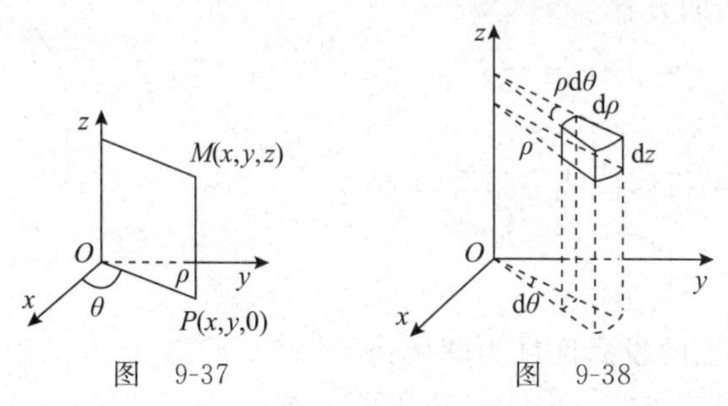

图　9-37　　　　图　9-38

考察由 ρ,θ,z 各取微小增量 $\mathrm{d}\rho,\mathrm{d}\theta,\mathrm{d}z$ 组成的柱体的体积。这个体积近似等于 $\rho\mathrm{d}\rho\mathrm{d}\theta\mathrm{d}z$，于是得

$$\mathrm{d}v=\rho\mathrm{d}\rho\mathrm{d}\theta\mathrm{d}z$$

这就是柱面坐标系中的体积元素，因此

$$\iiint\limits_{\Omega}f(x,y,z)\,\mathrm{d}v=\iiint\limits_{\Omega}f(\rho\cos\theta,\rho\sin\theta,z)\rho\mathrm{d}\rho\mathrm{d}\theta\mathrm{d}z \tag{9-18}$$

式(9-18)就是三重积分从直角坐标变换为柱面坐标的换元公式。为了把式(9-18)右端化成三次积分,设平行于 z 轴的直线与区域 Ω 的边界最多只有两个交点(图 9-38),Ω 在 xOy 面上的投影区域为 D,把区域 D 用 ρ,θ 表示,区域 Ω 关于 xOy 面的投影柱面将 Ω 的边界曲面分为上、下两部分,其方程表示为 z 是 ρ,θ 的函数,即上曲面 $z=z_2(\rho,\theta)$,下曲面 $z=z_1(\rho,\theta)$,即

$$z_1(\rho,\theta)\leqslant z\leqslant z_2(\rho,\theta),(\rho,\theta)\in D$$

于是

$$\iiint_{\Omega} f(\rho\cos\theta,\rho\sin\theta,z)\rho\mathrm{d}\rho\mathrm{d}\theta\mathrm{d}z=\iint_{D}\rho\mathrm{d}\rho\mathrm{d}\theta\int_{z_1(\rho,\theta)}^{z_2(\rho,\theta)} f(\rho\cos\theta,\rho\sin\theta)\mathrm{d}z \tag{9-19}$$

在这里可以看到,采用柱面坐标按式(9-19)计算三重积分,实际上是对 z 采用直角坐标进行积分,而对另外两个变量采用极坐标进行积分。

【例 9-20】 计算 $\iiint\limits_{\Omega}(x^2+y^2)\mathrm{d}x\mathrm{d}y\mathrm{d}z$,其中 Ω 是由曲面 $x^2+y^2=2z,z=2$ 所围成的闭区域。

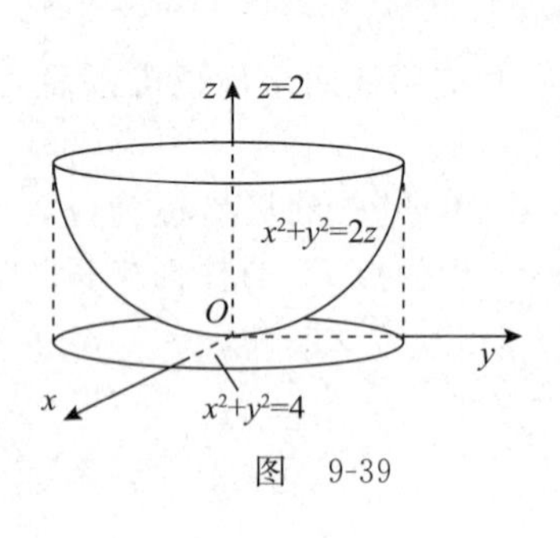

图 9-39

解 把空间闭区域 Ω 投影到 xOy 面上,其投影区域 D 为 $0\leqslant\rho\leqslant 2,0\leqslant\theta\leqslant 2\pi$。在 D 内任取一点 (ρ,θ),过此点作平行于 z 轴的直线,该直线从曲面 $z=\frac{\rho^2}{2}$ 穿入 Ω 内,而从平面 $z=2$ 穿出(图 9-39)。因此,闭区域 Ω 可用不等式 $\frac{\rho^2}{2}\leqslant z\leqslant 2,0\leqslant\rho\leqslant 2$,$0\leqslant\theta\leqslant 2\pi$ 来表示。于是由式(9-18)及式(9-19)得

$$\begin{aligned}\iiint_{\Omega}(x^2+y^2)\mathrm{d}x\mathrm{d}y\mathrm{d}z&=\iiint_{\Omega}\rho^2\cdot\rho\mathrm{d}\rho\mathrm{d}\theta\mathrm{d}z=\int_0^{2\pi}\mathrm{d}\theta\int_0^2\rho^3\mathrm{d}\rho\int_{\frac{\rho^2}{2}}^2\mathrm{d}z\\&=\pi\int_0^2(4\rho^3-\rho^5)\mathrm{d}\rho=\frac{16\pi}{3}\end{aligned}$$

【例 9-21】 计算 $\iiint\limits_{\Omega}z\mathrm{d}x\mathrm{d}y\mathrm{d}z$,其中 Ω 是由 $z=\sqrt{4-x^2-y^2},3z=x^2+y^2$ 所围成的闭区域(图 9-40)。

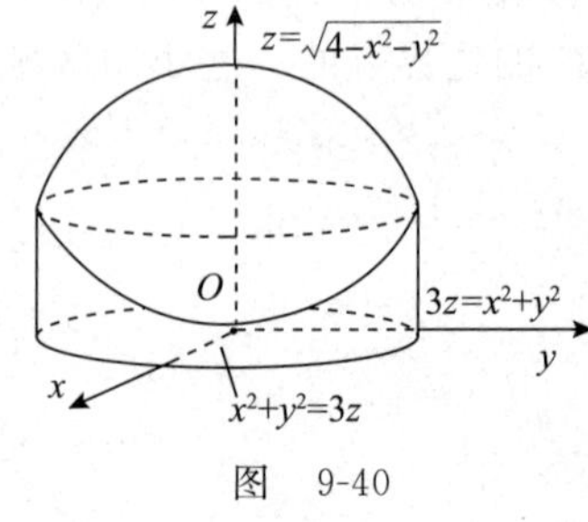

图 9-40

解 由两曲面交线的方程

$$\begin{cases}z=\sqrt{4-x^2-y^2}\\3z=x^2+y^2\end{cases}$$

得该曲线在 xOy 面上的投影曲线方程为

$$\begin{cases}x^2+y^2=3\\z=0\end{cases}$$

由此可知 Ω 在 xOy 面上的投影区域为圆域:$x^2+y^2\leqslant 3$。

利用柱面坐标计算,上曲面方程为 $z=\sqrt{4-\rho^2}$,下曲面方程为 $3z=\rho^2$,即 $z=\frac{\rho^2}{3}$。因此,闭区域 Ω 可用不等式 $\frac{\rho^2}{3}\leqslant z\leqslant\sqrt{4-\rho^2},0\leqslant\rho\leqslant\sqrt{3},0\leqslant\theta\leqslant 2\pi$ 来表示。于是由式(9-18)及式(9-19)得

$$\iiint_{\Omega}z\mathrm{d}x\mathrm{d}y\mathrm{d}z=\iiint_{\Omega}z\rho\mathrm{d}\rho\mathrm{d}\theta\mathrm{d}z=\int_0^{2\pi}\mathrm{d}\theta\int_0^{\sqrt{3}}\rho\mathrm{d}\rho\int_{\frac{\rho^2}{3}}^{\sqrt{4-\rho^2}}z\mathrm{d}z$$

$$=\int_0^{2\pi}\mathrm{d}\theta\int_0^{\sqrt{3}}\frac{1}{2}\rho\left(4-\rho^2-\frac{\rho^5}{9}\right)\mathrm{d}\rho$$

$$=\pi\int_0^{\sqrt{3}}\left(4\rho-\rho^3-\frac{\rho^5}{9}\right)\mathrm{d}\rho=\frac{13}{4}\pi$$

在计算三重积分$\iiint\limits_{\Omega}f(x,y,z)\mathrm{d}v$时，若$f(x,y,z)$中含有$x^2+y^2$，$\Omega$在$xOy$面上的投影区域是圆域或者圆域的一部分时，联想利用极坐标计算二重积分，使我们想到对这一类的积分可以利用柱面坐标计算。

*习题 9-4

1. 将三重积分$\iiint\limits_{\Omega}f(x,y,z)\mathrm{d}x\mathrm{d}y\mathrm{d}z$化成三次积分(依次对$z$、$y$、$x$积分)，其中积分区域$\Omega$如下。

(1) Ω：$1\leqslant x\leqslant 2,-2\leqslant y\leqslant 4,0\leqslant z\leqslant 4$。

(2) Ω由三个坐标面与平面$2x+y+z=1$所围成。

(3) Ω由球面$z=\sqrt{2-x^2-y^2}$与锥面$z=\sqrt{x^2+y^2}$所围成。

2. 利用直角坐标计算下列三重积分。

(1) $\iiint\limits_{\Omega}xy^2z^3\mathrm{d}x\mathrm{d}y\mathrm{d}z$，其中$\Omega$为长方体：$0\leqslant z\leqslant 3,0\leqslant y\leqslant 2,0\leqslant x\leqslant 1$。

(2) 计算积分$\iiint\limits_{\Omega}x\mathrm{d}x\mathrm{d}y\mathrm{d}z$，其中$\Omega$由平面$x=0,y=0,z=0,z=1-x-2y$所围成。

(3) $\iiint\limits_{\Omega}xy^2z^3\mathrm{d}x\mathrm{d}y\mathrm{d}z$其中$\Omega$为$x=1,x=y,z=xy,z=0$所围成的闭区域。

3. 利用柱面坐标计算下列三重积分。

(1) $\iiint\limits_{\Omega}\mathrm{e}^{-x^2-y^2}\mathrm{d}v$，其中$\Omega$为柱面$x^2+y^2=1$及平面$z=0,z=1$所围成的闭区域。

(2) $\iiint\limits_{\Omega}xy\mathrm{d}v$，其中$\Omega$为柱面$x^2+y^2=1$，平面$z=1$及三个坐标面围成的在第一卦限内的区域。

(3) 计算$I=\iiint\limits_{\Omega}(x^2+y^2)\mathrm{d}x\mathrm{d}y\mathrm{d}z$，其中$\Omega$是由曲线$\begin{cases}y^2=2z\\x=0\end{cases}$绕$z$轴旋转一周形成的曲面与平面$z=2,z=8$所围的立体。

4. 选用适当的坐标系计算下列三重积分。

(1) $\iiint\limits_{\Omega}\mathrm{e}^{x+y+z}\mathrm{d}v$，其中$\Omega$为平面$y=1,y=-x,x=0,z=0$及$z=-x$所围成的闭区域。

(2) $\iiint\limits_{\Omega}z\mathrm{d}v$，其中$\Omega$为曲面$z=x^2+y^2$与平面$z=4$围成的区域。

(3) 计算积分$\iiint\limits_{V}(x^2+y^2+z)\mathrm{d}x\mathrm{d}y\mathrm{d}z$，其中$V$为第一卦限中由旋转抛物面$z=x^2+$

y^2 与圆柱面 $x^2+y^2=1$ 所围成的部分。

(4) 计算三重积分 $\iiint\limits_{\Omega}(x+z)\,\mathrm{d}v$，其中 Ω 是由曲面 $z=\sqrt{x^2+y^2}$ 与 $z=\sqrt{1-x^2-y^2}$ 所围成的区域。

5. 求由两抛物面 $z=x^2+y^2$ 与 $z=1-x^2-y^2$ 所围成的区域的体积。

6. 利用三重积分计算由球面 $x^2+y^2+z^2=2az(a>0)$ 及 $x^2+y^2=z^2$ 所围成的立体的体积。

知识结构图、本章小结与学习指导

知识结构图

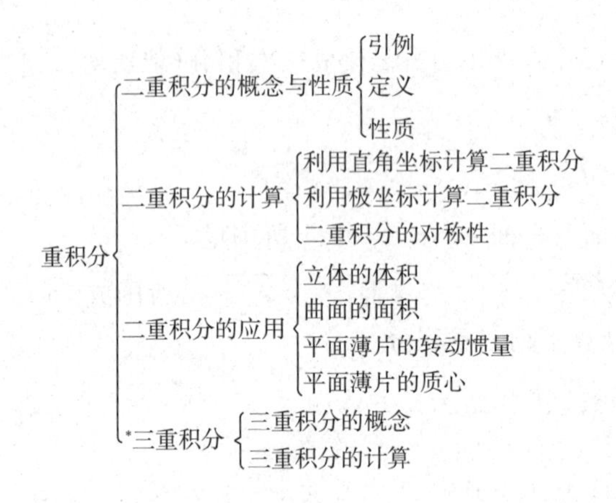

本章小结

本章介绍了重积分。从数学角度来看，重积分就是定积分的推广，但我们也必须了解，它是有大量的实际问题作为背景的。在本章中提到的应用，如立体的体积、曲面的面积、平面薄片的质心和转动惯量等就是其中的一部分。

重积分的定义实质上和定积分一样，都是按“分割取近似，求和取极限”的步骤构成的，所以它也有与定积分相类似的性质。但应该注意的是，由于这时被积函数是多元函数，因此，积分域已不是区间而是平面区域或空间区域。

直接用定义计算重积分是行不通的，它们的计算比定积分复杂得多，原因在于二重积分与三重积分的被积函数分别为二元函数与三元函数，而积分域又为平面区域与空间区域。一个二重积分可以化为二次积分进行计算，它既可以在直角坐标系下进行，也可以在极坐标系下进行；同样，一个三重积分可以化为三次积分进行计算，它既可以在直角坐标系下进行，也可以在柱面坐标系下进行。

我们知道，把二重积分化为二次积分的关键在于正确确定积分限，而在确定积分限时，主要一点是正确定出第一次积分的上下限。为了有利于定限，可先画出积分域的草图，然后从积分域和被积函数两个方面去考虑：一是根据积分域的形状及边界曲线来考虑定限是否方便；二是从被积函数的结构来考虑求原函数是否方便，再权衡利弊，决定采用哪种积分顺序。

当二重积分的被积函数中自变量以 x^2+y^2，x^2-y^2，xy，$\dfrac{x}{y}$ 等形式出现时，以及积分域为以原点为中心的圆域、扇形域，或过原点而中心在坐标轴上的圆域，那么利用极坐标来计算往往会更加简便，但要记住两点：①被积函数 $f(x,y)$ 中的 x 与 y 分别用 $\rho\cos\theta$ 与 $\rho\sin\theta$ 替代；②面积元素 $d\sigma$ 用 $\rho d\rho d\theta$ 替代。

把三重积分化为三次积分应注意的要点与二重积分类似，这里不再一一赘述。

回顾化成三次积分的顺序是先对某一个变量，例如 z，做一次积分，然后再做关于另外两个变量 x 与 y 的一个二重积分，即 $\iint\limits_D dx\,dy\int_{z_1(x,y)}^{z_2(x,y)} f(x,y,z)dz$。

有时把三重积分 $\iiint\limits_\Omega f(x,y,z)dv$ 化为柱面坐标进行计算更加方便。但要记住：要把 $f(x,y,z)$ 换成 $f(\rho\cos\theta,\rho\sin\theta,z)$，$dv$ 换成 $\rho d\rho d\theta dz$。

学习指导

1. 本章要求

(1) 理解重积分的概念。

(2) 了解重积分的性质。

(3) 掌握重积分的计算方法。

(4) 掌握重积分在几何、物理中的应用。

2. 学习重点

二重积分的概念及其计算。

3. 学习难点

(1) 重积分化为定积分。

(2) 重积分的证明问题及物理应用。

4. 学习建议

(1) 前面已经讲过，重积分的概念是定积分概念的推广，它们的定义都具有相同的结构，学习时只需注意它们的异同之处就不难掌握。学习的重点应放在计算上，其中尤以二重积分的计算最为重要，因为它上连三重积分的计算，下连定积分的计算，居于各种积分计算的中心环节，是三重积分计算的基础。三重积分化为定积分时，需要通过二重积分。不仅如此，三重积分在柱面坐标系下的计算实质上也就是极坐标系下的二重积分的计算。

(2) 重点掌握二重积分的计算，正确确定定积分的上、下限是关键，也是学习的难点。因此，应先画出积分域的草图，然后根据积分域的形状和被积函数的特点进行比较，选定一种计算比较方便的积分顺序。

(3) 当把一个直角坐标系中的二重积分转换成极坐标系中的二重积分时，特别要注意被积函数和面积元素的转换式：

$$f(x,y)=f(\rho\cos\theta,\rho\sin\theta),\quad d\sigma=dx\,dy=\rho d\rho d\theta$$

同样，当把一个直角坐标系中的三重积分转换成柱面坐标系中的三重积分时，要记住被积函数和体积元素的转换式为

$$f(x,y,z)=f(\rho\cos\theta,\rho\sin\theta,z),\quad dv=\rho d\rho d\theta dz$$

扩展阅读

数学家简介

约瑟夫·傅里叶(Fourier,Jean Baptiste Joseph)于1768年3月21日出生在法国中部约讷河畔的奥赛尔。自幼因家里人口众多,境况不佳,8岁父母双亡,沦为孤儿,被当地教堂收养。12岁由一位主教送入地方军事学校读书。傅里叶在幼小的时候已显示出了优秀的数学才能,具有强烈的学习数学的愿望。

1789年,法国发生了资产阶级大革命,打破了只有富豪、名门子弟入学的制度,傅里叶终于可以到巴黎科学院阅读数学论文了。在大革命期间,傅里叶以热心地方事务而知名,并因替当时恐怖行为的受害者申辩而被捕入狱。出狱后,他曾就读于巴黎师范学校,虽为期甚短,其数学才华却给人留下了深刻印象。1795年,当巴黎综合工科学校成立时,傅里叶被任命为助教,协助J. L. 拉格朗日(Lagrange)和G. 蒙日(Monge)从事数学教学。这一年,他还讽刺性地被当作罗伯斯皮尔(Robespierre)的支持者而被捕,经同事营救获释。当时国民公会积极加强教育设施,招聘有识之士任教。傅里叶曾被选聘为教师,但不久就被解聘了。

数学家蒙日的鼎力相助,才使傅里叶能继续研究数学,逐步成为师范学校的教授。他在其讲义中记叙了关于方程根的个数的研究成果。他经过反复推敲,于1796年首先证明了在给定区间内代数方程实根个数的定理,后来被称为“傅里叶定理”。

1801年回国后,傅里叶希望继续在巴黎综合工科学校执教,但因拿破仑赏识他的行政才能,任命他为伊泽尔地区首府格勒诺布尔的高级官员。傅里叶被改组后的新政府任命为伊泽尔县的行政长官。1802年1月2日,傅里叶离开伊泽尔,调任新的地方长官。当时,这个地方贫穷落后,傅里叶致力于繁荣文化,开通渠道,改造沼泽,得到当地人民的拥护和称赞。当拿破仑登上皇帝宝座时,傅里叶被授予男爵称号。

1816年,巴黎科学院一致推选傅里叶为院士,但由于路易十八坚决反对,未能就任。第二年,他又被推选为第一候补院士,路易十八只好默许了。从此,傅里叶可以进入科学院参加数学研究工作。他的任职得到了当时年事已高的拉普拉斯的支持,却不断受到泊松(Simeon-Denis Poisson)的反对。1822年,傅里叶被选为巴黎科学院的终身秘书,这是极有权利的职位。由于傅里叶的能力和声望,他于1826年被推选为巴黎科学院核心组成员,享受着法国学者中的最高荣誉。1827年,他又被选为法兰西学院院士,还被英国皇家学会选为外国会员。傅里叶于1830年5月16日逝世。

傅里叶一生为人正直,他曾对许多年轻的数学家和科学家给予无私的支持和真挚的鼓励,从而得到他们的忠诚爱戴,并成为他们的至交好友。在他帮助过的科学家中,有知名的H. C. 奥斯特(Oersted)、P. G. 狄利克雷(Dirichlet)、N. H. 阿贝尔(Niels Henrik Abel)和J. C. F. 斯图姆(Sturm)等人。

傅里叶去世后,人们在他的家乡为他树立了一座青铜塑像。20世纪以后,还以他的名字命名了一所学校,以示人们对他的尊敬和纪念。

傅里叶的科学成就主要在于他对热传导问题的研究,以及他为推进这一方面的研究所引入的数学方法。他很早就对热传导问题产生了浓厚的兴趣,不过他主要的研究工作是在格勒诺布尔任职期间进行的。1807年,他向科学院呈交了一篇很长的论文,题为“热的传播”,内容是关于不连接的物质和特殊形状的连续体(矩形、环状、球状、柱状、棱柱形)中的热扩散（即热传导）问题。1822 年，他出版了《热的解析理论》（*Théorie anatylique de la chaleur*），他原来还计划将论文的物理部分也扩充成一本书，名为《热的物理理论》，可惜这个愿望未能实现，虽然处理热的物理方面的问题也是他得奖论文中的重要内容，而且在他的晚年的研究工作中甚至是更重要的内容。

总复习题九

1. 填空题。

(1) 设 $P(x,y)=x^2y, Q(x,y)=x^3y^2$，定义于 $D: 0<x<1, 0<y<1$，则 $\iint\limits_D P(x,y)\mathrm{d}\sigma$ ________ $\iint\limits_D Q(x,y)\mathrm{d}\sigma$。

(2) 设曲顶柱体的顶面是 $z=f(x,y),(x,y)\in D$，侧面是母线平行于 z 轴，准线为 D 的边界线的柱面，则此曲顶柱体的体积用重积分可表示为 $V=$________。

(3) 若 D 是由 $x+y=1$ 和两坐标轴围成的三角形域，且 $\iint\limits_D f(x)\mathrm{d}\sigma=\int_0^1\varphi(x)\mathrm{d}x$，那么 $\varphi(x)=$________。

(4) 设区域 $D=\{(x,y)\,|\,x^2+y^2\leqslant 1, x\geqslant 0\}$，则 $\varphi(x)=\iint\limits_D \dfrac{1+xy}{1+x^2+y^2}\mathrm{d}\sigma=$________。

2. 选择题。

(1) 下列不等式中正确的是(　　)。

A. $\iint\limits_{\substack{|x|\leqslant 1\\|y|\leqslant 1}}(x-1)\mathrm{d}\sigma>0$　　B. $\iint\limits_{x^2+y^2\leqslant 1}(-x^2-y^2)\mathrm{d}\sigma>0$

C. $\iint\limits_{\substack{|x|\leqslant 1\\|y|\leqslant 1}}(y-1)\mathrm{d}\sigma>0$　　D. $\iint\limits_{\substack{|x|\leqslant 1\\|y|\leqslant 1}}(x+1)\mathrm{d}\sigma>0$

(2) 设二重积分的积分区域 D 是 $1\leqslant x^2+y^2\leqslant 4$，则 $\iint\limits_D \mathrm{d}x\,\mathrm{d}y=$(　　)。

A. π　　B. 4π　　C. 3π　　D. 15π

(3) 设 D 是第二象限的一个有界闭区域，且 $0<y<1$，记 $I_1=\iint\limits_D yx^3\mathrm{d}\sigma$，$I_2=\iint\limits_D y^2x^3\mathrm{d}\sigma$，$I_3=\iint\limits_D y^{\frac{1}{2}}x^3\mathrm{d}\sigma$，则 I_1,I_2,I_3 的大小顺序是(　　)。

A. $I_1\leqslant I_2\leqslant I_3$　　B. $I_2\leqslant I_1\leqslant I_3$　　C. $I_3\leqslant I_1\leqslant I_2$　　D. $I_3\leqslant I_2\leqslant I_1$

(4) 设积分区域 D 是由 $|x|=2, |y|=2$ 所围成的，则 $\iint\limits_D xy\,\mathrm{d}x\,\mathrm{d}y=$(　　)。

A. 0　　B. 4　　C. 2　　D. 1

(5) 设 $\iint\limits_D f(x,y)\mathrm{d}\sigma=\int_0^1\mathrm{d}x\int_0^{1-x}f(x,y)\mathrm{d}y$，则改变积分顺序后为(　　)。

A. $\int_0^{1-x}\mathrm{d}y\int_0^1 f(x,y)\mathrm{d}x$　　B. $\int_0^1\mathrm{d}y\int_0^{1-x} f(x,y)\mathrm{d}x$

C. $\int_0^1\mathrm{d}y\int_0^1 f(x,y)\mathrm{d}x$　　D. $\int_0^1\mathrm{d}y\int_0^{1-y} f(x,y)\mathrm{d}x$

(6) 设 D 是由 $y=kx(k>0)$，$y=0$ 和 $x=1$ 围成的有界闭区域，且 $\iint\limits_D xy^2\mathrm{d}x\mathrm{d}y=\frac{1}{15}$，则 $k=$(　　)。

A. 1　　B. $\sqrt[3]{\frac{4}{5}}$　　C. $\sqrt[3]{\frac{1}{15}}$　　D. $\sqrt[3]{\frac{2}{15}}$

(7) 设 D 是以(1,1)，(−1,1)和(−1,−1)为顶点的三角形域，D_1 是 D 在第一象限的部分，则 $\iint\limits_D (xy+\sin y\,\mathrm{e}^{-x^2-y^2})\mathrm{d}x\mathrm{d}y=$(　　)。

A. $2\iint\limits_{D_1}\sin y\,\mathrm{e}^{-x^2-y^2}\mathrm{d}x\mathrm{d}y$　　B. $2\iint\limits_{D_1}xy\mathrm{d}x\mathrm{d}y$

C. $4\iint\limits_{D_1}(xy+\sin y\,\mathrm{e}^{-x^2-y^2})\mathrm{d}x\mathrm{d}y$　　D. 0

(8) 二重积分 $\iint\limits_{1\leqslant x^2+y^2\leqslant 4} x^2\mathrm{d}x\mathrm{d}y$ 可表达为二次积分(　　)。

A. $\int_0^{2\pi}\mathrm{d}\theta\int_1^2\rho^3\cos^2\theta\mathrm{d}\rho$　　B. $\int_0^{2\pi}\rho^3\mathrm{d}\rho\int_1^2\cos^2\theta\mathrm{d}\theta$

C. $\int_{-2}^2\mathrm{d}x\int_{-\sqrt{4-x^2}}^{\sqrt{4-x^2}}x^2\mathrm{d}y$　　D. $\int_{-1}^1\mathrm{d}y\int_{-\sqrt{1-y^2}}^{\sqrt{1-y^2}}x^2\mathrm{d}x$

3. 计算下列二重积分。

(1) $\iint\limits_D\frac{\mathrm{d}x\mathrm{d}y}{1+x^2+y^2}$，其中 D 是由 $x^2+y^2=1$ 所围成的闭区域。

(2) $\iint\limits_D\arctan\frac{y}{x}\mathrm{d}x\mathrm{d}y$，其中 $D=\{(x,y)\mid 1\leqslant x^2+y^2\leqslant 4, y\geqslant 0, y\leqslant x\}$。

(3) $\iint\limits_D\sqrt{1-y^2}\mathrm{d}x\mathrm{d}y$，其中 D 是由 $y=\sqrt{1-x^2}$ 与 $|y|=x$ 所围成的区域。

(4) $\iint\limits_D\frac{x+y}{x^2+y^2}\mathrm{d}x\mathrm{d}y$，其中 $D=\{(x,y)\mid x^2+y^2\leqslant 1, x+y\geqslant 1\}$。

(5) $\iint\limits_D(x^2+y^2)\mathrm{d}x\mathrm{d}y$，其中 D：$x^2+y^2\leqslant by$。

(6) $\iint\limits_D y\mathrm{e}^{xy}\mathrm{d}x\mathrm{d}y$，其中 D 是由 $xy=1$ 及 $x=2$，$y=1$ 所围成的区域。

(7) $\iint\limits_D\ln(1+x^2+y^2)\mathrm{d}\sigma$，其中 D：$x^2+y^2\leqslant 4, x\geqslant 0, y\geqslant 0$。

(8) 计算二重积分 $\iint\limits_D\sin y^2\mathrm{d}x\mathrm{d}y$，其中 D 是由直线 $x=1$，$y=2$ 及 $y=x-1$ 所围成的区域。

4. 改变下列二次积分的顺序。

(1) $\int_0^2 dy \int_{\frac{y^2}{2}}^{\sqrt{8-y^2}} f(x,y)dx$

(2) $\int_{-1}^0 dx \int_{-x}^1 f(x,y)dy + \int_0^1 dx \int_{x^2}^1 f(x,y)dy$

(3) $\int_0^1 dy \int_{\sqrt{y}}^{3-2y} f(x,y)dx$

5. 证明$\int_0^1 dx \int_0^x f(y)dy = \int_0^1 (1-x)f(x)dx$。

6. 设 D 是由 $x^2+y^2=2y$ 所围成的区域,将$\iint\limits_D f(x,y)d\sigma$ 化成极坐标下的二次积分。

7. 把二次积分$\int_0^{\frac{\sqrt{2}}{2}} dx \int_0^x \sqrt{x^2+y^2}dy + \int_{\frac{\sqrt{2}}{2}}^1 dx \int_0^{\sqrt{1-x^2}} \sqrt{x^2+y^2}dy$ 表示为极坐标形式的二次积分,并计算其值。

8. 一块平面薄板 D 由 $x=0,x=y,y=1$ 及 $y=2$ 围成,其质量密度为 $\rho(x,y)=\dfrac{1}{x+y}$,求该薄板的质量。

9. 求下列各组曲面所围立体的体积。

(1) $z=\sqrt{x^2+y^2}$ 与 $z=\sqrt{4-x^2-y^2}$

(2) $z=x^2+2y^2$ 与 $z=6-2x^2-y^2$

(3) $z=2-x^2$ 与 $z=x^2+2y^2$

*10. 计算下列三重积分。

(1) $\iiint\limits_\Omega y\cos(x+z)dv$,其中 Ω 是抛物柱面 $y=\sqrt{x}$ 及平面 $y=0,z=0,x+z=\dfrac{\pi}{2}$ 所围成的闭区域。

(2) $\iiint\limits_\Omega e^{x^2+y^2}dv$,其中 Ω 是由曲面 $x^2+y^2=z$ 和平面 $z=1$ 所围成的区域。

(3) $\iiint\limits_\Omega (2x+3y-z)dv$,其中 Ω 是由平面 $x=0,y=0,z=0,z=a,x+y=a(a>0)$ 所围成的闭区域。

*11. 设有三重积分$\iiint\limits_\Omega (x^2+y^2)dv$,其中 Ω 是由曲面 $4z^2=25(x^2+y^2)$ 及平面 $z=5$ 所围成的闭区域。试将它分别化为直角坐标系下的三次积分和柱面坐标系下的三次积分,并选择其中之一计算该三重积分。

12. 求圆柱面 $y^2+z^2=a^2$ 在第一卦限中被平面 $y=b(0<b<a)$与平面 $x=y$ 所截下部分曲面的面积。

13. 由曲线 $y=e^x,x=0,y=0,x=1$ 所围的平面薄片,其上任一点(x,y)的面密度与该点的横坐标成正比,比例常数为 $k(k>0)$,求薄片的质心。

14. 设有一均匀的直角三角形薄板,其两直角边长分别为 a 和 b,试求该三角形对其直角边的转动惯量。

考研真题

1. 填空题。

(1) 交换积分顺序：$\int_0^{\frac{1}{4}}\mathrm{d}y\int_y^{\sqrt{y}}f(x,y)\mathrm{d}x+\int_{\frac{1}{4}}^{\frac{1}{2}}\mathrm{d}y\int_y^{\frac{1}{2}}f(x,y)\mathrm{d}x=$________。

(2) 设 $a>0$，$f(x)=g(x)=\begin{cases}a & (0\leqslant x\leqslant 1)\\ 0 & (\text{其他})\end{cases}$，而 D 表示平面，则 $\iint\limits_D f(x)g(y-x)\mathrm{d}x\mathrm{d}y=$________。

(3) $\iint\limits_D(x^2-y)\mathrm{d}x\mathrm{d}y=$________，其中 $D:x^2+y^2\leqslant 1$。

2. 选择题。

设 $f(x)$ 是连续奇函数，$g(x)$ 是连续偶函数，区域 $D=\{(x,y)\mid 0\leqslant x\leqslant 1,-\sqrt{x}\leqslant y\leqslant\sqrt{x}\}$，则下列选项中正确的是(　　)。

A. $\iint\limits_D f(y)g(x)\mathrm{d}x\mathrm{d}y=0$

B. $\iint\limits_D f(x)g(y)\mathrm{d}x\mathrm{d}y=0$

C. $\iint\limits_D[f(x)+g(y)]\mathrm{d}x\mathrm{d}y=0$

D. $\iint\limits_D[f(y)+g(x)]\mathrm{d}x\mathrm{d}y=0$

3. 计算下列二重积分。

(1) $\iint\limits_D\dfrac{\sqrt{x^2+y^2}}{\sqrt{4a^2-x^2-y^2}}\mathrm{d}\sigma$，其中 D 是由曲线 $y=-a+\sqrt{a^2-x^2}\,(a>0)$ 和直线 $y=-x$ 围成的区域。

(2) $\iint\limits_D\mathrm{e}^{-(x^2+y^2-\pi)}\sin(x^2+y^2)\mathrm{d}x\mathrm{d}y$，其中积分区域 $D=\{(x,y)\mid x^2+y^2\leqslant\pi\}$。

(3) $\iint\limits_D(\sqrt{x^2+y^2}+y)\mathrm{d}\sigma$，其中 D 是由圆 $x^2+y^2=4$ 和 $(x+1)^2+y^2=1$ 所围成的平面区域。

(4) 设 $f(x,y)=\begin{cases}x^2y & (1\leqslant x\leqslant 2,0\leqslant y\leqslant x)\\ 0 & (\text{其他})\end{cases}$，求 $\iint\limits_D f(x,y)\mathrm{d}x\mathrm{d}y$，其中 $D=\{(x,y)\mid x^2+y^2\geqslant 2x\}$。

(5) $\iint\limits_D|x^2+y^2-1|\mathrm{d}\sigma$，其中 $D=\{(x,y)\mid 0\leqslant x\leqslant 1,0\leqslant y\leqslant 1\}$。

4. 设闭区域 $D:x^2+y^2\leqslant y,x\geqslant 0$，$f(x,y)$ 为 D 上的连续函数，且 $f(x,y)=\sqrt{1-x^2-y^2}-\dfrac{8}{\pi}\iint\limits_D f(u,v)\mathrm{d}u\mathrm{d}v$，求 $f(x,y)$。

第十章 无穷级数

无穷级数是高等数学的重要内容，它在函数的研究、近似计算等方面有着广泛的应用。本章将在极限理论的基础上，首先介绍常数项级数的基本知识，然后由此得出函数项级数、幂级数的一些基本结论，以及函数展开成幂级数的方法和应用，最后研究在物理学等方面经常用到的傅里叶(Fourier)级数。

第一节 常数项级数的概念和性质

一、常数项级数的概念

我们已经在初等数学中知道：有限个实数 $u_1,u_2,\cdots,u_n$ 相加，其结果是一个实数。本节将讨论"无限个实数相加"可能出现的情形及其特征。例如，《庄子·天下篇》中提到的"一尺之棰，日取其半，万世不竭"，把每天截下那一部分的长度"加"起来，即

$$\frac{1}{2}+\frac{1}{2^2}+\frac{1}{2^3}+\cdots+\frac{1}{2^n}+\cdots$$

这就是"无限个数相加"。

再考察分数 $\frac{1}{3}$，它可写成循环小数 0.333…，在近似计算中，可根据不同的精度要求，取小数点后的 n 位作为 $\frac{1}{3}$ 的近似值。因为 $0.3=\frac{3}{10}$，$0.03=\frac{3}{10^2}$，…，$0.\overbrace{00\cdots0}^{n-1\text{个}0}3=\frac{3}{10^n}$，所以有

$$\frac{1}{3}\approx\frac{3}{10}+\frac{3}{10^2}+\cdots+\frac{3}{10^n}$$

显然，n 越大，这个近似值就越接近 $\frac{1}{3}$，根据极限的概念可知

$$\lim_{n\to\infty}\left(\frac{3}{10}+\frac{3}{10^2}+\cdots+\frac{3}{10^n}\right)=\frac{1}{3}$$

也就是说

$$\frac{1}{3}=\frac{3}{10}+\frac{3}{10^2}+\cdots+\frac{3}{10^n}+\cdots$$

这样我们就得到了一个"无穷和式"，这个"无穷和式"就是一个常数项级数。

定义 10-1 设给定数列 $u_1,u_2,\cdots,u_n,\cdots$,则由该数列构成的表达式 $u_1+u_2+\cdots+u_n+\cdots$ 称为无穷级数,其中 $u_1,u_2,\cdots$ 叫作该级数的项,u_n 称为级数的通项或一般项。由于式中的每一项都是常数,所以又叫常数项级数,简称级数,记为 $\sum\limits_{n=1}^{\infty}u_n$,即

$$\sum_{n=1}^{\infty}u_n=u_1+u_2+\cdots+u_n+\cdots \tag{10-1}$$

如上例可以写成

$$\sum_{n=1}^{\infty}\frac{1}{2^n}=\frac{1}{2}+\frac{1}{2^2}+\cdots+\frac{1}{2^n}+\cdots$$

$$\sum_{n=1}^{\infty}\frac{3}{10^n}=\frac{3}{10}+\frac{3}{10^2}+\cdots+\frac{3}{10^n}+\cdots$$

再如

$$\sum_{n=1}^{\infty}(-1)^{n-1}=1+(-1)+1+(-1)+\cdots+(-1)^{n-1}+\cdots$$

$$\sum_{n=1}^{\infty}(-1)^{n-1}\frac{1}{n}=1-\frac{1}{2}+\frac{1}{3}-\frac{1}{4}+\cdots+(-1)^{n-1}\frac{1}{n}+\cdots$$

都是常数项级数。

上述级数的定义只是一个形式上的定义,如"庄子截棰"问题,直观上可以看出各数相加的和为 1,那么我们应该怎样理解无穷级数中无穷多个数量相加呢?又是否存在一个数值 S 与之相等呢?因为它是由无穷多项相加的,所以显然不能用逐项相加的方法去验证,但我们可以用下述方法考察 S 是否存在,即令

$$S_1=u_1$$
$$S_2=u_1+u_2$$
$$\cdots$$
$$S_n=u_1+u_2+\cdots+u_n$$
$$\cdots$$

从而得到一个数列,如果这个数列的极限存在,那么,就认为该级数的和是存在的。我们称该数列为级数(10-1)的部分和数列,记为 $\{S_n\}$。

定义 10-2 若级数(10-1)的部分和数列的极限存在,即

$$\lim_{n\to\infty}S_n=S$$

则称级数 $\sum\limits_{n=1}^{\infty}u_n$ 收敛,并称 S 为级数(10-1)的和,记作

$$S=\sum_{n=1}^{\infty}u_n=u_1+u_2+\cdots+u_n+\cdots$$

这时也称该级数收敛于 S。若 $\lim\limits_{n\to\infty}S_n$ 不存在,则称该级数是发散的。

当级数收敛时,其和 S 与前 n 项部分和 S_n 之差记为 r_n,即

$$r_n=S-S_n=u_{n+1}+u_{n+2}+\cdots$$

称为级数(10-1)的余项。用级数的部分和 S_n 作为级数的和 S 的近似值,所产生的误差是 $|r_n|$。

由定义 10-2 可知，级数的收敛问题实际上就是其部分和数列$\{S_n\}$的收敛问题，即在求解问题时先求部分和 S_n，再求其$\lim\limits_{n\to\infty}S_n$ 是否存在。

【例 10-1】 讨论等比级数(又称为几何级数)

$$\sum_{n=1}^{\infty}aq^{n-1}=a+aq+aq^2+\cdots aq^{n-1}+\cdots \tag{10-2}$$

的敛散性，其中 $a\neq 0$，q 叫作等比级数(10-2)的公比。

解　当 $q\neq 1$ 时，部分和为

$$S_n=a+aq+aq^2+\cdots+aq^{n-1}=\frac{a}{1-q}(1-q^n)$$

(1) 当$|q|<1$ 时，

$$\lim_{n\to\infty}S_n=\lim_{n\to\infty}\frac{a(1-q^n)}{1-q}=\frac{a}{1-q}$$

因此等比级数(10-2)收敛，其和为

$$S=\frac{a}{1-q}$$

(2) 当$|q|>1$ 时，因为$\lim\limits_{n\to\infty}q^n=\infty$，$\lim\limits_{n\to\infty}S_n=\lim\limits_{n\to\infty}\dfrac{a(1-q^n)}{1-q}=\infty$，即等比级数(10-2)发散。

(3) 当 $q=1$ 时，级数成为

$$a+a+a+\cdots+a+\cdots$$

由于 $S_n=na$，而$\lim\limits_{n\to\infty}S_n$ 不存在，所以等比级数(10-2)发散。

(4) 当 $q=-1$ 时，级数成为

$$a-a+a-a+\cdots+(-1)^{n-1}a+\cdots$$

由于 $S_n=\begin{cases}a, & n\text{ 为奇数}\\ 0, & n\text{ 为偶数}\end{cases}$，所以$\lim\limits_{n\to\infty}S_n$ 不存在，故等比级数(10-2)发散。

综上所述，等比级数 $\sum\limits_{n=1}^{\infty}aq^{n-1}$ 当 $|q|<1$ 时收敛，其和为$\dfrac{a}{1-q}$；当$|q|\geqslant 1$ 时发散。

如级数$-\dfrac{8}{9}+\dfrac{8^2}{9^2}-\dfrac{8^3}{9^3}+\cdots$是公比为$-\dfrac{8}{9}$的等比级数，$\left|-\dfrac{8}{9}\right|<1$，该级数收敛；级数 $\sum\limits_{n=1}^{\infty}2^n$ 是公比为 2 的几何级数，$|2|>1$，该级数发散。

【例 10-2】 判定级数$\sum\limits_{n=1}^{\infty}\dfrac{1}{n(n+1)}$的敛散性。

解　由于$\dfrac{1}{n(n+1)}=\dfrac{1}{n}-\dfrac{1}{n+1}$，因此部分和为

$$\begin{aligned}S_n&=\frac{1}{1\times 2}+\frac{1}{2\times 3}+\frac{1}{3\times 4}+\cdots+\frac{1}{n(n+1)}\\&=\left(1-\frac{1}{2}\right)+\left(\frac{1}{2}-\frac{1}{3}\right)+\left(\frac{1}{3}-\frac{1}{4}\right)+\cdots+\left(\frac{1}{n}-\frac{1}{n+1}\right)\\&=1-\frac{1}{n+1}\end{aligned}$$

而
$$\lim_{n\to\infty}S_n=\lim_{n\to\infty}\left(1-\frac{1}{n+1}\right)=1$$
所以级数 $\sum_{n=1}^{\infty}\frac{1}{n(n+1)}$ 收敛,其和为 1。

【例 10-3】 判定级数 $\sum_{n=1}^{\infty}\ln\frac{n+1}{n}$ 的敛散性。

解 由于 $\ln\frac{n+1}{n}=\ln(n+1)-\ln n(n=1,2,3,\cdots)$,因此部分和为
$$\begin{aligned}S_n&=\ln\frac{2}{1}+\ln\frac{3}{2}+\ln\frac{4}{3}+\cdots+\ln\frac{n+1}{n}\\&=(\ln 2-\ln 1)+(\ln 3-\ln 2)+(\ln 4-\ln 3)+\cdots+[\ln(n+1)-\ln n]\\&=\ln(n+1)\end{aligned}$$
于是 $\lim_{n\to\infty}S_n=\lim_{n\to\infty}\ln(n+1)=+\infty$,故级数 $\sum_{n=1}^{\infty}\ln\frac{n+1}{n}$ 发散。

二、常数项级数的基本性质

性质 1 一个级数的各项同时乘以一个不为零的常数得到新的级数,其敛散性不变。

级数 $\sum_{n=1}^{\infty}u_n$ 与 $\sum_{n=1}^{\infty}ku_n$(k 是不为零的常数)具有相同的敛散性,特别是 $\sum_{n=1}^{\infty}u_n=S$,则 $\sum_{n=1}^{\infty}ku_n=kS$。

性质 2 两个收敛的级数逐项相加(或相减)所成的级数仍然收敛,且其和为两个收敛级数的和(或差)。

若级数 $\sum_{n=1}^{\infty}u_n=S$,$\sum_{n=1}^{\infty}v_n=\sigma$,则 $\sum_{n=1}^{\infty}(u_n\pm v_n)=S\pm\sigma$。

例如,$\sum_{n=1}^{\infty}\frac{2^n+(-1)^n}{3^n}=\sum_{n=1}^{\infty}\left(\frac{2}{3}\right)^n+\sum_{n=1}^{\infty}\left(-\frac{1}{3}\right)^n=\frac{\frac{2}{3}}{1-\frac{2}{3}}+\frac{-\frac{1}{3}}{1-\left(-\frac{1}{3}\right)}=2-\frac{1}{4}=\frac{7}{4}$。

性质 3 一个级数增加或减少有限项后,得到的新级数的敛散性不变。

级数 $\sum_{n=1}^{\infty}u_n$ 与 $\sum_{n=k}^{\infty}u_n$ 有相同的敛散性($k\in\mathbf{N}$),但收敛级数的和会改变。

例如,级数
$$1+\frac{1}{2}+\frac{1}{4}+\frac{1}{8}+\frac{1}{16}+\cdots=\sum_{n=1}^{\infty}\frac{1}{2^{n-1}}=\frac{1}{1-\frac{1}{2}}=2$$
删去前三项,即有
$$\frac{1}{8}+\frac{1}{16}+\frac{1}{32}+\cdots=\sum_{n=1}^{\infty}\frac{1}{2^{n+2}}=\frac{\frac{1}{8}}{1-\frac{1}{2}}=\frac{1}{4}$$

性质 4　收敛级数加括号后得到的新级数仍收敛，且其和不变。

根据级数收敛、发散的定义及极限的运算法则很容易证明以上性质，这里从略。

必须指出，由性质 2 可得：一个收敛级数与一个发散级数逐项相加(减)得到的新级数一定是发散级数。而两个发散级数逐项相加(减)得到的新级数，可能收敛也可能发散。如级数 $\sum_{n=1}^{\infty}(-1)^{n-1}$ 与 $\sum_{n=1}^{\infty}(-1)^{n}$ 都是发散的级数，这两个发散级数逐项相加得到的新级数是收敛的；而这两个发散的级数逐项相减得到的新级数 $\sum_{n=1}^{\infty}(-1)^{n-1}2$ 是发散的。由性质 3 可知，若级数 $\sum_{n=1}^{\infty}u_n$ 收敛于 S，则余项 r_n 也必收敛，且有 $\lim_{n\to\infty}r_n=0$。这是因为 $r_n=S-S_n$，$\lim_{n\to\infty}r_n=\lim_{n\to\infty}(S-S_n)=S-S=0$。还须指出，性质 4 的逆命题是不成立的。即一个级数加括号后所得的新级数收敛而原级数未必收敛，如 $[1+(-1)]+[1+(-1)]+\cdots+[1+(-1)]+\cdots$ 是收敛的，但原级数 $1+(-1)+1+(-1)+\cdots$ 是发散的。

推论　如果加括号后级数发散，则原来级数也发散。

性质 5(级数收敛的必要条件)　若级数 $\sum_{n=1}^{\infty}u_n$ 收敛，则当 $n\to\infty$ 时，它的通项 u_n 必趋于零，即

$$\lim_{n\to\infty}u_n=0$$

常用性质 5 的逆否命题判定级数发散，即若 $\lim_{n\to\infty}u_n\neq 0$，则级数 $\sum_{n=1}^{\infty}u_n$ 必发散。

应当指出，级数的一般项趋于零并不是级数收敛的充分条件，有些级数虽然一般项趋于零，但级数是发散的。如例 10-3 中级数 $\sum_{n=1}^{\infty}\ln\frac{n+1}{n}$，当 $n\to\infty$ 时，$u_n=\ln\frac{n+1}{n}\to 0$，但此级数是发散的。

【例 10-4】　试讨论下列级数的敛散性。

(1) $\sum_{n=1}^{\infty}\sqrt[n]{2}$　　(2) $\sum_{n=1}^{\infty}\sin\frac{n\pi}{2}$　　(3) $\sum_{n=1}^{\infty}\left(\frac{1}{2^n}+\frac{1}{3^n}\right)$

解　(1) 因为 $\lim_{n\to\infty}u_n=\lim_{n\to\infty}\sqrt[n]{2}=1\neq 0$，所以由性质 5 可知，级数 $\sum_{n=1}^{\infty}\sqrt[n]{2}$ 发散。

(2) 因为 $\lim_{n\to\infty}u_n=\lim_{n\to\infty}\sin\frac{n\pi}{2}$ 不存在，所以由性质 5 可知，级数 $\sum_{n=1}^{\infty}\sin\frac{n\pi}{2}$ 发散。

(3) 由等比级数的敛散性可知，级数 $\sum_{n=1}^{\infty}\frac{1}{2^n}$ 与级数 $\sum_{n=1}^{\infty}\frac{1}{3^n}$ 均收敛，则由性质 2 可知，级数 $\sum_{n=1}^{\infty}\left(\frac{1}{2^n}+\frac{1}{3^n}\right)$ 收敛。

*三、柯西收敛准则

定理 10-1[级数收敛的柯西(Cauchy)准则]　级数(10-1)收敛的充要条件：任给正数 ε，总存在正整数 N，使得当 $m>N$ 时，对任意的正整数 p，都有

$$|u_{m+1}+u_{m+2}+\cdots+u_{m+p}|<\varepsilon$$

成立。

根据定理10-1,我们可写出级数(10-1)发散的充要条件:存在某正数ε_0,对任意正整数N,总存在正整数$m_0(m_0>N)$和p_0,有

$$|u_{m_0+1}+u_{m_0+2}+\cdots+u_{m_0+p_0}|\geqslant\varepsilon_0$$

成立。

【例10-5】 应用级数收敛的柯西准则证明级数$\sum\limits_{n=1}^{\infty}\frac{1}{n^2}$收敛。

证 由于

$$\begin{aligned}|u_{m+1}+u_{m+2}+\cdots+u_{m+p}|&=\frac{1}{(m+1)^2}+\frac{1}{(m+2)^2}+\cdots+\frac{1}{(m+p)^2}\\&<\frac{1}{m(m+1)}+\frac{1}{(m+1)(m+2)}+\cdots+\frac{1}{(m+p-1)(m+p)}\\&=\frac{1}{m}-\frac{1}{m+p}<\frac{1}{m}\end{aligned}$$

因此,对任何正数ε,取$N=\left[\frac{1}{\varepsilon}\right]$,使当$m>N$及对任意正整数$p$,由上式就有

$$|u_{m+1}+u_{m+2}+\cdots+u_{m+p}|<\frac{1}{m}<\varepsilon$$

依定理推得级数$\sum\limits_{n=1}^{\infty}\frac{1}{n^2}$是收敛的。

必须指出,在实际问题中,利用柯西收敛准则判断级数的收敛性往往比较困难,所以在后面我们要建立一系列的审敛法,利用它们就可以比较简单地判别较为广泛的级数的敛散性了。

习题10-1

1. 用定义判别下列级数的敛散性。

(1) $1+2+\cdots+n+\cdots$

(2) $\sum\limits_{n=1}^{\infty}\frac{1}{2n(2n+2)}$

(3) $\frac{1}{2}-\frac{1}{2}+\frac{1}{2}-\cdots+\left(-\frac{1}{2}\right)^{n-1}+\cdots$

(4) $\sum\limits_{n=1}^{\infty}(\sqrt{n+2}-\sqrt{n+1})$

2. 由常数项级数的性质判定下列级数的敛散性。

(1) $\sum\limits_{n=1}^{\infty}\frac{n^2}{n(n+1)}$

(2) $u_n=\frac{1}{4^n}-\ln\frac{n+1}{n}$

(3) $\frac{1}{3}+\frac{1}{6}+\frac{1}{9}+\cdots+\frac{1}{3n}+\cdots$

(4) $\sum\limits_{n=1}^{\infty}\sqrt{\frac{n+1}{2n}}$

(5) $\left(\frac{1}{4}+\frac{1}{5}\right)+\left(\frac{1}{4^2}+\frac{1}{5^2}\right)+\left(\frac{1}{4^3}+\frac{1}{5^3}\right)+\cdots+\left(\frac{1}{4^n}+\frac{1}{5^n}\right)+\cdots$

*(6) $\sin\frac{\pi}{6}+\sin\frac{2\pi}{6}+\cdots+\sin\frac{n\pi}{6}+\cdots$

第二节　常数项级数的审敛法

在研究了级数的基本性质之后，我们将进一步了解不同类型级数的各自特征及其审敛法，本节主要讨论正项级数、交错级数及一般级数的敛散性。

一、正项级数及其审敛法

定义 10-3　如果级数 $\sum_{n=1}^{\infty}u_n$ 满足 $u_n\geqslant 0(n=1,2,\cdots)$，则称级数 $\sum_{n=1}^{\infty}u_n$ 为正项级数。

正项级数是一类特殊的常数项级数，显然正项级数 $\sum_{n=1}^{\infty}u_n$ 的部分和数列 $\{S_n\}$ 是单调递增的，于是有以下两种可能的情形：

(1) $\{S_n\}$ 无界，即 $\lim\limits_{n\to\infty}S_n=+\infty$，此时级数发散；

(2) $\{S_n\}$ 有界，由于单调有界数列必有极限(《高等数学(上册)》极限存在准则Ⅱ)，则 $\lim\limits_{n\to\infty}S_n$ 存在，于是级数 $\sum_{n=1}^{\infty}u_n$ 收敛。

因此得到正项级数收敛的一个定理。

定理 10-2　正项级数 $\sum_{n=1}^{\infty}u_n$ 收敛的充要条件是它的部分和数列 $\{S_n\}$ 有界。

必须指出，部分和数列 $\{S_n\}$ 有界是一般级数收敛的必要而非充分的条件。例如，级数 $\sum_{n=1}^{\infty}(-1)^{n+1}$ 的部分和数列有界，但该级数是发散的。

运用定理 10-2 直接判定正项级数是否收敛，往往比较困难。由定理 10-2 就可以得到常用的正项级数的比较审敛法。

定理 10-3(比较审敛法)　设两个正项级数 $\sum_{n=1}^{\infty}u_n$ 与 $\sum_{n=1}^{\infty}v_n$，且有

$$u_n\leqslant v_n\quad(n=1,2,\cdots)$$

则

(1) 若级数 $\sum_{n=1}^{\infty}v_n$ 收敛，则级数 $\sum_{n=1}^{\infty}u_n$ 也收敛；

(2) 若级数 $\sum_{n=1}^{\infty}u_n$ 发散，则级数 $\sum_{n=1}^{\infty}v_n$ 也发散。

通俗来说，若一个级数收敛，那么每项都比它小的那个级数肯定也收敛；若一个级数发散，那么每项都比它大的那个级数肯定也发散。

【例 10-6】 判定调和级数$\sum\limits_{n=1}^{\infty}\frac{1}{n}$的敛散性。

解 由于调和级数

$$\begin{aligned}\sum_{n=1}^{\infty}\frac{1}{n}&=1+\frac{1}{2}+\frac{1}{3}+\frac{1}{4}+\frac{1}{5}+\frac{1}{6}+\frac{1}{7}+\frac{1}{8}+\cdots\\&=\left(1+\frac{1}{2}\right)+\left(\frac{1}{3}+\frac{1}{4}\right)+\left(\frac{1}{5}+\frac{1}{6}+\frac{1}{7}+\frac{1}{8}\right)+\cdots\end{aligned}$$

的各项均大于级数

$$\frac{1}{2}+\left(\frac{1}{4}+\frac{1}{4}\right)+\left(\frac{1}{8}+\frac{1}{8}+\frac{1}{8}+\frac{1}{8}\right)+\cdots=\frac{1}{2}+\frac{1}{2}+\frac{1}{2}+\cdots=\sum_{n=1}^{\infty}\frac{1}{2}$$

的对应项,而后一个级数是发散的,由比较审敛法可知,调和级数$\sum\limits_{n=1}^{\infty}\frac{1}{n}$是发散的。

【例 10-7】 讨论 p-级数

$$\sum_{n=1}^{\infty}\frac{1}{n^p}=1+\frac{1}{2^p}+\frac{1}{3^p}+\frac{1}{4^p}+\cdots+\frac{1}{n^p}+\cdots \tag{10-3}$$

的敛散性。其中,常数 $p>0$。

解 当 $p\leqslant1$ 时,有$\frac{1}{n^p}\geqslant\frac{1}{n}$,而调和级数$\sum\limits_{n=1}^{\infty}\frac{1}{n}$发散,由比较审敛法知,级数(10-3)发散。

当 $p>1$ 时,将 p-级数按(第一项),(第二、三项),(第四～七项),(第八～十五项),…括在一起,得到

$$1+\left(\frac{1}{2^p}+\frac{1}{3^p}\right)+\left(\frac{1}{4^p}+\frac{1}{5^p}+\frac{1}{6^p}+\frac{1}{7^p}\right)+\left(\frac{1}{8^p}+\frac{1}{9^p}+\cdots+\frac{1}{15^p}\right)+\cdots$$

它的各项均不大于级数

$$1+\left(\frac{1}{2^p}+\frac{1}{2^p}\right)+\left(\frac{1}{4^p}+\frac{1}{4^p}+\frac{1}{4^p}+\frac{1}{4^p}\right)+\left(\frac{1}{8^p}+\frac{1}{8^p}+\cdots+\frac{1}{8^p}\right)+\cdots \tag{10-4}$$

相应的各项。级数(10-4)为等比级数

$$1+\frac{1}{2^{p-1}}+\left(\frac{1}{2^{p-1}}\right)^2+\left(\frac{1}{2^{p-1}}\right)^3+\cdots$$

其公比 $q=\frac{1}{2^{p-1}}<1$,故级数(10-4)收敛。于是当 $p>1$ 时级数(10-3)收敛。

综上所述:p-级数$\sum\limits_{n=1}^{\infty}\frac{1}{n^p}$当 $p>1$ 时收敛,当 $p\leqslant1$ 时发散。

在使用比较审敛法判定正项级数是否收敛时,首先要选定一个已知其收敛性的级数与之比较。

【例 10-8】 判定下列级数的敛散性。

(1) $\sum\limits_{n=1}^{\infty}\frac{n+1}{n^3+1}$ (2) $\sum\limits_{n=1}^{\infty}\frac{1}{\sqrt{n(n+1)}}$

解 (1) 由于

$$\frac{n+1}{n^3+1}<\frac{2n}{n^3}=\frac{2}{n^2}$$

而级数$\sum\limits_{n=1}^{\infty}\dfrac{1}{n^2}$是$p=2>1$的$p$-级数，因此是收敛的；由级数的性质1可知，级数$\sum\limits_{n=1}^{\infty}\dfrac{2}{n^2}$也是收敛的；再由比较审敛法可知，级数$\sum\limits_{n=1}^{\infty}\dfrac{n+1}{n^3+1}$是收敛的。

（2）因为

$$n(n+1)<(n+1)^2$$

所以有

$$\frac{1}{\sqrt{n(n+1)}}>\frac{1}{n+1}$$

又因为级数

$$\sum_{n=1}^{\infty}\frac{1}{n+1}=\frac{1}{2}+\frac{1}{3}+\frac{1}{4}+\cdots$$

是调和级数去掉第一项所得的级数，由级数的性质3可知，它是发散的；再由比较审敛法可知，级数$\sum\limits_{n=1}^{\infty}\dfrac{1}{\sqrt{n(n+1)}}$是发散的。

由比较审敛法和极限的性质可以推得比较审敛法的极限形式。有时通过极限形式判定极限敛散性更为方便。

推论(比较审敛法的极限形式)　设正项级数$\sum\limits_{n=1}^{\infty}u_n$和$\sum\limits_{n=1}^{\infty}v_n$满足

$$\lim_{n\to\infty}\frac{u_n}{v_n}=l\quad(l\text{ 为 }0\text{，有限正数或}+\infty)$$

则

（1）当l为有限正数，即$0<l<+\infty$时，级数$\sum\limits_{n=1}^{\infty}u_n$和$\sum\limits_{n=1}^{\infty}v_n$具有相同的敛散性；

（2）当$l=0$且级数$\sum\limits_{n=1}^{\infty}v_n$收敛时，级数$\sum\limits_{n=1}^{\infty}u_n$也收敛；

（3）当$l=+\infty$且级数$\sum\limits_{n=1}^{\infty}v_n$发散时，级数$\sum\limits_{n=1}^{\infty}u_n$也发散。

【例 10-9】　判定下列级数的敛散性。

（1）$\sum\limits_{n=1}^{\infty}\dfrac{n}{n^3+1}$　（2）$\sum\limits_{n=1}^{\infty}\dfrac{1}{\sqrt{n(n+1)}}$　（3）$\sum\limits_{n=1}^{\infty}\sin\dfrac{\pi}{n}$　（4）$\sum\limits_{n=2}^{\infty}\dfrac{1}{(\ln n)^2}$

解　（1）$\lim\limits_{n\to\infty}\dfrac{\dfrac{n}{n^3+1}}{\dfrac{1}{n^2}}=\lim\limits_{n\to\infty}\dfrac{n^3}{n^3+1}=1$，又$\sum\limits_{n=1}^{\infty}\dfrac{1}{n^2}$收敛，故原级数收敛。

（2）此题可用例10-8中的方法求解，也可用比较法的极限形式求解，因为$\lim\limits_{n\to\infty}\dfrac{\dfrac{1}{\sqrt{n(n+1)}}}{\dfrac{1}{n}}=\lim\limits_{n\to\infty}\dfrac{n}{\sqrt{n(n+1)}}=1$，又$\sum\limits_{n=1}^{\infty}\dfrac{1}{n}$发散，故原级数发散。

(3) $\lim\limits_{n\to\infty}\dfrac{\sin\frac{\pi}{n}}{\frac{1}{n}}=\pi$，而级数 $\sum\limits_{n=1}^{\infty}\dfrac{1}{n}$ 发散，故级数 $\sum\limits_{n=1}^{\infty}\sin\dfrac{\pi}{n}$ 也发散。

(4) $\lim\limits_{n\to\infty}\dfrac{\frac{1}{(\ln n)^2}}{\frac{1}{n}}=\lim\limits_{n\to\infty}\dfrac{n}{(\ln n)^2}=\lim\limits_{n\to\infty}\dfrac{n}{2\ln n}=\lim\limits_{n\to\infty}\dfrac{n}{2}=+\infty$（运用两次 L'Hospital 法则，《高等数学(上册)》），且级数 $\sum\limits_{n=1}^{\infty}\dfrac{1}{n}$ 发散，故原级数发散。

比较审敛法的基本思想是把某个已知敛散性的级数作为比较对象，通过比较大小判断给定级数的敛散性。但有时不易找到作比较的已知级数，那么能否从级数本身找到判定级数敛散性的方法呢?

定理 10-4[比值审敛法或称达朗贝尔(D'Alembert)判别法]　对正项级数 $\sum\limits_{n=1}^{\infty}u_n$，如果

$$\lim_{n\to\infty}\frac{u_{n+1}}{u_n}=l$$

则

(1) 当 $l<1$ 时，级数 $\sum\limits_{n=1}^{\infty}u_n$ 收敛；

(2) 当 $l>1$(或为∞)时，级数 $\sum\limits_{n=1}^{\infty}u_n$ 发散；

(3) 当 $l=1$ 时，级数 $\sum\limits_{n=1}^{\infty}u_n$ 可能收敛，也可能发散(此时比值审敛法失效)。

【例 10-10】　判别下列正项级数的敛散性。

(1) $\sum\limits_{n=1}^{\infty}\dfrac{1}{n!}$　　(2) $\sum\limits_{n=1}^{\infty}\dfrac{n!}{100^n}$　　(3) $\sum\limits_{n=1}^{\infty}\dfrac{n!}{n^n}$

解　(1) 由于

$$l=\lim_{n\to\infty}\frac{u_{n+1}}{u_n}=\lim_{n\to\infty}\frac{\frac{1}{(n+1)!}}{\frac{1}{n!}}=\lim_{n\to\infty}\frac{n!}{(n+1)!}=\lim_{n\to\infty}\frac{1}{n+1}=0<1$$

故级数 $\sum\limits_{n=1}^{\infty}\dfrac{1}{n!}$ 收敛。

(2) 由于

$$\lim_{n\to\infty}\frac{u_{n+1}}{u_n}=\lim_{n\to\infty}\frac{(n+1)!}{100^{n+1}}\cdot\frac{100^n}{n!}\lim_{n\to\infty}\frac{n+1}{100}=\infty$$

故由比值判别法知级数 $\sum\limits_{n=1}^{\infty}\dfrac{n!}{100^n}$ 发散。

(3) 由于

$$\frac{u_{n+1}}{u_n}=\frac{(n+1)!}{(n+1)^{n+1}}\cdot\frac{n^n}{n!}=\left(\frac{n}{n+1}\right)^n=\frac{1}{\left(1+\frac{1}{n}\right)^n}$$

故

$$l=\lim_{n\to\infty}\frac{u_{n+1}}{u_n}=\lim_{n\to\infty}\frac{1}{\left(1+\frac{1}{n}\right)^n}=\frac{1}{\mathrm{e}}<1$$

故级数$\sum\limits_{n=1}^{\infty}\frac{n!}{n^n}$收敛。

需要指出的是，比值审敛法虽然有简单易行的优点，但当$l=1$时，方法失效。例如，p-级数$\sum\limits_{n=1}^{\infty}\frac{1}{n^p}$，不论$p$为何值时都有$\lim\limits_{n\to\infty}\frac{u_{n+1}}{u_n}=\lim\limits_{n\to\infty}\frac{n^p}{(n+1)^p}=1$。当$p\leqslant 1$时级数发散，而当$p>1$时级数收敛。故$l=1$时，级数敛散性情况不明，需要另找判别方法。

另外，由例10-10易知，当级数的通项中含有a^n或$n!$等形式时，常用比值审敛法来判定其敛散性。

定理10-5[根值审敛法或称柯西(Cauchy)判别法]　设正项级数的一般项u_n的n次根的极限满足

$$\lim_{n\to\infty}\sqrt[n]{u_n}=l$$

则

(1) 当$l<1$时，级数收敛；

(2) 当$l>1$(或为$+\infty$)时，级数发散；

(3) 当$l=1$时，级数可能收敛，也可能发散(此时要用另外的方法判定)。

【例10-11】　证明级数$1+\frac{1}{2^2}+\frac{1}{3^3}+\cdots+\frac{1}{n^n}+\cdots$是收敛的。

证　因为$l=\lim\limits_{n\to\infty}\sqrt[n]{u_n}=\lim\limits_{n\to\infty}\sqrt[n]{\frac{1}{n^n}}=\lim\limits_{n\to\infty}\frac{1}{n}=0<1$，所以级数收敛。

二、交错级数的审敛法

下面讨论非正项级数的敛散性，它的各项符号是正负相间的。

定义10-4　形如

$$u_1-u_2+u_3-u_4+\cdots+(-1)^{n-1}u_n+\cdots=\sum_{n=1}^{\infty}(-1)^{n-1}u_n \tag{10-5}$$

或

$$-u_1+u_2-u_3+u_4-\cdots+(-1)^n u_n+\cdots=\sum_{n=1}^{\infty}(-1)^n u_n \tag{10-6}$$

(其中$u_n>0, n\in\mathbf{N}$)的级数称为交错级数。

由于级数(10-5)与级数(10-6)的敛散性相同，不妨只讨论级数(10-5)的情形。

定理10-6[莱布尼茨(Leibniz)判别法]　若交错级数$\sum\limits_{n=1}^{\infty}(-1)^{n-1}u_n$满足条件：

(1) $u_n\geqslant u_{n+1}(n=1,2,\cdots)$；

(2) $\lim\limits_{n\to\infty}u_n=0$；

因此此级数收敛，且其和 $S\leqslant u_1$，其余项 r_n 的绝对值 $|r_n|\leqslant u_{n+1}$。

需要指出的是，使用莱布尼茨判别法判别交错级数时，定理中的两个条件必须同时成立，缺一不可。如级数 $\sum\limits_{n=1}^{\infty}(-1)^{n-1}\dfrac{n+1}{n}$，它虽然满足 $u_n>u_{n+1}$，但 $\lim\limits_{n\to\infty}u_n=\lim\limits_{n\to\infty}\dfrac{n+1}{n}=1\neq 0$，该级数是发散的。

【例 10-12】 判定级数 $\sum\limits_{n=1}^{\infty}(-1)^{n-1}\dfrac{1}{n}$ 的敛散性。

解 该级数是一个交错级数，由于

(1) $u_n=\dfrac{1}{n}>\dfrac{1}{n+1}=u_{n+1}$

(2) $\lim\limits_{n\to\infty}u_n=\lim\limits_{n\to\infty}\dfrac{1}{n}=0$

由莱布尼茨判别法可知，该级数收敛。

三、绝对收敛与条件收敛

定义 10-5 若级数

$$\sum_{n=1}^{\infty}u_n=u_1+u_2+\cdots+u_n+\cdots$$

中的各项 u_n 为任意实数，则称此级数为任意项级数。

例如，级数 $\sum\limits_{n=1}^{\infty}(-1)^{n-1}\dfrac{1}{n}$ 是任意项级数。显然，交错级数也是任意项级数。

前面已经学习了正项级数的审敛法，因此先考察任意项级数的各项绝对值所组成的正项级数

$$\sum_{n=1}^{\infty}|u_n|=|u_1|+|u_2|+\cdots+|u_n|+\cdots$$

的敛散性与 $\sum\limits_{n=1}^{\infty}u_n$ 敛散性之间的关系。

定理 10-7 如果级数 $\sum\limits_{n=1}^{\infty}|u_n|$ 收敛，则级数 $\sum\limits_{n=1}^{\infty}u_n$ 也收敛。

必须指出，定理 10-7 给出了一个用正项级数审敛法判定任意项级数收敛性的方法。例如，任意项级数 $\sum\limits_{n=1}^{\infty}(-1)^{n-1}\dfrac{1}{n^2}$，可根据级数 $\sum\limits_{n=1}^{\infty}\left|(-1)^{n-1}\dfrac{1}{n^2}\right|=\sum\limits_{n=1}^{\infty}\dfrac{1}{n^2}$ 收敛，得级数 $\sum\limits_{n=1}^{\infty}(-1)^{n-1}\dfrac{1}{n^2}$ 也收敛。

以上结论反之未必成立。即如果任意项级数 $\sum\limits_{n=1}^{\infty}u_n$ 收敛，则其各项取绝对值所形成的正项级数 $\sum\limits_{n=1}^{\infty}|u_n|$ 不一定收敛。如例 10-12 中级数 $\sum\limits_{n=1}^{\infty}(-1)^{n-1}\dfrac{1}{n}$ 收敛，但正项级数 $\sum\limits_{n=1}^{\infty}\left|(-1)^{n-1}\dfrac{1}{n}\right|=\sum\limits_{n=1}^{\infty}\dfrac{1}{n}$ 却是发散的。

定义 10-6　对任意项级数$\sum\limits_{n=1}^{\infty}u_n$，如果其各项取绝对值所形成的正项级数$\sum\limits_{n=1}^{\infty}|u_n|$收敛，则称该级数绝对收敛；如果级数$\sum\limits_{n=1}^{\infty}u_n$收敛，而其各项取绝对值所形成的正项级数$\sum\limits_{n=1}^{\infty}|u_n|$发散，则称该级数条件收敛。

由此定义可知，上述两例题中，级数$\sum\limits_{n=1}^{\infty}(-1)^{n-1}\dfrac{1}{n^2}$是绝对收敛，而级数$\sum\limits_{n=1}^{\infty}(-1)^{n-1}\dfrac{1}{n}$是条件收敛。

【例 10-13】　判定下列级数的敛散性。

(1) $\sum\limits_{n=1}^{\infty}\dfrac{\sin\frac{n\pi}{3}}{4^n}$　　(2) $\sum\limits_{n=1}^{\infty}(-1)^{n-1}\dfrac{1}{\ln(n+1)}$　　(3) $\sum\limits_{n=1}^{\infty}(-1)^{n}\dfrac{1}{n^2}$

解　(1) 级数$\sum\limits_{n=1}^{\infty}\dfrac{\sin\frac{n\pi}{3}}{4^n}$是一个任意项级数，考察正项级数$\sum\limits_{n=1}^{\infty}\left|\dfrac{\sin\frac{n\pi}{3}}{4^n}\right|$。因为$\left|\dfrac{\sin\frac{n\pi}{3}}{4^n}\right|\leqslant\dfrac{1}{4^n}$，而级数$\sum\limits_{n=1}^{\infty}\dfrac{1}{4^n}$是一个公比为$\dfrac{1}{4}$的等比级数，它是收敛的，由比较审敛法可知，级数$\sum\limits_{n=1}^{\infty}\left|\dfrac{\sin\frac{n\pi}{3}}{4^n}\right|$是收敛的，所以原级数是绝对收敛的。

(2) 该级数为交错级数，由于

$$u_n=\frac{1}{\ln(n+1)}>\frac{1}{\ln(n+2)}=u_{n+1}$$

及

$$\lim_{n\to\infty}u_n=\lim_{n\to\infty}\frac{1}{\ln(n+1)}=0$$

由莱布尼茨判别法可知，该级数收敛。但因为$|u_n|=\dfrac{1}{\ln(n+1)}>\dfrac{1}{n+1}$，而级数$\sum\limits_{n=1}^{\infty}\dfrac{1}{n+1}$发散，由比较审敛法可知，级数$\sum\limits_{n=1}^{\infty}\left|(-1)^{n-1}\dfrac{1}{\ln(n+1)}\right|=\sum\limits_{n=1}^{\infty}\dfrac{1}{\ln(n+1)}$发散，所以原级数是条件收敛的。

(3) 因为级数$\sum\limits_{n=1}^{\infty}\left|(-1)^{n}\dfrac{1}{n^2}\right|$就是$\sum\limits_{n=1}^{\infty}\dfrac{1}{n^2}$，它是$p=2>1$的$p$-级数，是收敛的，所以原级数是条件收敛的。

习题 10-2

1. 由比较法判定下列级数的敛散性。

(1) $\sum_{n=1}^{\infty}\frac{1}{2n+1}$　　(2) $\sum_{n=1}^{\infty}\frac{\sin n}{n^2}$

2. 由比较法的极限形式判定下列级数的敛散性。

(1) $\sum_{n=1}^{\infty}\sin\frac{1}{2^n}$　　(2) $\sum_{n=1}^{\infty}\ln\left(1+\frac{1}{n^2}\right)$

3. 由比值法判定下列级数的敛散性。

(1) $\sum_{n=1}^{\infty}\frac{2^n}{n}$　　(2) $\sum_{n=1}^{\infty}\frac{n^4}{n!}$

(3) $\sum_{n=1}^{\infty}\frac{n!}{100^n}$　　(4) $\sum_{n=1}^{\infty}\frac{n\cos^2\frac{n\pi}{3}}{2^n}$

4. 由根值法判定下列级数的敛散性。

(1) $\sum_{n=2}^{\infty}\frac{1}{(\ln n)^n}$　　(2) $\sum_{n=1}^{\infty}\frac{1}{2^{n+(-1)^n}}$

5. 讨论下列交错级数的敛散性。

(1) $\sum_{n=1}^{\infty}(-1)^n(\sqrt{n+1}-\sqrt{n})$　　(2) $\sum_{n=2}^{\infty}(-1)^n\frac{1}{\ln n}$

6. 讨论下列级数的绝对收敛性与条件收敛性。

(1) $\sum_{n=1}^{\infty}\frac{\sin n\alpha}{n^4}$　　(2) $\frac{1}{2}-\frac{2}{2^2+1}+\frac{3}{3^2+1}-\frac{4}{4^2+1}+\cdots$

(3) $\sum_{n=1}^{\infty}(-1)^n\frac{1}{n^p}$　　(4) $\sum_{n=1}^{\infty}\frac{(-1)^n}{1+a^n}(a>0)$

第三节　幂　级　数

一、函数项级数的概念

在本章第一节中,我们曾讨论过等比级数 $\sum_{n=1}^{\infty}aq^{n-1}(a\neq 0)$ 的敛散性,并且得出当 $|q|<1$ 时该级数收敛的结论。这里实际是将 q 看成在区间 $(-1,1)$ 内的变量。若令 $a=1$,且用自变量 x 记公比 q,即可得到级数 $1+x+x^2\cdots+x^{n-1}+\cdots$,它的每一项都是以 x 为变量的函数。

定义 10-7　若级数

$$u_1(x)+u_2(x)+\cdots+u_n(x)+\cdots \tag{10-7}$$

中的各项 $u_n(x)$ 均为定义在区间 I 上的函数,则称该级数为函数项级数,简记为 $\sum_{n=1}^{\infty}u_n$。

例如,级数 $1+x+x^2\cdots+x^n+\cdots$ 和 $\sin x+\frac{1}{3}\sin 3x+\frac{1}{5}\sin 5x+\cdots+\frac{1}{2n-1}\sin(2n-1)x+\cdots$ 都是定义在 $(-\infty,+\infty)$ 上的函数项级数。

在函数项级数(10-7)中,对区间 I 内取一定值 x_0,即得一个常数项级数

$$\sum_{n=1}^{\infty} u_n(x_0) = u_1(x_0) + u_2(x_0) + \cdots + u_n(x_0) + \cdots \tag{10-8}$$

若级数(10-8)收敛，则称 x_0 为函数项级数(10-7)的一个收敛点；反之，若级数(10-8)发散，则称 x_0 为函数项级数(10-7)的一个发散点。函数项级数(10-7)的所有收敛点组成的集合称为该级数的收敛域；所有发散点组成的集合称为该级数的发散域。

设函数项级数(10-7)的收敛域为 D，任意 $x_0 \in D$，级数(10-7)对应的常数项级数 $\sum_{n=1}^{\infty} u_n(x_0)$ 有和 $S(x_0)$，因此确定了收敛域 D 上的一个函数 $S(x)$，称为级数(10-7)的和函数，即

$$S(x) = \sum_{n=1}^{\infty} u_n(x) = u_1(x) + u_2(x) + \cdots + u_n(x) + \cdots \qquad (x \in D)$$

例如，函数项级数 $1 + x + x^2 \cdots + x^n + \cdots$ 是公比为 x 的等比级数，当 $|x| < 1$ 时该级数收敛，所以它的收敛域为 $(-1,1)$，且该级数的和函数为 $\frac{1}{1-x}$，即

$$\frac{1}{1-x} = 1 + x + x^2 \cdots + x^n + \cdots \qquad (-1 < x < 1)$$

由函数项级数的各函数定义可知，设级数(10-7)的前 n 项和为 $S_n(x)$，则有

$$\lim_{n \to \infty} S_n(x) = S(x) \quad (x \in D)$$

在函数项级数(10-7)的收敛域 D 上有 $r_n(x) = S(x) - S_n(x)$，$r_n(x)$ 叫作函数项级数的余项，显然

$$\lim_{n \to \infty} r_n(x) = 0 \quad (x \in D)$$

一般来说，由于函数项级数的形式很复杂，要确定它的收敛域及和函数十分困难。为此，我们主要讨论一类形式上很简单但应用又很广泛的函数项级数——幂级数。

二、幂级数及其敛散性

定义 10-8　形如

$$a_0 + a_1(x - x_0) + a_2(x - x_0)^2 + \cdots + a_n(x - x_0)^n + \cdots \tag{10-9}$$

的函数项级数称为 $(x - x_0)$ 的幂级数，简记为 $\sum_{n=0}^{\infty} a_n(x - x_0)^n$，其中，$a_0, a_1, a_2, \cdots, a_n, \cdots$ 称为幂级数的系数。

特别地，当 $x_0 = 0$ 时，式(10-9)变为

$$a_0 + a_1 x + a_2 x^2 + \cdots + a_n x^n + \cdots \tag{10-10}$$

称为 x 的幂级数，记为 $\sum_{n=0}^{\infty} a_n x^n$。

通过变换 $t = x - x_0$，级数(10-9)变为级数(10-10)的形式，本节只讨论形式为级数(10-10)的幂级数。

前面已经讨论了函数项级数 $1 + x + x^2 \cdots + x^n + \cdots$ 的收敛域为 $(-1,1)$，可得幂级数 $\sum_{n=0}^{\infty} x^n$ 的收敛域是一个以原点为中心，以 1 为半径的邻域。事实上，在不考虑区间端点的情

形下,这个结论对一般的幂级数是成立的。

对于幂级数(10-10)的收敛域,除了 $x=0$ 一点或$(-\infty,+\infty)$外,其余的都是以原点为中心的区间(端点需要另外讨论)。为便于叙述,把区间的半径 R 称为幂级数(10-10)的收敛半径。对于收敛域为 $x=0$ 一点时,规定收敛半径 $R=0$;对于收敛域为$(-\infty,+\infty)$时,规定收敛半径 $R=+\infty$,这样每个幂级数(10-10)都有确定的收敛半径。

下面讨论如何求幂级数的收敛半径。

定理 10-8 设幂级数 $\sum_{n=0}^{\infty}a_nx^n$,若

$$\lim_{n\to\infty}\left|\frac{a_{n+1}}{a_n}\right|=\rho$$

式中,a_n,a_{n+1} 是幂级数 $\sum_{n=0}^{\infty}a_nx^n$ 相邻的两项系数,则该幂级数的收敛半径为

$$R=\begin{cases}\dfrac{1}{\rho}, & 0<\rho<+\infty\\ +\infty, & \rho=0\\ 0, & \rho=+\infty\end{cases}$$

此外,当收敛半径 $R=\dfrac{1}{\rho}$为有限正数时,还需分别将 $x=\pm R$ 代入幂级数(10-10),用常数项级数的审敛法判定它在两个端点的敛散性,以确定它的收敛域是否包含端点。

【例 10-14】 求下列幂级数的收敛半径与收敛域。

(1) $\sum_{n=1}^{\infty}\dfrac{2^nx^n}{n}$ (2) $\sum_{n=1}^{\infty}(-1)^{n-1}\dfrac{3^nx^n}{\sqrt{n}}$

(3) $\sum_{n=1}^{\infty}\dfrac{2n-1}{2^n}x^{2n-1}$ (4) $\sum_{n=1}^{\infty}\dfrac{1}{2^nn}(x-1)^n$

解 (1) 因为 $\rho=\lim\limits_{n\to\infty}\left|\dfrac{a_{n+1}}{a_n}\right|=\lim\limits_{n\to\infty}\dfrac{\dfrac{2^{n+1}}{n+1}}{\dfrac{2^n}{n}}=2$,所以 $R=\dfrac{1}{2}$。

当 $x=\dfrac{1}{2}$ 时,幂级数为常数项级数 $\sum_{n=1}^{\infty}\dfrac{1}{n}$,此为调和级数,它是发散的。

当 $x=-\dfrac{1}{2}$ 时,幂级数为交错级数 $\sum_{n=1}^{\infty}(-1)^n\dfrac{1}{n}$,它是收敛的。

因此所给幂级数的收敛域为$\left[-\dfrac{1}{2},\dfrac{1}{2}\right)$。

(2) 因为

$$\rho=\lim_{n\to\infty}\left|\frac{a_{n+1}}{a_n}\right|=\lim_{n\to\infty}\frac{3^{n+1}}{\sqrt{n+1}}\cdot\frac{\sqrt{n}}{3^n}=3$$

故 $R=\dfrac{1}{3}$,即该级数的收敛半径 $R=\dfrac{1}{\rho}=\dfrac{1}{3}$。

当 $x=\dfrac{1}{3}$ 时,原级数为 $\sum_{n=1}^{\infty}(-1)^{n-1}\dfrac{1}{\sqrt{n}}$,为交错级数,满足 $u_n=\dfrac{1}{\sqrt{n}}>\dfrac{1}{\sqrt{n+1}}=u_{n+1}$,

$\lim\limits_{n\to\infty}u_n=0$，故它是收敛的。

当 $x=-\dfrac{1}{3}$ 时，原级数为 $-\sum\limits_{n=0}^{\infty}\dfrac{1}{\sqrt{n}}$，它是发散的。

因此所给幂级数的收敛域为$\left(-\dfrac{1}{3},\dfrac{1}{3}\right]$。

(3) 因为该幂级数缺少偶次幂项，故不能直接使用定理10-8，可由比值审敛法得

$$l=\lim_{n\to\infty}\frac{u_{n+1}}{u_n}=\lim_{n\to\infty}\left|\frac{\dfrac{2n+1}{2^{n+1}}x^{2n+1}}{\dfrac{2n-1}{2^n}x^{2n-1}}\right|=\lim_{n\to\infty}\frac{2n+1}{2(2n-1)}x^2=\frac{1}{2}x^2$$

当 $l=\left|\dfrac{1}{2}x^2\right|<1$，即 $|x|<\sqrt{2}$ 时，原幂级数绝对收敛；当 $\left|\dfrac{1}{2}x^2\right|>1$，即 $|x|>\sqrt{2}$ 时，原幂级数发散，所以该级数的收敛半径 $R=\sqrt{2}$。

又当 $x=-\sqrt{2}$ 时，级数为 $-\sum\limits_{n=1}^{\infty}\dfrac{2n-1}{\sqrt{2}}$，是发散的；当 $x=\sqrt{2}$ 时，级数为 $\sum\limits_{n=1}^{\infty}\dfrac{2n-1}{\sqrt{2}}$，也是发散的，所以该级数的收敛域为 $(-\sqrt{2},\sqrt{2})$。

(4) 设 $x-1=t$，则原幂级数化为 t 的幂级数 $\sum\limits_{n=1}^{\infty}\dfrac{t^n}{2^n n}$。因为

$$\rho=\lim_{n\to\infty}\left|\frac{a_{n+1}}{a_n}\right|=\lim_{n\to\infty}\frac{2^n n}{2^{n+1}(n+1)}=\frac{1}{2}$$

所以其收敛半径 $R=\dfrac{1}{\rho}=2$。

当 $t=|x-1|<2$，即 $-1<x<3$ 时，级数收敛；当 $x<-1$ 或 $x>3$ 时，级数发散；当 $x=-1$ 时，级数为 $\sum\limits_{n=1}^{\infty}(-1)^n\dfrac{1}{n}$，是收敛的；当 $x=3$ 时，级数为 $\sum\limits_{n=1}^{\infty}\dfrac{1}{n}$，是发散的。故所给幂级数的收敛区间为 $[-1,3)$。

三、幂级数的运算

在幂级数的收敛域内，幂级数及其和函数可以进行加、减、乘及求导数、求积分运算。

设幂级数 $\sum\limits_{n=0}^{\infty}a_nx^n$ 与 $\sum\limits_{n=0}^{\infty}b_nx^n$ 的收敛半径分别为 R_1 与 R_2，它们的和函数分别为 $S_1(x)$ 与 $S_2(x)$，那么对于收敛的幂级数有以下运算。

1. 加法和减法

$$\sum_{n=0}^{\infty}a_nx^n\pm\sum_{n=0}^{\infty}b_nx^n=\sum_{n=0}^{\infty}(a_n\pm b_n)x^n=S_1(x)\pm S_2(x)$$

此时收敛半径 $R=\min\{R_1,R_2\}$。

2. 乘法

$$\sum_{n=0}^{\infty}a_nx^n\cdot\sum_{n=0}^{\infty}b_nx^n=a_0b_0+(a_0b_1+a_1b_0)x+(a_0b_2+a_1b_1+a_2b_0)x^2+\cdots+$$

$$(a_0b_n+a_1b_{n-1}+\cdots+a_nb_0)x^n+\cdots=S_1(x)\cdot S_2(x)\qquad(-R<x<R)$$

取 $R=\min\{R_1,R_2\}$。

3. 逐项求导

在$(-R,R)$内，幂级数 $\sum\limits_{n=0}^{\infty}a_nx^n$ 可逐项求导，即

$$S'(x)=\sum_{n=0}^{\infty}(a_nx^n)'=\sum_{n=1}^{\infty}na_nx^{n-1}$$

且最后一式的幂级数的收敛半径仍为 R，但在收敛区间端点处的收敛性可能改变。

4. 逐项积分

在$(-R,R)$内，幂级数 $\sum\limits_{n=0}^{\infty}a_nx^n$ 可逐项积分，即

$$\int_0^x S(x)\mathrm{d}x=\sum_{n=0}^{\infty}\int_0^x a_nx^n\mathrm{d}x=\sum_{n=0}^{\infty}\frac{a_n}{n+1}x^{n+1}$$

且最后一式的幂级数的收敛半径仍为 R，但在收敛区间端点处的收敛性可能改变。

【例 10-15】 求下列幂级数的和函数。

(1) $\sum\limits_{n=0}^{\infty}(-1)^n\dfrac{x^{n+1}}{n+1}$　　(2) $\sum\limits_{n=1}^{\infty}nx^{n-1}$

解 (1) 先求级数的收敛域为

$$\rho=\lim_{n\to\infty}\left|\frac{a_{n+1}}{a_n}\right|=\lim_{n\to\infty}\left|\frac{\dfrac{1}{n+1}}{\dfrac{1}{n}}\right|=\lim_{n\to\infty}\frac{n}{n+1}=1$$

所以其收敛半径 $R=\dfrac{1}{\rho}=1$。

当 $x=-1$ 时，级数 $\sum\limits_{n=1}^{\infty}\left(-\dfrac{1}{n+1}\right)$ 发散；当 $x=1$ 时，级数 $\sum\limits_{n=1}^{\infty}(-1)^n\dfrac{1}{n+1}$ 收敛，所以所给幂级数的收敛域为$(-1,1]$。

再设其和函数为 $S(x)$，即

$$S(x)=\sum_{n=0}^{\infty}(-1)^n\frac{x^{n+1}}{n+1}=x-\frac{x^2}{2}+\frac{x^3}{3}-\frac{x^4}{4}+\cdots+(-1)^n\frac{x^{n+1}}{n+1}+\cdots$$

因为

$$S'(x)=1-x+x^2-x^3+\cdots+x^n+\cdots=\frac{1}{1+x}\qquad(-1<x<1)$$

于是

$$S(x)-S(0)=\int_0^x S'(x)\mathrm{d}x=\int_0^x\frac{1}{1+x}\mathrm{d}x=\ln(1+x)$$

又 $S(0)=0$，所以有

$$S(x)=\sum_{n=1}^{\infty}(-1)^n\frac{x^{n+1}}{n+1}=\ln(1+x)\qquad(-1<x\leqslant 1)$$

(2) 先求级数的收敛域为

$$\rho=\lim_{n\to\infty}\left|\frac{a_{n+1}}{a_n}\right|=\lim_{n\to\infty}\left|\frac{n+1}{n}\right|=1$$

所以其收敛半径 $R=\frac{1}{\rho}=1$。

当 $x=-1$ 时，级数 $\sum\limits_{n=1}^{\infty}(-1)^{n-1}n$ 发散；当 $x=1$ 时，级数 $\sum\limits_{n=1}^{\infty}n$ 发散，所以所给幂级数的收敛域为 $(-1,1)$。

再设其和函数为 $S(x)$，即

$$S(x)=\sum_{n=1}^{\infty}nx^{n-1}=1+2x+3x^2+\cdots+nx^{n-1}+\cdots$$

因为

$$\int_0^x S(x)\mathrm{d}x=x+x^2+x^3+\cdots+x^n+\cdots=\frac{x}{1-x}\quad(-1<x<1)$$

所以

$$S(x)=\left[\int_0^x S(x)\mathrm{d}x\right]'=\left(\frac{x}{1-x}\right)'=\frac{1}{(1-x)^2}\quad(-1<x<1)$$

求幂级数的和函数的方法可以大致总结如下：首先求幂级数的收敛域，再在收敛区间上利用逐项求导或逐项积分的性质，将级数变成某个几何级数，求出几何级数的和函数后，再对此和函数积分或求导数，从而得到原级数的和函数。

习题 10-3

1. 求下列级数的收敛半径和收敛区间。

(1) $\sum\limits_{n=1}^{\infty}\frac{3^n}{\sqrt{n}}x^n$　　　　(2) $\sum\limits_{n=1}^{\infty}(-1)^n\frac{x^n}{n^n}$

(3) $\sum\limits_{n=1}^{\infty}\frac{(x-5)^n}{\sqrt{n}}$　　　　(4) $\sum\limits_{n=0}^{\infty}\left(\frac{x+1}{2}\right)^n$

2. 求下列级数的和函数。

(1) $\sum\limits_{n=1}^{\infty}nx^{n-1}$　　　　(2) $\sum\limits_{n=1}^{\infty}\frac{1}{2^{n+1}}x^{2n+1}$

第四节　函数展开

前面讨论了幂级数在收敛域内求和函数的问题，在实际应用中常常遇到与之相反的问题，就是对一个给定的函数，能否在一个区间内展开成幂级数？如果可以，又如何将其展开成幂级数？其收敛情况如何？本节就来解决这些问题。

一、泰勒(Taylor)级数

下面结合以前学过的泰勒公式(《高等数学(上册)》第三章第二节)讨论如何将函数$f(x)$展开成幂级数。

假设函数$f(x)$在点x_0的某邻域$U(x_0)$内能展开成幂级数,即有

$$f(x)=a_0+a_1(x-x_0)+a_2(x-x_0)^2+\cdots+a_n(x-x_0)^n+\cdots \quad [x\in U(x_0)] \tag{10-11}$$

那么根据和函数的性质可知,$f(x)$在$U(x_0)$内有任意阶导数,并由逐项求导公式,有

$$f^{(n)}(x)=n!\,a_n+(n+1)!a_{n+1}(x-x_0)+\cdots$$

将$x=x_0$代入上式,可得

$$f^{(n)}(x_0)=n!a_n$$

即

$$a_n=\frac{1}{n!}f^{(n)}(x_0)\quad (n=0,1,2,\cdots) \tag{10-12}$$

将式(10-12)代入式(10-11)中,确定幂级数(10-11)的系数a_n,即该幂级数必为

$$f(x_0)+f'(x_0)(x-x_0)+\cdots+\frac{1}{n!}f^{(n)}(x_0)(x-x_0)^n+\cdots \tag{10-13}$$

那么$f(x)$的展开式必为

$$f(x)=\sum_{n=0}^{\infty}\frac{1}{n!}f^{(n)}(x_0)(x-x_0)^n \quad [x\in U(x_0)] \tag{10-14}$$

幂级数(10-13)叫作函数$f(x)$在点x_0处的泰勒级数,记作$\sum\limits_{n=0}^{\infty}\frac{1}{n!}f^{(n)}(x_0)(x-x_0)^n$。展开式(10-14)叫作函数$f(x)$在点$x_0$处的泰勒展开式。

由以上讨论可知,函数$f(x)$在$U(x_0)$内能展开成幂级数的充分必要条件是泰勒展开式(10-14)成立,也就是泰勒级数(10-13)在$U(x_0)$内收敛,且收敛于$f(x)$。

定理 10-9 设$f(x)$在x_0的某个邻域内具有各阶导数,则$f(x)$在该邻域内能展开成泰勒级数的充分必要条件为

$$\lim_{n\to\infty}R_n(x)=0 \quad [x\in U(x_0)]$$

式中,$R_n(x)$为函数$f(x)$在$U(x_0)$内的泰勒公式中的拉格朗日(Lagrange)余项。

下面着重讨论麦克劳林级数。

当$x_0=0$时,泰勒级数(10-13)变为

$$f(0)+f'(0)x+\frac{f''(0)}{2!}x^2+\cdots+\frac{f^{(n)}(0)}{n!}x^n+\cdots \tag{10-15}$$

称为函数$f(x)$的麦克劳林(Maclanrin)级数,记作$\sum\limits_{n=0}^{\infty}\frac{f^{(n)}(0)}{n!}x^n$。如果$f(x)$能在$(-r,r)$内展开成$x$的幂级数,则有

$$f(x)=\sum_{n=0}^{\infty}\frac{f^{(n)}(0)}{n!}x^n \quad [x\in(-r,r)] \tag{10-16}$$

式(10-16)称为函数$f(x)$的麦克劳林展开式。

二、函数展开成幂级数

下面介绍如何将函数 $f(x)$展开成幂级数。为方便起见,这里主要讨论将函数$f(x)$展开成麦克劳林级数。

1. 直接展开法

利用麦克劳林公式(《高等数学(上册)》第三章第二节)将函数 $f(x)$展开成幂级数的方法称为直接展开法。

用直接展开法把函数 $f(x)$展开成 x 幂级数的步骤如下。

(1) 求 $f(x)$的各阶导数 $f'(x),f''(x),f'''(x),\cdots,f^{(n)}(x),\cdots$,再求出函数及各阶导数在 $x=0$ 的值 $f(0),f'(0),f''(0),\cdots,f^{(n)}(0),\cdots$

(2) 写出 $f(x)$的麦克劳林级数

$$f(0)+f'(0)x+\frac{f''(0)}{2!}x^2+\cdots+\frac{f^{(n)}(0)}{n!}x^n+\cdots$$

并求其收敛半径 R。

(3) 在区间$(-R,R)$内,验证$\lim\limits_{n\to\infty}R_n(x)=0$。证明了$\lim\limits_{n\to\infty}R_n(x)=0$ 后,$f(x)$的麦克劳林级数(10-15)就是 $f(x)$的幂级数展开式。

【例 10-16】 将函数 $f(x)=e^x$ 展开成 x 的幂级数。

解　$f(x)=e^x$ 的各阶导数为

$$f'(x)=f''(x)=\cdots=f^{(n)}(x)=\cdots=e^x$$

所以有

$$f(0)=f'(0)=f''(0)=\cdots=f^{(n)}(0)=\cdots=1$$

由此可得 $f(x)$的麦克劳林级数为

$$1+x+\frac{x^2}{2!}+\cdots+\frac{x^n}{n!}+\cdots$$

由于

$$\rho=\lim_{n\to\infty}\left|\frac{a_{n+1}}{a_n}\right|=\lim_{n\to\infty}\left|\frac{\dfrac{1}{(n+1)!}}{\dfrac{1}{n!}}\right|=\lim_{n\to\infty}\frac{1}{n+1}=0$$

因此该幂级数的收敛半径 $R=+\infty$,其收敛域为$(-\infty,+\infty)$。

它的余项 $R_n(x)=\dfrac{e^{\theta x}}{(n+1)!}x^{n+1}(0<\theta<1)$。可以证明,$\lim\limits_{n\to\infty}R_n(x)=0$,于是,得到 $f(x)=e^x$ 的幂级数展开式为

$$e^x=1+x+\frac{x^2}{2!}+\cdots+\frac{x^n}{n!}+\cdots\qquad(-\infty<x<+\infty)\tag{10-17}$$

取 $x=1$ 代入上式,即可得到无理数 e 的精确值表达式为

$$e=1+1+\frac{1}{2!}+\frac{1}{3!}+\cdots+\frac{1}{n!}+\cdots$$

利用直接展开法,还可以得到以下几个常用函数的幂级数展开式:

$$(1+x)^m=1+mx+\frac{m(m-1)}{2!}x^2+\cdots+\frac{m(m-1)\cdots(m-n+1)}{n!}x^n+\cdots \quad (-1<x<1) \tag{10-18}$$

特别地,当 $m=-1$ 时,有

$$\frac{1}{1+x}=1-x+x^2-x^3+\cdots+(-1)^n x^n+\cdots \quad (-1<x<1) \tag{10-19}$$

$$\sin x=x-\frac{x^3}{3!}+\frac{x^5}{5!}-\cdots+(-1)^{n-1}\frac{x^{2n-1}}{(2n-1)!}+\cdots \quad (-\infty<x<+\infty) \tag{10-20}$$

$$\cos x=1-\frac{x^2}{2!}+\frac{x^4}{4!}-\cdots+(-1)^n\frac{x^{2n}}{(2n)!}+\cdots \quad (-\infty<x<+\infty) \tag{10-21}$$

2. 间接展开法

一般来说,直接展开法的计算量大,而且研究余项是否趋于零也相当困难,因此在可能的情况下通常采用间接展开法。

间接展开法是以一些已知的函数幂级数展开式为基础,利用幂级数的性质及变量替换等方法,求函数的幂级数展开式。

【例 10-17】 将函数 $f(x)=\ln(1+x)$ 展开成 x 的幂级数。

解 在式(10-18)的幂级数展开式中,令 $m=-1$ 得式(10-19),即

$$\frac{1}{1+x}=1-x+x^2-x^3+\cdots+(-1)^n x^n+\cdots \quad (-1<x<1)$$

两边积分得

$$\begin{aligned}\ln(1+x)&=\int_0^x\frac{1}{1+x}\mathrm{d}x\\&=x-\frac{x^2}{2}+\frac{x^3}{3}-\cdots+(-1)^{n-1}\frac{x^n}{n}+\cdots \quad (-1<x<1)\end{aligned}$$

当 $x=-1$ 时,级数 $\sum\limits_{n=0}^{\infty}-\frac{1}{n+1}$ 发散;当 $x=1$ 时,级数 $\sum\limits_{n=0}^{\infty}(-1)^n\frac{1}{n+1}$ 收敛,故

$$\ln(1+x)=x-\frac{x^2}{2}+\frac{x^3}{3}-\frac{x^4}{4}+\cdots+(-1)^n\frac{x^{n+1}}{n+1}+\cdots \quad (-1<x\leqslant 1) \tag{10-22}$$

【例 10-18】 将函数 $f(x)=\sin^2 x$ 展开成 x 的幂级数。

解 因为 $\sin^2 x=\frac{1}{2}(1-\cos 2x)$,所以由 $\cos x$ 的幂级数展开式(10-21),将其中的 x 换成 $2x$,即得

$$\cos 2x=1-\frac{(2x)^2}{2!}+\frac{(2x)^4}{4!}-\cdots+(-1)^n\frac{(2x)^{2n}}{(2n)!}+\cdots$$

因此

$$\begin{aligned}\sin^2 x&=\frac{1}{2}(1-\cos 2x)=\frac{1}{2}\left[1-\left(1-\frac{(2x)^2}{2!}+\frac{(2x)^4}{4!}-\cdots+(-1)^n\frac{(2x)^{2n}}{(2n)!}+\cdots\right)\right]\\&=\frac{1}{2}\left[\frac{(2x)^2}{2!}-\frac{(2x)^4}{4!}+\cdots+(-1)^{n+1}\frac{(2x)^{2n}}{(2n)!}+\cdots\right]\\&=\sum_{n=1}^{\infty}(-1)^{n+1}\frac{2^{2n-1}}{(2n)!}x^{2n} \quad (-\infty<x<+\infty)\end{aligned}$$

【例 10-19】 将函数 $f(x)=\arctan x$ 展开成 x 的幂级数，并确定其收敛域。

解　因为

$$\arctan x=\int_0^x \frac{1}{1+x^2}\mathrm{d}x$$

又由 $\frac{1}{1+x}$ 的幂级数展开式(10-19)，将其中的 x 换成 x^2，即得

$$\frac{1}{1+x^2}=1-x^2+x^4-x^6+\cdots+(-1)^n x^{2n}+\cdots \quad (-1<x<1)$$

将其逐项积分得

$$\begin{aligned}\arctan x&=\int_0^x \frac{1}{1+x^2}\mathrm{d}x=\int_0^x (1-x^2+x^4-x^6+\cdots+(-1)^n x^{2n}+\cdots)\mathrm{d}x\\&=x-\frac{x^3}{3}+\frac{x^5}{5}-\frac{x^7}{7}+\cdots+(-1)^n\frac{x^{2n+1}}{2n+1}+\cdots\\&=\sum_{n=0}^{\infty}(-1)^n\frac{x^{2n+1}}{2n+1}\quad(-1<x<1)\end{aligned}$$

又当 $x=-1$ 与 $x=1$ 时，以上级数分别为交错级数 $\sum\limits_{n=0}^{\infty}(-1)^{n+1}\frac{1}{2n+1}$ 与 $\sum\limits_{n=0}^{\infty}(-1)^n\frac{1}{2n+1}$，它们都收敛，所以其收敛域为 $[-1,1]$，即有

$$\arctan x=\sum_{n=0}^{\infty}(-1)^n\frac{x^{2n+1}}{2n+1}\quad(-1\leqslant x\leqslant 1)$$

【例 10-20】 将函数 $f(x)=\frac{1}{x^2+3x+2}$ 展开成 $x-1$ 的幂级数，并确定其收敛域。

解　因为

$$\frac{1}{x^2+3x+2}=\frac{1}{(x+1)(x+2)}=\frac{1}{x+1}-\frac{1}{x+2}$$

而

$$\begin{aligned}\frac{1}{x+1}&=\frac{1}{2+(x-1)}=\frac{1}{2}\times\frac{1}{1+\frac{x-1}{2}}\\&=\frac{1}{2}\left[1-\frac{x-1}{2}+\left(\frac{x-1}{2}\right)^2-\cdots+(-1)^n\left(\frac{x-1}{2}\right)^n+\cdots\right]\\&=\sum_{n=0}^{\infty}(-1)^n\frac{(x-1)^n}{2^{n+1}}\end{aligned}$$

其收敛域为 $\left|\frac{x-1}{2}\right|<1$，即 $|x-1|<2$。

同理

$$\begin{aligned}\frac{1}{x+2}&=\frac{1}{3+(x-1)}=\frac{1}{3}\times\frac{1}{1+\frac{x-1}{3}}\\&=\frac{1}{3}\left[1-\frac{x-1}{3}+\left(\frac{x-1}{3}\right)^2-\cdots+(-1)^n\left(\frac{x-1}{3}\right)^n+\cdots\right]\end{aligned}$$

$$=\sum_{n=0}^{\infty}(-1)^n\frac{(x-1)^n}{3^{n+1}}$$

其收敛域为$\left|\frac{x-1}{3}\right|<1$,即$|x-1|<3$。

由幂级数的加减法运算律可得

$$\begin{aligned}\frac{1}{x^2+3x+2}&=\frac{1}{x+1}-\frac{1}{x+2}\\&=\sum_{n=0}^{\infty}(-1)^n\frac{(x-1)^n}{2^{n+1}}-\sum_{n=0}^{\infty}(-1)^n\frac{(x-1)^n}{3^{n+1}}\\&=\sum_{n=0}^{\infty}(-1)^n\left(\frac{1}{2^{n+1}}-\frac{1}{3^{n+1}}\right)(x-1)^n\end{aligned}$$

其收敛半径$R=\min\{2,3\}=2$,收敛域为$|x-1|<2$,即$-1<x<3$。

习题 10-4

1. 将下列函数展开为 x 的幂级数。

(1) $f(x)=\frac{x}{\sqrt{1+x^2}}$ (2) $f(x)=x\sin x\cos x$

(3) $f(x)=\cos^2 x$ (4) $f(x)=x\mathrm{e}^{-2x+1}$

(5) $f(x)=(1+x)\ln(1+x)$ (6) $f(x)=\frac{3x}{2-x-x^2}$

2. 将$\frac{1}{x^2}$展开成 $x-1$ 的幂级数。

3. 将$\frac{1}{x^2+4x+3}$在 $x=1$ 处展成幂级数。

*第五节 幂级数的近似计算

在经济和工程技术领域中,级数的应用非常广泛,可用于进行数值计算,也可用于表示非初等函数并用它进行一些运算和证明等。

由函数产生的泰勒级数是函数的精确表达式

$$f(x)=f(x_0)+f'(x_0)(x-x_0)+\frac{f''(x_0)}{2!}(x-x_0)^2+\cdots+\frac{f^{(n)}(x_0)}{n!}(x-x_0)^n+R_n(x)$$

只要$|x|$适当小,就可用级数前几项部分和做近似计算,这种近似计算具有相当的精确度,而且所产生的误差可以由余项 $R_n(x)$来估计。

下面看看幂级数关于数值计算方面的应用,这与泰勒公式的应用差不多,只是估计误差不同。

【例 10-21】 近似计算 ln2 的值。

解　ln(1+x)的展开式为

$$\ln(1+x)=x-\frac{x^2}{2}+\frac{x^3}{3}-\frac{x^4}{4}+\cdots+(-1)^{n-1}\frac{x^n}{n}+\cdots$$

取 $x=1$,得

$$\ln2=1-\frac{1}{2}+\frac{1}{3}-\cdots+(-1)^{n-1}\frac{1}{n}+\cdots$$

取若干项即可计算出近似值。这在理论上是可行的,但这个级数收敛极慢,比如要精确到 10^{-5},大约要取十万项,这在实际中是计算不出来的,因此要找一个收敛更快的级数。

$$\ln(1-x)=-x-\frac{x^2}{2}-\frac{x^3}{3}-\frac{x^4}{4}-\cdots-\frac{x^n}{n}-\cdots$$

因此

$$\ln\left(\frac{1+x}{1-x}\right)=2\left(x+\frac{x^3}{3}+\frac{x^5}{5}+\cdots+\frac{x^{2n-1}}{2n-1}+\cdots\right)$$

而 $\frac{1+x}{1-x}=2, x=\frac{1}{3}$,所以

$$\ln2=2\left[\frac{1}{3}+\frac{1}{3}\left(\frac{1}{3}\right)^3+\frac{1}{5}\left(\frac{1}{3}\right)^5+\cdots+\frac{1}{2n-1}\left(\frac{1}{3}\right)^{2n-1}+\cdots\right]$$

这个级数收敛较快,只要少数几项就可得到相当好的近似值。

若取前 9 项计算近似值,可先估计其误差,即估计余项

$$r_9=2\left(\frac{1}{19}\cdot\frac{1}{3^{19}}+\frac{1}{21}\cdot\frac{1}{3^{21}}+\cdots\right)<2\cdot\frac{1}{19}\cdot\frac{1}{3^{19}}\left(1+\frac{1}{3^2}+\frac{1}{3^4}+\cdots\right)$$

$$=2\cdot\frac{1}{19}\cdot\frac{1}{3^{19}}\cdot\frac{9}{8}=\frac{1}{4\cdot19\cdot3^{17}}<\frac{2}{10^{10}}$$

用前几项计算出 ln2 的近似值为

$$\ln2\approx2\left[\frac{1}{3}+\frac{1}{3}\left(\frac{1}{3}\right)^3+\frac{1}{5}\left(\frac{1}{3}\right)^5+\cdots+\frac{1}{17}\left(\frac{1}{3}\right)^{17}\right]$$

$$\approx0.693\ 147\ 180\ 5$$

其误差小于 2×10^{-10}。

注意:这里估计误差的方法,不论是余项还是无穷级数,把它放大成几何级数,计算出几何级数的和,即得误差估计值。

【例 10-22】 计算 $\sqrt[5]{245}$,要求误差不超过 10^{-4}。

解　$$\sqrt[5]{245}=\sqrt[5]{3^5+2}=3\left(1+\frac{2}{3^5}\right)^{\frac{1}{5}}=3\left[1+\frac{1}{5}\left(\frac{2}{3^5}\right)-\frac{4}{2!\cdot5^2}\left(\frac{2}{3^5}\right)^2+\cdots\right]$$

先根据误差要求确定取几项。这个级数从第二项起是交错级数。若取前 n 项计算近似值,由莱布尼茨判别法知道:交错级数的和的绝对值小于第一项的绝对值,所以余项的绝对值小于第 $n+1$ 项的绝对值。根据这一结论,我们只需计算每项的值,若某一项的绝对值小于误差要求,那么就可从这一项开始略去。上面级数中第三项的绝对值为

$$3\times\frac{4\times2^2}{2\times5^2\times3^{10}}=\frac{8}{25\times3^9}<1.5\times10^{-5}<10^{-4}$$

所以第三项开始即可略去，取前两项计算近似值为

$$\sqrt[5]{245}\approx 3.0049$$

上面两个例子介绍了近似计算和误差估计的基本方法，利用级数还可以计算积分。

【例 10-23】 求 e^{-x^2} 的原函数。

解 我们知道 e^{-x^2} 的原函数不是初等函数，不能用积分法求出，但可以利用泰勒级数求解。

$$\begin{aligned}\int_0^x e^{-x^2}dx &= \int_0^x \left(1-x^2+\frac{x^4}{2!}-\frac{x^6}{3!}+\cdots+(-1)^n\frac{x^{2n}}{n!}+\cdots\right)dx \\ &= x-\frac{x^3}{3}+\frac{x^5}{5\cdot 2!}-\frac{x^7}{7\cdot 3!}+\cdots+(-1)^n\frac{x^{2n+1}}{(2n+1)n!}+\cdots\end{aligned}$$

这就是 e^{-x^2} 的原函数，是用幂级数表示的，成立范围仍为$(-\infty,+\infty)$。这说明，用幂级数可以表示非初等函数。

习题 10-5

1. 利用函数的幂级数展开式的前三项求解下列各题的近似值。

(1) $\sqrt{e}$　　(2) $\sqrt[5]{1.2}$　　(3) $\sin 18°$

2. 利用被积函数的幂级数展开式的前三项求解下列定积分的近似值。

(1) $\int_0^1 \frac{\sin x}{x}dx$　　(2) $\int_{0.1}^1 \frac{e^x}{x}dx$

*第六节　傅里叶级数

本节我们在函数项级数一般理论的基础上，讨论各项皆为三角函数(正弦函数和余弦函数)的傅里叶级数的敛散性，以及如何把已知函数展开成傅里叶级数的问题。傅里叶级数是一类非常重要的函数项级数。它在电学、力学、声学和热力学等学科中都有着广泛的应用。

一、三角级数、三角函数系的正交性

定义 10-9 形如

$$\frac{a_0}{2}+\sum_{n=1}^{\infty}(a_n\cos nx+b_n\sin nx) \tag{10-23}$$

的函数项级数称为三角级数，其中常数 $a_0, a_n, b_n (n=1,2,3,\cdots)$ 称为三角级数的系数。

在三角级数(10-23)中出现的函数 $1,\cos x,\sin x,\cos 2x,\sin 2x,\cdots,\cos nx,\sin nx,\cdots$ 称为三角函数系。三角函数系在$[-\pi,\pi]$上具有正交性，即任意两个不等函数之积在$[-\pi,\pi]$上的积分等于零

$$\int_{-\pi}^{\pi} 1 \times \cos nx \, dx = 0 \quad (n = 1, 2, 3, \cdots)$$

$$\int_{-\pi}^{\pi} 1 \times \sin nx \, dx = 0 \quad (n = 1, 2, 3, \cdots)$$

$$\int_{-\pi}^{\pi} \cos nx \sin kx \, dx = 0 \quad (n, k = 1, 2, 3, \cdots)$$

$$\int_{-\pi}^{\pi} \cos nx \cos kx \, dx = 0 \quad (n \neq k, n, k = 1, 2, 3, \cdots)$$

$$\int_{-\pi}^{\pi} \sin nx \sin kx \, dx = 0 \quad (n \neq k, n, k = 1, 2, 3, \cdots)$$

此外，三角函数系中任意一个函数的平方在$[-\pi,\pi]$上的积分不等于零，即

$$\int_{-\pi}^{\pi} 1^2 \, dx = 2\pi$$

$$\int_{-\pi}^{\pi} \cos^2 nx \, dx = \pi \quad (n = 1, 2, 3, \cdots)$$

$$\int_{-\pi}^{\pi} \sin^2 nx \, dx = \pi \quad (n = 1, 2, 3, \cdots)$$

以上各式都可以通过积分来验证。

二、周期为 2π 的函数展开为傅里叶级数

设周期为 2π 的函数 $f(x)$可以展开为三角级数(10-23)，即

$$f(x) = \frac{a_0}{2} + \sum_{n=1}^{\infty} (a_n \cos nx + b_n \sin nx) \tag{10-24}$$

对式(10-24)两端在$[-\pi,\pi]$上积分，则有

$$\int_{-\pi}^{\pi} f(x) \, dx = \int_{-\pi}^{\pi} \frac{a_0}{2} dx + \sum_{n=1}^{\infty} \left(a_n \int_{-\pi}^{\pi} \cos nx \, dx + b_n \int_{-\pi}^{\pi} \sin nx \, dx \right)$$

由三角函数系的正交性可得

$$a_0 = \frac{1}{\pi} \int_{-\pi}^{\pi} f(x) \, dx$$

用 $\cos kx$ 乘以式(10-24)的两端，再求其在$[-\pi,\pi]$上的积分，则有

$$\int_{-\pi}^{\pi} f(x) \cos kx \, dx = \int_{-\pi}^{\pi} \frac{a_0}{2} \cos kx \, dx + \sum_{n=1}^{\infty} \left(a_n \int_{-\pi}^{\pi} \cos nx \cos kx \, dx + b_n \int_{-\pi}^{\pi} \sin nx \cos kx \, dx \right)$$

由三角函数系的正交性，上式右端除 $k=n$ 项外，其余各项均为零，故有

$$\int_{-\pi}^{\pi} f(x) \cos nx \, dx = a_n \int_{-\pi}^{\pi} \cos^2 nx \, dx = a_n \pi$$

所以

$$a_n = \frac{1}{\pi} \int_{-\pi}^{\pi} f(x) \cos nx \, dx \quad (n = 1, 2, \cdots)$$

类似地，用 $\sin kx$ 乘以式(10-24)的两端，再求其在$[-\pi,\pi]$上的积分，可得

$$b_n = \frac{1}{\pi} \int_{-\pi}^{\pi} f(x) \sin nx \, dx \quad (n = 1, 2, \cdots)$$

定义 10-10　设 $f(x)$是周期为 2π 的函数,则称三角级数

$$\begin{cases} f(x)=\dfrac{a_0}{2}+\sum\limits_{n=1}^{\infty}(a_n\cos nx+b_n\sin nx) \\ a_n=\dfrac{1}{\pi}\int_{-\pi}^{\pi}f(x)\cos nx\,dx \quad (n=0,1,2,\cdots) \\ b_n=\dfrac{1}{\pi}\int_{-\pi}^{\pi}f(x)\sin nx\,dx \quad (n=0,1,2,\cdots) \end{cases} \tag{10-25}$$

为 $f(x)$的傅里叶(Fourier)级数,简称傅氏级数,而称 $a_0,a_n,b_n(n=1,2,3,\cdots)$为 $f(x)$的傅里叶系数。

在电学中,$f(x)$的傅里叶级数中的$\dfrac{a_0}{2}$又称为 $f(x)$的基波,$(a_n\cos nx+b_n\sin nx)$称为 $f(x)$的第 n 次谐波。

关于傅里叶级数的收敛情况,有以下的收敛定理。

定理 10-10[狄利克雷(Dirichlet)收敛条件]　设 $f(x)$是周期为 2π 的周期函数,若 $f(x)$在一个周期内满足条件:

(1) 连续或只有有限个第一类间断点;

(2) 至多只有有限个极值点。

则 $f(x)$的傅里叶级数收敛且在其连续点 x 处,级数收敛于 $f(x)$;而在其第一类间断点 x_0 处,级数收敛于$\dfrac{f(x_0^-)+f(x_0^+)}{2}$。

由定理 10-10 可知,只要周期为 2π 的函数 $f(x)$在$[-\pi,\pi]$上连续或至多只有有限个第一类间断点,且不作无限次的振动时,它就可以展开为傅里叶级数,并且除有限个间断点外,级数均收敛于 $f(x)$。

【例 10-24】　设 $f(x)$是周期为 2π 的函数,它在$[-\pi,\pi)$上的表达式为

$$f(x)=\begin{cases} 0 & (-\pi\leqslant x<0) \\ x & (0\leqslant x<\pi) \end{cases}$$

将 $f(x)$展开为傅里叶级数。

解　$f(x)$满足收敛定理的条件。先计算傅里叶系数

$$a_0=\frac{1}{\pi}\int_{-\pi}^{\pi}f(x)dx=\frac{1}{\pi}\int_0^{\pi}x\,dx=\frac{1}{\pi}\left[\frac{x^2}{2}\right]_0^{\pi}=\frac{\pi}{2}$$

$$a_n=\frac{1}{\pi}\int_{-\pi}^{\pi}f(x)\cos nx\,dx=\frac{1}{\pi}\int_0^{\pi}x\cos nx\,dx=\frac{1}{\pi}\left[\frac{x}{n}\sin nx+\frac{1}{n^2}\cos nx\right]_0^{\pi}$$

$$=\frac{1}{n^2\pi}[\cos n\pi-1]=\begin{cases} 0 & (\text{当 } n \text{ 为偶数时}) \\ -\dfrac{2}{n^2\pi} & (\text{当 } n \text{ 为奇数时}) \end{cases}$$

$$b_n=\frac{1}{\pi}\int_{-\pi}^{\pi}f(x)\sin nx\,dx=\frac{1}{\pi}\int_0^{\pi}x\sin nx\,dx=\frac{1}{\pi}\left[-\frac{x}{n}\cos nx+\frac{1}{n^2}\sin nx\right]_0^{\pi}$$

$$=\frac{1}{\pi}\left[-\frac{\pi}{n}\cos n\pi\right]_0^{\pi}=\frac{(-1)^{n+1}}{n} \qquad (n=1,2,3,\cdots)$$

所以得到 $f(x)$的傅里叶级数为

$$f(x)=\frac{\pi}{4}-\frac{2}{\pi}\left[\cos x+\frac{1}{3^2}\cos 3x+\frac{1}{5^2}\cos 5x+\cdots+\frac{1}{(2n-1)^2}\cos(2n-1)x+\cdots\right]$$
$$+\left[\sin x-\frac{1}{2}\sin 2x+\frac{1}{3}\sin 3x-\cdots+(-1)^{n+1}\frac{\sin nx}{n}+\cdots\right]$$
$$(-\infty<x<+\infty, x\neq(2k-1)\pi, k\in\mathbf{Z})$$

当 $x=(2k-1)\pi, k\in\mathbf{Z}$ 时，级数收敛于

$$\frac{f(-\pi^+)+f(\pi^-)}{2}=\frac{\pi}{2}$$

图 10-1(a)与(b)分别是 $f(x)$ 与它的傅里叶级数和函数的图像。

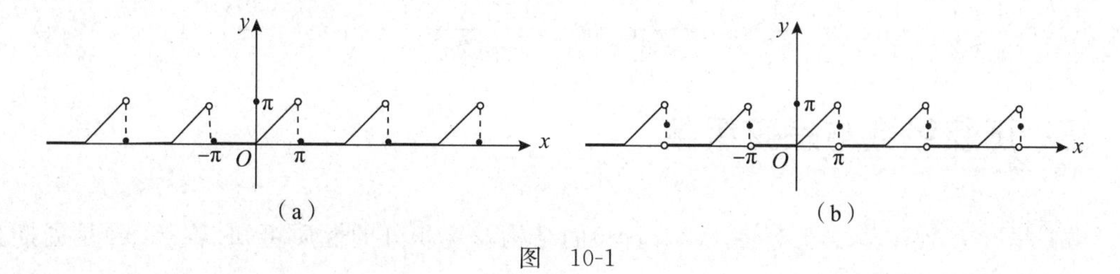

图　10-1

由于在求 $f(x)$ 的傅里叶系数时，只需用到 $f(x)$ 在 $[-\pi,\pi]$ 上的部分，因此即使 $f(x)$ 只在 $[-\pi,\pi]$ 上有定义，只要它满足收敛定理的条件，仍然可以将它展开为傅里叶级数。具体做法：在 $[-\pi,\pi)$ 以外补充 $f(x)$ 的定义，使它拓展成一个周期为 2π 的函数 $F(x)$，且当 $-\pi\leqslant x<\pi$ 时，$F(x)=f(x)$。按这种方式拓展函数定义域的过程称为周期延拓，然后将 $F(x)$ 展开为傅里叶级数，再将 $F(x)$ 的傅里叶级数限制在 $[-\pi,\pi]$ 上，这样就得到 $f(x)$ 的傅里叶级数展开式。根据收敛定理，该级数在区间端点 $x=\pm\pi$ 处收敛于 $\frac{f(-\pi^+)+f(\pi^-)}{2}$。

【例 10-25】 将函数 $f(t)=|\sin t|(-\pi\leqslant t\leqslant\pi)$ 展开为傅里叶级数。

解　$f(t)$ 在 $[-\pi,\pi]$ 上满足收敛定理的条件。将 $f(t)$ 在 $[-\pi,\pi)$ 以外延拓成周期为 2π 的函数 $F(t)$，且当 $-\pi\leqslant t<\pi$ 时，$F(t)=f(t)$，则 $F(t)$ 在 $(-\infty,+\infty)$ 内处处连续，于是 $F(t)$ 的傅里叶级数在 $[-\pi,\pi]$ 上处处收敛于 $f(t)$。图 10-2 所示为 $F(t)$ 及其傅里叶级数的图像，其中实线部分即为 $f(t)$。

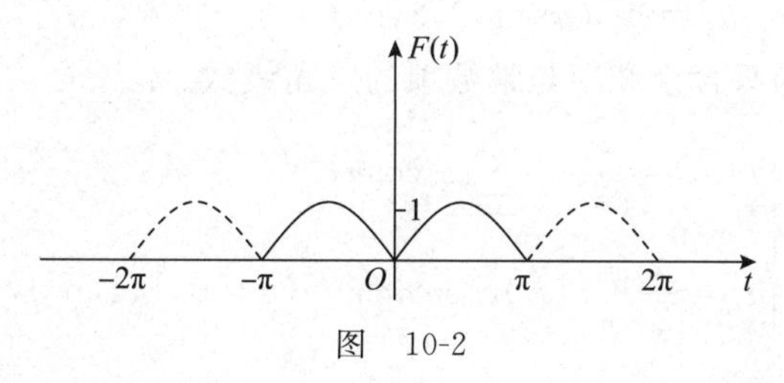

图　10-2

先计算 $F(t)$ 的傅里叶系数：

$$a_n=\frac{1}{\pi}\int_{-\pi}^{\pi}f(t)\cos nt\,\mathrm{d}t=\frac{1}{\pi}\int_{-\pi}^{\pi}|\sin t|\cos nt\,\mathrm{d}t=\frac{2}{\pi}\int_0^{\pi}\sin t\cos nt\,\mathrm{d}t$$
$$=\frac{1}{\pi}\int_0^{\pi}[\sin(n+1)t-\sin(n-1)t]\mathrm{d}t=\frac{1}{\pi}\left[-\frac{\cos(n+1)t}{n+1}+\frac{\cos(n-1)t}{n-1}\right]_0^{\pi}\quad(n\neq1)$$

$$=\frac{1}{(n^2-1)\pi}[\cos(n-1)\pi]=\begin{cases}0 & (n=3,5,7,\cdots)\\ -\dfrac{4}{(n^2-1)\pi} & (n=0,2,4,6,\cdots)\end{cases}$$

此外

$$a_1=\frac{1}{\pi}\int_{-\pi}^{\pi}f(t)\cos t\,\mathrm{d}t=\frac{1}{\pi}\int_{-\pi}^{\pi}|\sin t|\cos t\,\mathrm{d}t=\frac{2}{\pi}\int_0^{\pi}\sin t\cos t\,\mathrm{d}t=0$$

$$b_n=\frac{1}{\pi}\int_{-\pi}^{\pi}f(t)\sin nt\,\mathrm{d}t=\frac{1}{\pi}\int_{-\pi}^{\pi}|\sin t|\sin nt\,\mathrm{d}t=0\quad(n=1,2,3,\cdots)$$

因此,$f(t)=|\sin t|$的傅里叶级数展开式为

$$f(t)=\frac{4}{\pi}\left(\frac{1}{2}-\frac{1}{3}\cos 2t-\frac{1}{15}\cos 4t-\frac{1}{36}\cos 6t-\cdots-\frac{1}{(2n)^2-1}\cos 2nt-\cdots\right)\quad(-\pi\leqslant t\leqslant\pi)$$

三、正弦级数与余弦级数

由傅里叶系数 $a_0,a_n,b_n(n=1,2,3,\cdots)$的结构及定积分的性质可知,若 $f(x)$是周期为 2π 的奇函数,则其系数

$$a_n=0\quad(n=0,1,2,\cdots)$$

$$b_n=\frac{2}{\pi}\int_0^{\pi}f(x)\sin nx\,\mathrm{d}x\quad(n=1,2,3,\cdots)$$

故 $f(x)$的傅里叶级数为只含正弦项的三角级数

$$\begin{cases}f(x)=\displaystyle\sum_{n=1}^{\infty}b_n\sin nx\\ b_n=\dfrac{2}{\pi}\displaystyle\int_0^{\pi}f(x)\sin nx\,\mathrm{d}x\quad(n=0,1,2,3,\cdots)\end{cases}\tag{10-26}$$

称为正弦级数。

若 $f(x)$是周期为 2π 的偶函数,则其系数

$$a_n=\frac{2}{\pi}\int_0^{\pi}f(x)\cos nx\,\mathrm{d}x\quad(n=0,1,2,\cdots)$$

$$b_n=0\quad(n=1,2,3,\cdots)$$

故 $f(x)$的傅里叶级数为只含余弦项与常数项的三角级数

$$\begin{cases}f(x)=\dfrac{a_0}{2}+\displaystyle\sum_{n=1}^{\infty}a_n\cos nx\\ a_n=\dfrac{2}{\pi}\displaystyle\int_0^{\pi}f(x)\cos nx\,\mathrm{d}x\quad(n=0,1,2,\cdots)\end{cases}\tag{10-27}$$

称为余弦级数。

【例 10-26】 设 $f(x)$是周期为 2π 的函数,它在$[-\pi,\pi)$上的表达式为

$$f(x)=\begin{cases}-1, & -\pi\leqslant x<0\\ 1, & 0\leqslant x<\pi\end{cases}$$

将 $f(x)$展开为傅里叶级数。

解 $f(x)$满足收敛定理的条件,因为 $f(x)$是周期为 2π 的奇函数,所以其傅里叶级数

为正弦级数，即其傅里叶系数为

$$a_n=0 \qquad (n=0,1,2,\cdots)$$

$$b_n=\frac{2}{\pi}\int_0^{\pi} f(x)\sin nx\,\mathrm{d}x=\frac{2}{\pi}\int_0^{\pi}\sin nx\,\mathrm{d}x=\left[-\frac{2}{n\pi}\cos nx\right]_0^{\pi}$$

$$=\frac{2}{n\pi}(1-\cos n\pi)=\begin{cases}\dfrac{4}{n\pi}, & n=1,3,5,\cdots\\ 0, & n=2,4,6,\cdots\end{cases}$$

所以，$f(x)$的傅里叶级数展开式为

$$f(x)=\frac{4}{\pi}\left[\sin x+\frac{1}{3}\sin 3x+\frac{1}{5}\sin 5x+\cdots+\frac{1}{2n-1}\sin(2n-1)x+\cdots\right]$$

$$(-\infty<x<+\infty, x\neq k\pi, k\in\mathbf{Z})$$

在间断点 $x=k\pi$ 处，级数收敛于

$$\frac{f(-\pi^+)+f(\pi^-)}{2}=\frac{-1+1}{2}=0$$

$f(x)$及其傅里叶级数和函数的图像如图 10-3 所示。

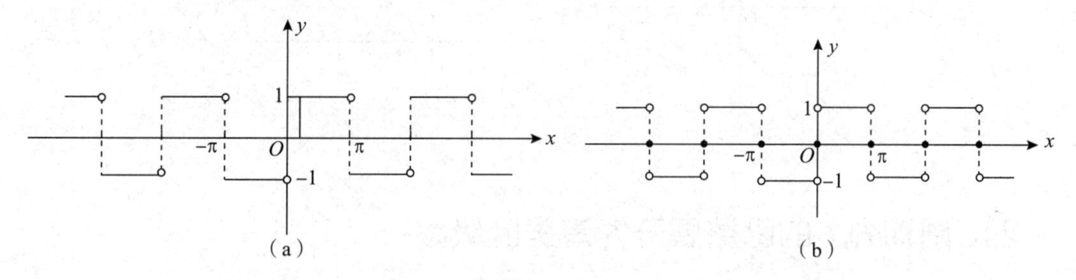

图　10-3

若要把定义在$[0,\pi]$上的函数展开成正弦级数（或余弦级数），只需在$[-\pi,0)$上补充$f(x)$的定义，得到一个定义在$[-\pi,\pi]$的奇函数[或偶函数 $F(x)$]，使其在$[0,\pi]$上有$F(x)=f(x)$，这种做法称为对函数 $f(x)$奇延拓[或偶延拓]。然后将 $F(x)$展开为傅里叶级数，再将 $F(x)$的傅里叶级数限制在$[0,\pi]$上，这样就得到了 $f(x)$的正弦级数（或余弦级数）展开式。

【例 10-27】 将函数 $f(x)=1+x\,(0\leqslant x\leqslant\pi)$分别展开为正弦级数和余弦级数。

解 将 $f(x)$作奇延拓（图 10-4），则其傅里叶系数为

$$a_n=0 \qquad (n=0,1,2,\cdots)$$

$$b_n=\frac{2}{\pi}\int_0^{\pi}(x+1)\sin nx\,\mathrm{d}x=\frac{2}{\pi}\left[-\frac{(x+1)\cos nx}{n}+\frac{\sin nx}{n^2}\right]_0^{\pi}$$

$$=\frac{2}{n\pi}[1-(\pi+1)\cos n\pi]_0^{\pi}=\begin{cases}\dfrac{2\pi+4}{n\pi}, & n=1,3,5\cdots\\ -\dfrac{2}{\pi}, & n=2,4,6\cdots\end{cases}$$

所以，$f(x)$的正弦级数展开式为

$$f(x)=1+x=\frac{2}{\pi}\left[(\pi+2)\sin x-\frac{\pi}{2}\sin 2x+\frac{\pi+2}{3}\sin 3x-\frac{\pi}{4}\sin 4x+\cdots\right] \quad (0<x<\pi)$$

再将 $f(x)$作偶延拓,如图 10-5 所示,则其傅里叶系数为

$$b_n=0 \qquad (n=1,2,3,\cdots)$$

$$a_0=\frac{2}{\pi}\int_0^{\pi}(x+1)\mathrm{d}x=\left[\frac{2}{\pi}\left(\frac{x^2}{2}+x\right)\right]_0^{\pi}=\pi+2$$

$$a_n=\frac{2}{\pi}\int_0^{\pi}(x+1)\cos nx\,\mathrm{d}x=\frac{2}{\pi}\left[\frac{(x+1)\sin nx}{n}+\frac{\cos nx}{n^2}\right]_0^{\pi}$$

$$=\frac{2}{n^2\pi}(\cos n\pi-1)=\begin{cases}\dfrac{4}{-n^2\pi} & (n=1,3,5,\cdots)\\ 0 & (n=2,4,6,\cdots)\end{cases}$$

所以,$f(x)$的余弦级数展开式为

$$f(x)=1+x=\frac{\pi}{2}+1-\frac{4}{\pi}\left(\cos x+\frac{1}{3^2}\cos 3x+\frac{1}{5^2}\cos 5x+\cdots\right) \quad (0\leqslant x\leqslant\pi)$$

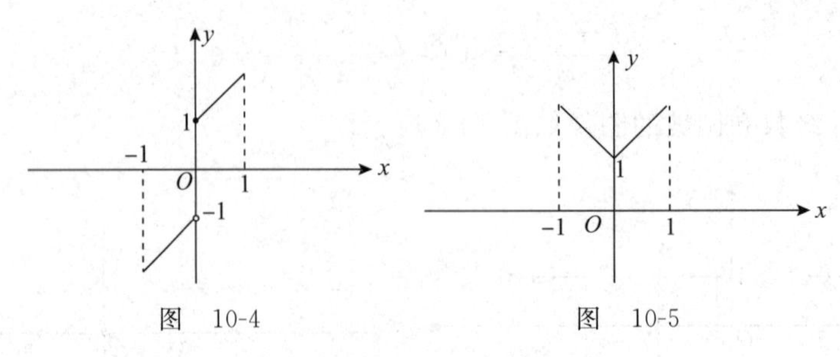

图 10-4 图 10-5

四、周期为 l 的函数展开为傅里叶级数

若 $f(x)$是周期为 l 的函数,且在$\left[-\frac{l}{2},\frac{l}{2}\right]$上满足收敛定理的条件,则可通过变量代换 $x=\frac{l}{2\pi}t$,将其化为以 2π 为周期的函数,即可得到 $f(x)$的傅里叶级数展开式为

$$\begin{cases}f(x)=\dfrac{\alpha_0}{2}+\displaystyle\sum_{n=1}^{\infty}\left(\alpha_n\cos\frac{2n\pi}{l}x+b_n\sin\frac{2n\pi}{l}x\right)\\ \alpha_n=\dfrac{2}{l}\displaystyle\int_{-\frac{l}{2}}^{\frac{l}{2}}f(x)\cos\frac{2n\pi}{l}x\,\mathrm{d}x \quad (n=0,1,2,\cdots)\\ b_n=\dfrac{2}{l}\displaystyle\int_{-\frac{l}{2}}^{\frac{l}{2}}f(x)\sin\frac{2n\pi}{l}x\,\mathrm{d}x \quad (n=0,1,2,3,\cdots)\end{cases} \tag{10-28}$$

若 $f(x)$是周期为 l 的奇函数,则 $f(x)$的傅里叶级数为正弦级数

$$\begin{cases}f(x)=\displaystyle\sum_{n=1}^{\infty}b_n\frac{2n\pi}{l}x\\ b_n=\dfrac{4}{l}\displaystyle\int_0^{\frac{l}{2}}f(x)\sin\frac{2n\pi}{l}x\,\mathrm{d}x \quad (n=0,1,2,3,\cdots)\end{cases} \tag{10-29}$$

若 $f(x)$是周期为 l 的偶函数,则 $f(x)$的傅里叶级数为余弦级数

$$\begin{cases} f(x)=\dfrac{\alpha_0}{2}+\sum\limits_{n=1}^{\infty}\alpha_n\cos\dfrac{2n\pi}{l}x \\ \alpha_n=\dfrac{4}{l}\int_0^{\frac{l}{2}}f(x)\cos\dfrac{2n\pi}{l}x\,dx \quad (n=0,1,2,\cdots) \end{cases} \tag{10-30}$$

【例 10-28】 设 $f(x)$ 是周期为 4 的函数，它在 $[-2,2)$ 上的表达式为

$$f(x)=\begin{cases}0 & (-2\leqslant x<0)\\ 2 & (0\leqslant x<2)\end{cases}$$

将 $f(x)$ 展开为傅里叶级数。

解 $f(x)$ 满足收敛定理的条件。先计算傅里叶系数为

$$a_0=\frac{1}{2}\int_{-2}^{2}f(x)dx=\frac{1}{2}\int_0^2 2dx=2$$

$$a_n=\frac{1}{2}\int_{-2}^{2}f(x)\cos\frac{2n\pi}{4}x\,dx=\frac{1}{2}\int_0^2 2\cos\frac{n\pi}{2}x\,dx=\frac{2}{n\pi}\left[\sin\frac{n\pi}{2}\right]_0^2=0$$

$$b_n=\frac{1}{2}\int_{-2}^{2}f(x)\sin\frac{2n\pi}{4}x\,dx=\frac{1}{2}\int_0^2 2\sin\frac{n\pi}{2}x\,dx=-\frac{2}{n\pi}\left[\cos\frac{n\pi}{2}\right]_0^2$$

$$=\frac{2}{n\pi}(1-\cos n\pi)=\begin{cases}\dfrac{4}{n\pi} & (n=1,3,5,\cdots)\\ 0 & (n=2,4,6,\cdots)\end{cases}$$

所以得到 $f(x)$ 的傅里叶级数为

$$f(x)=1+\frac{4}{\pi}\left(\sin\frac{\pi}{2}x+\frac{1}{3}\sin\frac{3\pi}{2}x+\frac{1}{5}\sin\frac{5\pi}{2}x+\cdots\right)\quad(-\infty<x<+\infty,x\neq 2k,k\in\mathbf{Z})$$

在其间断点 $x=2k(k\in\mathbf{Z})$ 处，$f(x)$ 的傅里叶级数收敛于

$$\frac{f(-2^+)+f(2^-)}{2}=\frac{0+2}{2}=1$$

图 10-6(a)与(b)分别是 $f(x)$ 与它的傅里叶级数和函数的图像。

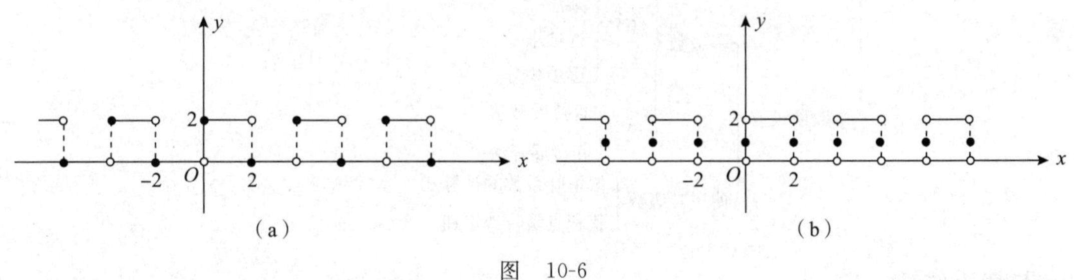

图　10-6

习题 10-6

1. $f(x)$ 以 2π 为周期，在 $-\pi\leqslant x<\pi$ 上表达式为 $f(x)=\begin{cases}x & (-\pi\leqslant x<0)\\ 0 & (0\leqslant x<\pi)\end{cases}$，将其展开为傅里叶级数。

2. 将 $f(x)=\begin{cases}-x & (-\pi\leqslant x<0)\\ x & (0\leqslant x<\pi)\end{cases}$ 展开为傅里叶级数，并求 $\sum_{n=1}^{\infty}\frac{1}{(2n-1)^2}$。

3. 将 $f(x)=x^2(-1\leqslant x\leqslant 1)$ 展开为傅里叶级数。

4. 将 $f(x)=x(0\leqslant x\leqslant 3)$ 展开为余弦级数。

知识结构图、本章小结与学习指导

知识结构图

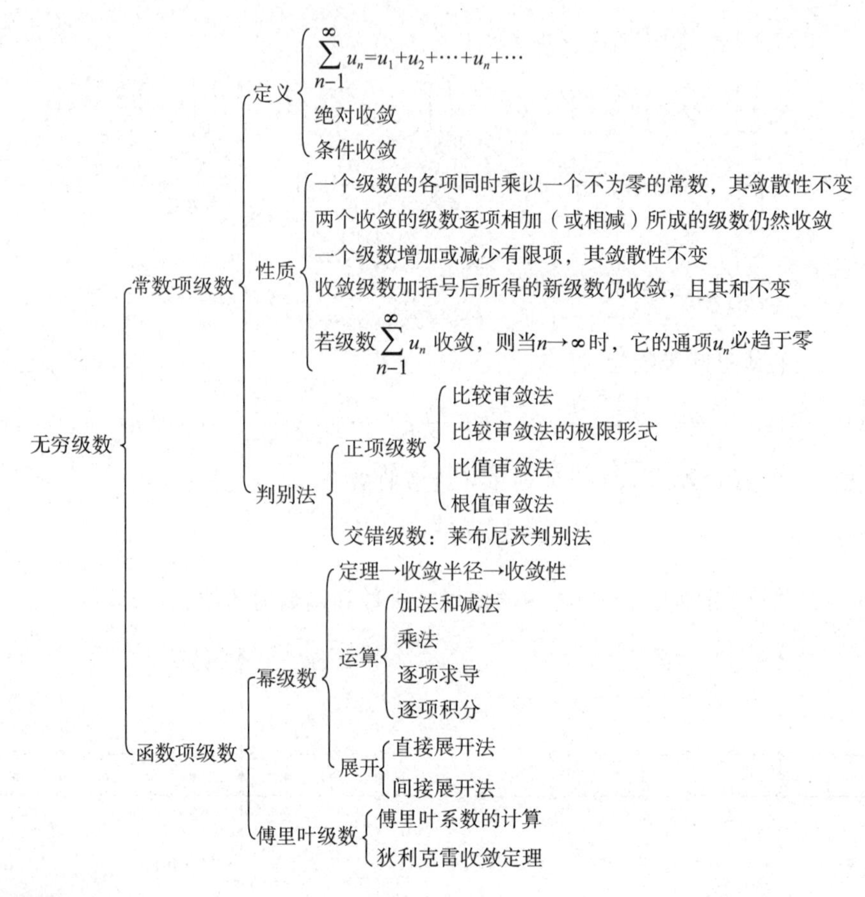

本章小结

本章主要研究级数的敛散性、幂级数的概念，以及如何把一个函数在某个区间内表示成幂级数、傅里叶级数等问题。

1. 级数的敛散性

收敛的概念是通过级数的部分和数列是否有极限来定义的，以此理解级数“无穷相加”的含义会更容易一些。学生可以通过例题理解如何通过定义判别级数的敛散性。级数的基本性质在判别级数收敛与发散时，也起到很大的作用，因此，熟悉这些性质对于概念的理解与级数敛散性的判别是有帮助的。

正项级数是研究任意项级数和幂级数的基础，很多情况下的任意项级数可以转化成正项级数去研究。对于正项级数，我们首先是利用单调有界数列必有极限建立了基本定理，借助这个定理推断出了正项级数收敛的比较审敛法，再利用比较审敛法推断出使用最为方便的比值审敛法，此外还增加比较判别法的极限形式，这样就可避免一些繁杂的不等式的放大或缩小。到此可总结一下，当正项级数的一般项中含 a^n，n^n，$n!$ 时，可考虑用比值法。当 $\lim\limits_{n\to\infty}\frac{u_{n+1}}{u_n}=1$ 比值法失效时，可以考虑用比较法、比较审敛法的极限形式、级数性质、收敛定义去研究。我们应当熟悉几何级数与 p-级数的敛散性，这是衡量其余的级数是否收敛的两把尺子，不可缺少。

对于交错级数的概念，强调 $\sum\limits_{n=1}^{\infty}(-1)^{n-1}u_n$ 中的条件非常关键，对莱布尼茨判别法中的条件的处理要加强与微积分的联系，特别要注意一般项不趋于 0 时，交错级数必然是发散的，但如果交错级数各项的绝对值不单调变化，其敛散性是无法用莱布尼茨判别法进行判别的。莱布尼茨判别法仅给出了交错收敛级数收敛的一个充分条件。

绝对收敛与条件收敛的定义要清楚，要知道条件、绝对收敛都属于收敛的范围。

2. 幂级数

我们可以通过微积分的一些方法（如微分、积分）求出收敛级数的和，这往往需要借助幂级数，而幂级数的研究又要借助微积分的知识。首先教材上的幂级数收敛半径求法的定理证明很重要，从其证明中可以看出对于不满足定理条件的缺项的幂级数，完全可以按照定理的证明方法处理，就是直接利用比值法求其收敛区间；其次，切记要对区间端点讨论后才能得出收敛域的开闭书写形式；最后，幂级数的性质中要强调的是幂级数在它的收敛区间内可以完全像多项式那样进行运算，特别是它的分析运算。对于逐项积分公式，要强调积分下限的选取点只要在收敛区间内就可以。不要有一种刻板的认识，感觉必须都是从 0 开始。

3. 幂级数的展开

把函数表示成幂级数是函数的一种新的表示形式，一般可采用直接法和间接法。

可以用直接法把函数直接展为泰勒级数，如对 e^x，$\sin x$ 的展开，但更常用的一般是用间接展开法，即在几个常见初等函数展开式的基础上，利用幂级数的性质及其展开式的唯一性得出所求函数幂级数展开式。也就是利用恒等变形、求导、积分等手段得出所求函数的幂级数的展开式。教材中常见的几个函数展成幂级数的公式要求记住，如 $\frac{1}{1-x}$，e^x，$\sin x$，$\cos x$，$\ln(1+x)$，$(1+x)^{\alpha}$，并注意不要忘记每个公式的成立区间。

幂级数的应用是很广泛的，它可以应用于计算函数的近似值、近似计算定积分。学习这一章不可忽视级数的实际应用性，特别是它在近似计算中的应用。

4. 傅里叶级数

傅里叶级数也是一种重要的函数项级数，在电工、力学和其他许多学科中都有很重要的应用。

傅里叶级数的敛散性可以用狄利克雷定理判定。该定理是收敛的一种充分条件。级数中的各项系数 a_0，a_n，b_n 只能根据三角函数系的正交性，用直接的方法算出。

一个收敛的傅里叶级数必须写出它的收敛域，且能够在$(-\infty,+\infty)$上所有连续点处收敛于傅里叶级数的和函数，并且和函数一定是一个周期函数。

若 $f(x)$是只定义在$[0,\pi]$上的一个函数，并满足狄利克雷定理的条件，则可补充其在$(-\pi,0)$的定义，使其成为奇函数或偶函数，这种过程称为奇延拓或偶延拓，然后再进行周期延拓，写出傅里叶级数，最后按条件写出其收敛域。

一个符合狄利克雷定理条件的函数 $f(x)$，如果在$[-\pi,\pi]$上是一个奇函数，则可展开成一个正弦级数；如果 $f(x)$在$[-\pi,\pi]$上是一个偶函数，则可将 $f(x)$展开成一个余弦级数。一个非周期函数在指定区间上的傅里叶级数展开式并不是唯一的。

将给定函数展开为傅里叶级数分为以下三步：

(1) 计算 a_n,b_n；

(2) 写出相应的傅里叶级数；

(3) 指出收敛情况[为讨论敛散性，画出 $f(x)$及其傅里叶级数和函数的图形是很有帮助的]。

学习指导

1. 本章要求

(1) 理解常数项级数收敛、发散及收敛级数的和的概念，掌握级数的基本性质及收敛的必要条件。

(2) 掌握几何级数与 p-级数的收敛与发散的条件。

(3) 掌握正项级数收敛性的比较判别法和比值判别法，会用根值判别法。

(4) 掌握交错级数的莱布尼茨判别法。

(5) 了解任意项级数绝对收敛与条件收敛的概念，以及绝对收敛与条件收敛的关系。

(6) 了解函数项级数的收敛域及和函数的概念。

(7) 理解幂级数收敛半径的概念，并掌握幂级数的收敛半径、收敛区间及收敛域的求解方法。

(8) 了解幂级数在其收敛区间内的一些基本性质(和函数的连续性、逐项微分和逐项积分)，会求解一些幂级数在收敛区间内的和函数，并由此求出某些常数项级数的和。

(9) 了解函数展开为泰勒级数的充分必要条件。

(10) 掌握 $e^x,\sin x,\cos x,\ln(1+x)$和$(1+x)^\alpha$ 的麦克劳林展开式，会用它们将一些简单函数间接展开成幂级数。

2. 学习重点

(1) 级数的基本性质及收敛的必要条件。

(2) 正项级数收敛性的比较判别法、比值判别法和根值判别法。

(3) 交错级数的莱布尼茨判别法。

(4) 幂级数的收敛半径、收敛区间及收敛域。

(5) $e^x,\sin x,\cos x,\ln(1+x)$和$(1+a)^\alpha$ 的麦克劳林展开式。

(6) 傅里叶级数。

3. 学习难点

(1) 比较判别法的极限形式。

(2) 莱布尼茨判别法。

(3) 任意项级数的绝对收敛与条件收敛。

(4) 函数项级数的收敛域及和函数。

(5) 泰勒级数。

(6) 傅里叶级数的狄利克雷定理。

4. 学习建议

(1) 在弄清楚常数项级数的一些基本概念之后,学习的重点要放在判断级数的敛散性上。判断一个级数的敛散性,建议采用以下步骤:①找到级数通项 u_n 的表达式并求 $\lim\limits_{n\to\infty}u_n$。如果极限不等于零,就可以判定级数是发散的;如果极限等于零,级数有收敛的可能。②看级数是正项级数还是交错级数或任意项级数。如果是正项级数,那么就用正项级数的各种判定准则判定;如果是交错级数,就用莱布尼茨判别法去检验;如果是任意项级数,就研究它的绝对值所组成的级数,从而检验级数是否绝对收敛,同时将问题转化为对正项级数的检验。

(2) 由于把函数展开成幂级数是个核心问题,因此建议在阅读本书时,把重点放在这部分上,务必要彻底弄懂本书中定理的含义,通晓它们的作用。至于展开法,一定要掌握间接展开法,掌握利用已知展开式进行展开的技巧。

扩展阅读

数学史话——无穷级数的发展

17 世纪有两个方面的重要发现促进了数学革命:一方面是各种特殊的面积求法和切线构造法的结合,牛顿(Isaac Newton)和莱布尼茨(Gottfried Wilhelm Leibniz)由此归纳出了微积分的一些一般算法;另一方面是无穷级数方法的应用范围。例如,为了把早期的微积分方法应用于超越函数,常常需要把这些函数表示为可以逐项微分或积分的无穷级数。因此将函数展开成无穷级数成为一大研究课题,并且许多数学家都以此作为计算工具。

牛顿在他的流数演算中便使用无穷级数作为主要工具,为处理超越函数及更难的代数函数铺平了道路。泰勒用他的定理把函数展成级数,得到如正弦及对数等函数的标准展开式,并用这一方法求出微分方程的解。他还用级数解数字方程,得到根的近似值,尤其是根式方程和超越方程。然而,在半个世纪里,数学家们并没有认识到泰勒定理的重大价值。这一重大价值后来是由拉格朗日(Joseph Louis Lagrange)发现的,他把这一定理刻画为微积分的基本定理,并将其作为自己工作的出发点。18 世纪末,拉格朗日给出了泰勒公式的余项表达式(即拉格朗日余项),并指出不考虑余项就不能用泰勒级数。"泰勒级数"这一名词大概是由 S. A. 吕利埃(L'Hulleier)在 1786 年首次使用的。在此之前,孔多塞(Condorcet)在 1784 年对此级数既用了泰勒的名字又用了达朗贝尔的名字。泰勒是第一个发表此级数的人,但他不是第一个发现此级数的数学家。在他之前,至少有五位数学家研究过此级数,詹姆斯·格雷戈里、牛顿、莱布尼茨、约翰·伯努利(Johann Bernoulli)和棣莫弗(Abraham De Moivre)。

在 17—18 世纪,数学家打破对无穷的禁锢,逐渐应用无穷级数作为表示数量的工具,同时研究各种无穷级数的求和问题。17 世纪中叶,圣文森特的格雷戈里(Gregory James)证明了阿基里斯追龟的悖论可以用无穷几何级数的求和来解决。格雷戈里第一次提出了无穷级数表示一个数,即级数的和,并称这个数为级数的极限。

在18世纪级数的发展过程中,形式观点占统治地位,大部分数学家只是把级数看作多项式的代数推广。但是有限代数运算的规则,是否可以推广到无穷级数,以及收敛与发散在级数的应用中所起的作用如何,这一系列问题促使了19世纪无穷级数理论的形成。

19世纪后期,柯西建立严密数学之后,由于数学受某些内在要求或自然支配所限制,囿于一类固定的正确概念之内,多数数学家把发散级数作为不可靠的理论而摒弃。然而,有少数数学家继续维护发散级数。天文学家是使用发散级数的拥护者,因为他们的科学计算迫切需要发散级数。由于发散级数开始很少几项就可给出有用的数值逼近,所以天文学家可不考虑此级数在整体上是否发散。但数学家关心的不是级数前几项或十几项,而是整个级数的特征,所以不能把这种级数建立在"使用"这唯一的基础上。然而,阿贝尔和柯西并非完全排斥发散级数,他们也意识到这种级数在实际用途上的作用。柯西不仅使用它,还写了题为《论发散级数的合理运用》的文章。

由于非欧几何和新代数在数学领域的逐渐渗透与影响,发散级数得到了进一步的推广。数学家渐渐开始意识到数学是人为的,因此,无穷级数理论形成之后,促进了一个新分支的产生,即渐近分析。它有两个主题:第一个是发散级数在取固定项数时,能逼近一个函数,变量越大,逼近越好。勒让德(Adrien-Marie Legendre)在《椭圆函数论》中对这种级数的描述是:中止于任何一项所产生的误差,都与省去的第一项同阶。第二个主题是可和性概念,它用一种全新的方法定义级数的和,给出了柯西意义下发散级数有限的和。

微积分诞生以后,18世纪的数学家把他们的天才表现在大胆的发明上,尽可能地施展自己高超的技巧,发挥并增进微积分的威力,从而使微积分扩展成为一个由许多具有专门应用价值的分支所组成的庞大领域——分析学。这些分支包括微分方程、微分几何、变分法、无穷级数和偏微分方程。分析学家致力于创造强有力的方法并把它们付诸应用,而分析学中的一些基本概念则缺乏恰当的、统一的定义。由于没有公认的级数收敛概念,出现了许多所谓的"悖论"(其实只是由于概念含混而出现的错误)。数学家逐渐认识到,分析基本原理的严格检验,不能依赖于物理或几何,只能依靠它自身。

19世纪,这一状况开始改变,数学家终于找到加固分析基础的适当途径——算术方法。柯西进行初步的严密化,然后经过阿贝尔等人的深化,最终由魏尔斯特拉斯基本完成这一过程。但所有的努力都是建立在实数系的基础上,实数理论有待进一步严密化。

无穷级数的发展演化正是上面分析背景的写照,它在18世纪的发展促成了数学家在19世纪建立无穷级数理论。无穷级数作为分析的一个有效工具,促使数学家在数学发展上进行大胆的尝试,虽然产生了许多悖论,但使数学产生了很多分支,丰富了数学理论的发展。此外,发散级数在天文、物理上的广泛应用推动了人类发展的进步。

总复习题十

1. 填空题。

(1) 当参数 α 满足条件________时,级数 $\sum\limits_{n=1}^{\infty}\dfrac{\sqrt{n+1}-\sqrt{n-1}}{n^{\alpha}}$ 收敛。

(2) 当参数 p 满足条件________时，级数 $\sum\limits_{n=1}^{\infty}\dfrac{(-1)^{n+1}}{n^{p+1}}$ 条件收敛。

(3) 若级数 $\sum\limits_{n=0}^{\infty}a_nx^n$ 的收敛半径为 R，则级数 $\sum\limits_{n=0}^{\infty}a_nx^{2n}$ 的收敛半径为 ________。

(4) 若级数 $\sum\limits_{n=0}^{\infty}a_nx^n$ 的收敛半径为 R，则级数 $\sum\limits_{n=0}^{\infty}\dfrac{a_n}{2^{n+1}}x^n$ 的收敛半径为 ________。

(5) 级数 $\sum\limits_{n=0}^{\infty}\dfrac{(-1)^n}{n!}x^{n+1}$ 的和函数为 ________。

(6) 级数 $\sum\limits_{n=0}^{\infty}\dfrac{(-1)^{n-1}}{(2n-1)!}x^{2n}$ 的和函数为 ________。

*(7) 设 $f(x)$ 是在 $(-\infty,+\infty)$ 内有定义的周期函数，周期为 2π，且 $f(x)$ 在 $(-\pi,\pi]$ 的表达式为 $f(x)=\begin{cases}x^2-1 & (-\pi<x\leqslant 0)\\ x^2+1 & (0<x\leqslant\pi)\end{cases}$，则 $f(x)$ 在 $x=\pi$ 处的傅里叶级数收敛于________。

*(8) 设 $f(x)$ 是在 $(-\infty,+\infty)$ 内有定义的周期函数，周期为 2，且 $f(x)=\begin{cases}2 & (-1<x\leqslant 0)\\ x^3 & (0<x\leqslant 1)\end{cases}$，则 $f(x)$ 在 $x=3$ 处的傅立叶级数收敛于________。

2. 选择题。

(1) 无穷级数 $\sum\limits_{n=1}^{\infty}u_n$ 的部分和数列 $\{S_n\}$ 有极限 S，是该无穷级数收敛的(　　)条件。

A. 充分但非必要　　B. 必要但非充分

C. 充分且必要　　D. 既不充分又非必要

(2) 无穷级数 $\sum\limits_{n=1}^{\infty}u_n$ 的一般项 u_n 趋于零，是该级数收敛的(　　)条件。

A. 充分但非必要　　B. 必要但非充分

C. 充分且必要　　D. 既不充分又非必要

(3) 若级数 $\sum\limits_{n=1}^{\infty}u_n$ 发散，常数 $a\neq 0$，则级数 $\sum\limits_{n=1}^{\infty}au_n$(　　)。

A. 一定收敛

B. 一定发散

C. 当 $a>0$ 时收敛，当 $a<0$ 时发散

D. 当 $|a|<1$ 时收敛，当 $|a|>1$ 时发散

(4) 设 k,q 为非零常数，则级数 $\sum\limits_{n=1}^{\infty}\dfrac{k}{q^{n-1}}$ 收敛的充分条件是(　　)。

A. $|q|<1$　　B. $|q|\leqslant 1$　　C. $|q|>1$　　D. $|q|\geqslant 1$

(5) 级数 $\sum\limits_{n=1}^{\infty}|a_n|$ 收敛是级数 $\sum\limits_{n=1}^{\infty}a_n$ 绝对收敛的(　　)条件。

A. 充分但非必要　　B. 必要但非充分

C. 充分必要　　D. 既不充分又非必要

(6) 交错级数 $\sum\limits_{n=1}^{\infty}\dfrac{(-1)^{n+1}}{n^{p+1}}$ 绝对收敛的充分条件是(　　)。

A. $p>0$　　B. $p\geqslant 0$　　C. $p>1$　　D. $p\geqslant 1$

(7) 下列级数中为收敛级数的是(　　)。

A. $\sum\limits_{n=1}^{\infty}\frac{1}{3n}$　　B. $\sum\limits_{n=1}^{\infty}\frac{1}{\sqrt{n+1}}$　　C. $\sum\limits_{n=1}^{\infty}\frac{n+1}{2^n}$　　D. $\sum\limits_{n=1}^{\infty}\frac{2^n}{n+1}$

(8) 幂级数 $\sum\limits_{n=1}^{\infty}\frac{x^n}{(n+1)2^n}$ 的收敛区间是(　　)。

A. $[-2,2]$　　B. $[-2,2)$　　C. $(-2,2)$　　D. $(-2,2]$

(9) 幂级数 $\sum\limits_{n=1}^{\infty}(-1)^{n-1}\frac{x^n}{n+1}$ 的收敛域是(　　)。

A. $(-1,1)$　　B. $[-1,1]$　　C. $[-1,1)$　　D. $(-1,1]$

3. 判断题。

(1) 判断级数 $\sum\limits_{n=1}^{\infty}\left(\frac{3n}{3n+1}\right)^n$ 的敛散性。

(2) 判断级数 $\sum\limits_{n=1}^{\infty}\frac{6^n}{7^n-5^n}$ 的敛散性。

(3) 判断级数 $\sum\limits_{n=1}^{\infty}\frac{(-1)^n\ln\left(1+\frac{1}{n}\right)}{\sqrt{(3n-2)(3n+1)}}$ 的敛散性。

4. 计算题。

(1) 求幂级数 $\sum\limits_{n=1}^{\infty}\frac{x^n}{(n+1)\cdot 5^n}$ 的收敛域。

(2) 求幂级数 $\sum\limits_{n=1}^{\infty}\frac{n}{2^n+(-3)^n}x^{2n-1}$ 的收敛区间(不讨论端点处的敛散性)。

(3) 求级数 $\sum\limits_{n=0}^{\infty}(-1)^n\frac{x^{2n+1}}{2n+1}$ 的和函数。

(4) 将函数 $f(x)=\frac{1}{x^2-2x-3}$展开成 x 的幂级数,并求展开式成立的区间。

考 研 真 题

1. 填空题。

(1) $\sum\limits_{n=1}^{\infty}n\left(\frac{1}{2}\right)^{n-1}=$ ________。

(2) 设幂级数 $\sum\limits_{n=1}^{\infty}a_nx^n$ 与 $\sum\limits_{n=1}^{\infty}b_nx^n$ 的收敛半径分别为$\frac{\sqrt{5}}{3}$与$\frac{1}{3}$,则幂级数 $\sum\limits_{n=1}^{\infty}\frac{a_n^2}{b_n^2}x^n$ 的收敛半径为 ________。

2. 选择题。

(1) 下列各选项中正确的是(　　)。

A. 若$\sum_{n=1}^{\infty}u_n^2$和$\sum_{n=1}^{\infty}v_n^2$均收敛，则$\sum_{n=1}^{\infty}(u_n+v_n)^2$收敛

B. 若$\sum_{n=1}^{\infty}|u_nv_n|$收敛，则$\sum_{n=1}^{\infty}u_n^2$和$\sum_{n=1}^{\infty}v_n^2$均收敛

C. 若正项级数$\sum_{n=1}^{\infty}u_n$发散，则$u_n\geqslant\frac{1}{n}$

D. 若级数$\sum_{n=1}^{\infty}u_n$收敛，且$u_n\geqslant v_n(n=1,2,\cdots)$，则级数$\sum_{n=1}^{\infty}v_n$也收敛

(2) 设有以下命题：

① 若$\sum_{n=1}^{\infty}(u_{2n-1}+u_{2n})$收敛，则$\sum_{n=1}^{\infty}u_n$收敛；

② 若$\sum_{n=1}^{\infty}u_n$收敛，则$\sum_{n=1}^{\infty}u_{n+1\,000}$收敛；

③ 若$\lim\limits_{n\to\infty}\frac{u_{n+1}}{u_n}>1$，则$\sum_{n=1}^{\infty}u_n$发散；

④ 若$\sum_{n=1}^{\infty}(u_n+v_n)$收敛，则$\sum_{n=1}^{\infty}u_n$，$\sum_{n=1}^{\infty}v_n$都收敛。

则以上命题中正确的是(　　)。

A. ①②　　B. ②③　　C. ③④　　D. ①④

(3) 设$p_n=\frac{a_n+|a_n|}{2}$，$q_n=\frac{a_n-|a_n|}{2}$，$n=1,2,\cdots$，则下列命题中正确的是(　　)。

A. 若$\sum_{n=1}^{\infty}a_n$条件收敛，则$\sum_{n=1}^{\infty}p_n$和$\sum_{n=1}^{\infty}q_n$都收敛

B. 若$\sum_{n=1}^{\infty}a_n$绝对收敛，则$\sum_{n=1}^{\infty}p_n$和$\sum_{n=1}^{\infty}q_n$都收敛

C. 若$\sum_{n=1}^{\infty}a_n$条件收敛，则$\sum_{n=1}^{\infty}p_n$和$\sum_{n=1}^{\infty}q_n$的敛散性不确定

D. 若$\sum_{n=1}^{\infty}a_n$绝对收敛，则$\sum_{n=1}^{\infty}p_n$和$\sum_{n=1}^{\infty}q_n$的敛散性不确定

3. 计算题。

(1) 将函数$y=\ln(1-x-2x^2)$展开成x的幂级数，并指出其收敛域。

(2) 设$I_n=\int_0^{\frac{\pi}{4}}\sin^n x\cos x\,\mathrm{d}x$，$n=0,1,2,\cdots$，求$\sum_{n=0}^{\infty}I_n$。

(3) 求幂级数$1+\sum_{n=1}^{\infty}(-1)^n\frac{x^{2n}}{2n}(|x|<1)$的和函数$f(x)$及其极值。

参考文献

[1] 同济大学应用数学系．高等数学下册[M].7版．北京:高等教育出版社,2014.

[2] 邢志红,王玉花,赵坤．高等数学(下册)[M]. 北京:北京工业大学出版社,2010.

[3] 同济大学数学系．高等数学(本科少学时类型)下册[M].4版．北京:高等教育出版社,2015.

[4] 朱士信,唐烁,等．高等数学(下册)[M]. 北京:中国电力出版社,2007.

[5] 焦曙光,郭建萍．实用高等数学教程(下册)[M]. 北京:国防工业出版社,2004.

[6] 张志旭,李晓霞,温绍泉,等．高等数学(下册)[M]. 北京:高等教育出版社,2013.

[7] 蔡光兴,李德宜．微积分(经管类)[M].2版．北京:科学出版社,2011.

[8] 傅延欣,韩伟,王德．高等数学(下册) [M]. 北京:电子工业出版社,2009.

[9] 张润琦,陈一宏．微积分(下册)[M]. 北京:机械工业出版社,2006.

[10] 南京理工大学应用数学系．高等数学(下册)[M]. 北京:高等教育出版社,2008.

[11] 吴瑞武,李雄．高等数学(下册)[M]. 北京:高等教育出版社,2016.

[12] 朱家生．数学史[M]. 北京:高等教育出版社,2005.

[13] 陈文灯,黄先开．考研数学复习指南[M]. 北京:世界图书出版公司,2009.

[14] 宋礼民,杜洪艳．高等数学(下册)[M]. 上海:复旦大学出版社,2008.

[15] 金宗谱．高等数学[M]. 北京:北京邮电大学出版社,2008.

[16] 赵文玲,付夕联,徐峰,等．高等数学[M]. 北京:科学出版社,2004.

[17] 李忠,周建莹．高等数学下册[M].2版．北京:北京大学出版社,2009.

[18] 盛祥耀．高等数学(上)[M]. 北京:高等教育出版社,2007.

[19] 史本广,慕运动．高等数学(轻工类)(下册)[M]. 北京:科学出版社,2010.

[20] 尹泽民,丁春利．精通 MATLAB 6[M]. 北京:清华大学出版社,2002.

[21] 焦光虹．数学实验[M]. 北京:科学出版社,2010.

[22] 王玉花,温绍泉,杜春雪,等．高等数学(下册)[M]. 北京:中国电力出版社,2019.